Joachim Rieß

Regulierung und Datenschutz im europäischen Telekommunikationsrecht

DUD-Fachbeiträge

herausgegeben von Karl Rihaczek, Paul Schmitz, Herbert Meister

Lieferbare Titel der Reihe sind:

Karl Rihaczek
Datenverschlüsselung in
Kommunikationssystemen

Hans-Albert Lennartz
Datenschutz und Wissenschaftsfreiheit

*Ulrich Pordesch, Volker Hammer,
Alexander Roßnagel*
Prüfung des rechtsgemäßen
Betriebs von ISDN-Anlagen

Hans-Jürgen Seelos
Informationssysteme und
Datenschutz im Krankenhaus

Heinzpeter Höller
Kommunikationssysteme –
Normung und soziale Akzeptanz

*Gerhard Weck und
Patrick Horster (Hrsg.)*
Verläßliche Informationssysteme
Proceedings der GI-Fachtagung
VIS'93

Hans-Albert Lennartz
Rechtliche Steuerung informa-
tionstechnischer Systeme

Georg Erwin Thaller
Computersicherheit

*Günther Cyranek,
Kurt Bauknecht (Hrsg.)*
Sicherheitsrisiko Informationstechnik

Wilfried Dankmeier
Codierung

Heinrich Rust
Zuverlässigkeit und Verantwortung

*Hans H. Brüggemann und
Waltraud Gerhardt-Häckl (Hrsg.)*
Verläßliche IT-Systeme
Proceedings der GI-Fachtagung
VIS'95

Bernd Blobel (Hrsg.)
Datenschutz in medizinischen
Informationssystemen

Patrick Horster (Hrsg.)
Trust Center
Grundlagen, rechtliche Aspekte,
Standardisierung und Realisierung

Joachim Rieß
Regulierung und Datenschutz
im europäischen
Telekommunikationsrecht

Joachim Rieß

Regulierung und Datenschutz im europäischen Telekommunikationsrecht

Ein Rechtsvergleich

ISBN 978-3-528-05533-2   ISBN 978-3-663-11290-7 (eBook)
DOI 10.1007/978-3-663-11290-7

Ich danke meiner Frau Angelika
für die Unterstützung und Entlastung
und meinen Kindern Natascha und Alexander
für die Geduld, die sie aufbringen mußten.

Inhaltsverzeichnis

X

Geleitwort

Der Autor, der bereits früher durch wissenschaftliche Beiträge zum Datenschutz und Verbraucherschutz hervortrat sowie seine Position auch politisch in die Diskussion eingebracht hat, hat mit dieser Arbeit das überfällige Kurz-Kompendium des gegenwärtigen europäischen TK-Datenschutzrechts auf dem Hintergrund der weltweiten ökonomisch-politisch gesteuerten Entstaatlichung der gesamten Telekommunikation geschrieben. Die packende und klare Darstellung der auf den ersten Blick verwirrenden Entwicklung der Telekommunikationspolitik der Europäischen Union zeigt eine klare ökonomische Deregulierungspolitik, die sich als ihrer wichtigsten Mittel technischer Normung und juristischer Normierung bedient. Die Bearbeitung verrät intime Kenntnis der nationalen und europäischen Regulierungspoltik sowie die zuverlässige Beherrschung des zugehörigen Datenschutzrechts. Aufgrund dieser Kenntnisse sah sich der Autor imstande, sowohl an der Gesamtkonzeption des europäischen Telekommunikationsrechts wie an zahlreichen Einzelregelungen des deutschen und europäischen TK- und Datenschutzrechts nicht nur scharfsinnige und zutreffende Kritik zu üben, sondern auch konstruktive und praxisnahe Alternativen zu formulieren.

Prof. Dr. Wilhelm Steinmüller

Vorwort

Zur Zeit werden die gesetzliche Strukturen für die Telekommunikation und die Multimediadienstleistungen im nächsten Jahrtausend geschaffen. Die hunderjährige Epoche des staatlichen Post- und Fernmeldewesens ist zu Ende. Es müssen neue Verkehrsregeln für die Informationsgesellschaft geschaffen werden. Die Telekommunikationnetze werden Mutlibetreibernetze, deren Betrieb einer Regulierung bedarf. Neben dem Urheberrecht, der Rechtssicherheit digitaler Willenserklärungen, dem Medienrecht müssen neue europaweite Verkehrsregeln für den Datenschutz geschaffen werden.

Das vorliegende Buch beschreibt das europäische Telekommunikations- und Regulierungsrecht der Europäischen Union, ihrer Mitgliedstaaten sowie zum Vergleich der Schweiz, der Vereinigten Staaten und Japan. In fast allen EU-Staaten ist der Telekommunikationssektor in den vergangenen Jahren nach ähnlichen Zielvorgaben, gesteuert durch die EG, grundlegend neu strukturiert worden. Das Fernmeldegeheimnis als eine wichtige grundrechtliche Rechtsquelle des Datenschutzes in der Telekommunikation schützt in allen europäischen Staaten nur das Verhältnis zwischen Bürger und Staat. Für die Herausbildung der Datenschutz-Verkehrsregeln in Multibetreibernetzen ist dies unzureichend.

In den Vertrag der Europäischen Union von Maastricht wurden ausdrücklich neue Kompetenzen der Europäischen Union für transeuropäische Telekommunikationsnetze aufgenommen. Auch wenn im Maastrichter Vertrag - der Rechtsprechung des EuGH und des Bundesverfassungsgerichtes folgend - festgeschrieben wurde, daß Grundrechte zu den allgemeinen Rechtsgrundsätzen des Gemeinschaftsrechts gehören, bleibt das Gemeinschaftsrecht primär Wirtschafts- und Währungsrecht. Die Rechtsquellen zur Gewinnung der Maßstäbe bleiben für neue grundrechtliche Fragestellungen wie den Datenschutz unzureichend.

Der erste Entwurf für eine EG-Datenschutzrichtlinie und für eine Telekommunikationsdatenschutzrichtlinie wurden 1990 von der Kommission vorgelegt. Im Oktober 1995 wurde die europäische Datenschutzrichtlinie verabschiedet, während sich letztere immer noch in einem bereits mehrfach überarbeiteten Entwurfsstadium befindet. In dem vorliegenden Buch werden die möglichen Folgen für eine Novellierung des deutschen Telekommunikationsrechtes dargestellt.

Die bisherige Beschreibung technischer Konzepte der Telekommunikation und die Bewertung ihrer Auswirkungen auf das soziale System oder das Recht, war fixiert auf wenige zentrale technische Systementwürfe der Fernemeldeverwaltungen. Nicht von ihnen konzipierte Systeme wie das Internet wurden unterschätzt. In dem vorliegenden Buch wird die Fragestellung erstens auf deregulierte Telekommunikationsnetze in der Europäischen Union insgesamt bezogen und zweitens auf die gesamte Telekommunikationstechnik ausgeweitet.

Die Telekommunikationstechniken bedürfen der technischen Normung. Der Beschreibung der Normungsverfahren wird breiter Raum eingeräumt, weil sie multilaterale institutionalisierte Interesssenaushandlungsverfahren für die Umsetzung technischer Innovationen sind. Die Berücksichtigung öffentlicher Interessen kann und muß dort einsetzen. Hier wird auch ein wichtiger interdisziplinärer Ansatz der Arbeit deutlich. Es geht nicht nur um den rechtlichen Schutz bestimmter Rechtsgüter, sondern ebenso um technische und organisatorische Verfahren rechtskonformer Gestaltung von Telekommunikationsnetzen und -diensten.

Die EG-Kommission verfolgt in der verwirrenden Vielfalt von Aktivitäten eine konsequente Telekommunikations - und Regulierungspolitik. Im Bereich der technischen Gestaltung, der Normung des offenen Netzzuganges und der Zulassung von Telekommunikationsdiensten setzt das Gemeinschaftsrecht begrüßenswerte Eckpunkte, indem es den Datenschutz als "grundlegende Anforderung" des technischen Sicherheitsrechts ausdrücklich anerkennt. Mit der Anerkennung des Datenschutzes als "grundlegende Anforderung" im Bereich der technischen Gestaltung, der Normung des offenen Netzzuganges und der Zulassung von Telekommunikationsdiensten wird die Berücksichtigung des Datenschutzes bereits in der Phase der technischen Gestaltung rechtlich möglich. Inwieweit er tatsächlich in die Verfahren technischer Gestaltung implementiert wird, hängt wesentlich von der Verfahrensgestaltung in den Mitgliedstaaten ab.

Hingegen muß befürchtet werden, - bleibt es bei den Kernregelungen im geänderten Vorschlag der Telekommunikationsdatenschutz-Richtlinie - daß das europäische Harmonisierungsziel in wesentlichen Punkten verfehlt wird. Durch die Verallgemeinerung bzw. Herausnahme wesentlicher, ursprünglich konkreter, auch technischer Anforderungen mangelt es dem geänderten Vorschlag an orientierenden Vorgaben. Die hier angewandte Methode der Umsetzung des Subsidaritätsprinzips legitimiert die unterschiedliche Wege der Mitgliedstaaten geradezu, so daß Hindernisse für einen gemeinsamen Telekommunikationsmarkt, bestehen bleiben. Sowohl für den Schutz europaweit tätiger Teilnehmer als auch für die europaweit tätigen Telekommunikationsdiensteanbieter hätte diese Entwicklung erhebliche Nachteile.

In Deutschland werden mit dem Telekommunikationsgesetz, den Gesetzgebungsinitiativen für ein Multimediagesetz, einer Neuregelung des Medienstaatsvertrages und des Telekommunikationsdatenschutzes zur Zeit die Eckpfeiler für das Verkehrsnetz der Informationsgesellschaft geschaffen.

Vor dem Hintergrund der Analyse der europäischen Telekommunikationsregulierung, des Verfassungsrechts und des Datenschutzrechtes bedürfen die anstehenden Regelungen einer strukturellen Neuausrichtung. In dem vorliegenden Buch wird das Verhältnis marktförmiger Organisation der Telekommunikation, technischer Entwicklung und Regulierungsrecht, das den Schutz grundrechtlich gewährleisteter Rechtsgüter einschließen muß, untersucht.

Mit der Abschaffung des Fernmeldeanlagenmonopols und der Entwicklung einer marktförmigen Organisation der Telekommunikation wandelt sich das Fernmeldegeheimnis. Richtigerweise muß man heute vom Telekommunikationsgeheimnis sprechen. Das Telekommunikationsgeheimnis ist gegenüber dem traditionellen Fernmeldegeheimnis dadurch gekennzeichnet, daß die Prinzipien des informationellen Selbstbestimmungs- und des

Datenschutzrechtes zu inkorporieren sind. In einem modernen Verfassungsrecht sollte sich dieser Wandel auch begrifflich niederschlagen - über die Formulierung eines „telekommunikativen Selbstbestimmungsrechtes" [1] bis hin zu einer eigenständigen Formulierung und Verschmelzung dieser Grundrechte. Insbesondere in einem Grundrechtekatalog der Europäischen Union sollten diese Selbstbestimmungsrechte modern und zukunftsweisend formuliert werden.

Ich habe den Literatur- und Diskussionsstand bis zum Ende 1995 und die vorliegenden Gesetzentwürfe zur Telekommunikationsdatenschutz-Richtlinie, zum Telekommunikationsgesetz und zur Telekommunikationsdatenschutzverordnung bis zum März 1996 berücksichtigt. Der Leser möge entschuldigen, daß bei Erscheinen des Buches, bereits die eine oder andere zitierte Regelung anderslautend verabschiedet wurde. Ein Tribut an die Geschwindigkeit des Wandels auf diesem Gebiet und an das Medium des Buches. Als Online-Angebot ließen sich Texte laufend aktualisieren und dem Leser sofort aktuell zur Verfügung stellen. Trotzdem hoffe ich ein Anliegen des Buches zu Erfüllen, dem Leser, einen Gesamtüberblick über die vielfältigen Regelungen zur Regulierung der Telekommunikation in Europa und ihrem Verhältnis zu erforderlichen Schutzrechten wie dem Datenschutz zu geben und damit vielleicht auch die rechtspolitische Diskussion auf diesem Gebiet mitten im Umbruch zu befruchten.

---

[1] Roßnagel, KJ 90, S. 267.

Die Arbeit lag dem Promotionsaussschuß des Fachbereichs Rechtswissenschaften der Universität Bremen 1995 als Dissertation vor. Die vorliegende Veröffentlichung wurde aktualisiert und überarbeitet. Das technische und interdisziplinäre Wissen, das zum Schreiben dieser Arbeit notwendig war, konnte ich mir durch meine Tätigkeit als wissenschaftlicher Mitarbeiter am Fachbereich Mathematik/Informatik der Universtät Bremen im Bereich der angewandten Informatik aneignen. Ich danke hier insbesondere Prof. Dr. Steinmüller für die diskursive Betreuung. Ohne den Zugang zu den vielfältigen europäischen Rechtsquellen, den das Zentrum für Europäische Rechtspolitik der Universtät Bremen ermöglicht, wäre das Verfassen dieser Arbeit wesentlich schwerer gefallen. Ich danke für die Unterstützung dem Direktoriumsmitglied des ZERP, Prof. Dr. Preuß.

Stuttgart, Mai 1996 Joachim Rieß

I. Rechtliche Steuerung zwischen Markt und Technik

Die wirtschaftliche, technische und gesellschaftliche Entwicklung in den neunziger Jahren und in der ersten Hälfte des nächsten Jahrhunderts wird strukturell wesentlich durch die Entwicklung der Informationstechnik und der Informationsdienstleistungen geprägt werden. Die Geschwindigkeit und Richtung dieser Entwicklung ist abhängig von der Heraus- und Weiterbildung neuer Märkte, den Fortschritten der Informationstechnik, der Gestaltung der rechtlichen und politischen Rahmenbedingungen sowie der gesellschaftlichen Akzeptanz [2].

Die vorliegende Arbeit analysiert den Wirkungszusammenhang von Markt, Technik und Recht für den europäischen Telekommunikationsmarkt. Die Telekommunikation besitzt in diesem strukturellen Veränderungsprozeß eine Schlüsselstellung. Mit dem Zusammenwachsen der Computer- und Nachrichtentechnik zeichnet sich immer deutlicher ein qualitativer Sprung der Informationsverarbeitung ab, der letztlich zu einer Umwälzung der Strukturen in allen Bereichen der Gesellschaft führen wird. Wir stehen erst am Anfang dieses Prozesses.

Der Personalcomputer (PC) bzw. Arbeitsplatzcomputer (APC) als ein neues generelles Werkzeug für die Verarbeitung von Symbolen und damit geistiger Arbeit hat die Garagen genialer Computerfreaks verlassen und sickert unablässig in alle Tätigkeitsbereiche unseres Alltags ein. Mit immer mehr Standardsoftware unter einheitlich gestalteten graphischen Oberflächen wird dieses Werkzeug für jeden und jede unmittelbar nutzbar. Die industrielle Datenverarbeitung in Rechenzentren mit Großrechnern wird durch die steigende Leistungsfähigkeit der APCs - insbesondere in Kombination mit der Telekommunikation

---

[2] Vgl. Stransfeld u.a.: Anwendungen der Informationstechnik, 1993.

in verteilten Systemen - abgebaut. PCs und APCs kann man heute mit einer Speicherkapazität der Supercomputer Mitte der siebziger Jahre zu einem Bruchteil ihres seinerzeitigen Preises erhalten [3]. Gleichzeitig ist der PC zum Schreib- und Spielgerät in Haushalten und Kinderzimmern geworden. Mittlerweile sind über 100 Millionen Geräte weltweit im Einsatz. Die Verfügbarkeit eines derartig generellen Werkzeuges - eines kleinen Rechenzentrums - zum Preis eines hochwertigen Konsumgutes führt zu einer unübersehbaren strukturellen Innovation sowohl in den institutionellen Systemen als auch in den Sphären der Lebens - welt [4]. Der Einsatz der PCs in institutionellen Systemen erfordert, wenn sie nicht nur als Schreibmaschine oder Spielgerät benutzt werden, eine Anpassung der Organisation an dieses Werkzeug. Die Aneignung dieses Werkzeuges in allen Arbeits- und Lebensbereichen ist unumkehrbar angestoßen.

Noch stärker als die bisherige Großcomputertechnologie in den Unternehmen und beim Staat führt der Einsatz der PCs nicht nur zu einer weiteren arbeitsorganisatorischen Veränderung, möglicherweise Rationalisierung [5], sondern zu einer Veränderung der Institutionen selbst. Die Herstellung dieser Technologie führt ebenso wie die Erbringung von Informationsdienstleistungen zu neuen und anderen Unternehmsformen. Die Herausbildung der neuen Märkte führt zu Veränderungen bis zur Auflösung mancher Institution und der rechtlichen und politischen Rahmenbedingungen. Nicht zuletzt verändert der Einsatz der Informationstechnik nicht nur das Gesicht, sondern auch Aufgaben und Ziele vieler Institutionen [6].

Die ständige Zunahme der weltweiten wirtschaftlichen Verflechtungen - häufig als Globalisierung der Märkte bezeichnet - fordert

---

[3] Vgl. Zur Entwicklung des PCs: Coy: Aufbau und Arbeitsweise von Rechenanlagen, 1992.

[4] Vgl. Habermas: Theorie des kommunikativen Handelns, 1988, Band. 2, S. 472.

[5] Vgl. Coy: Technischer Fortschritt als gesellschaftliche Irritation, in: Wilhelm: Information - Technik - Recht - Rechtsgüterschutz in der Informationsgesellschaft, 1993, S. 99 (103 f.).

[6] Vgl. Nefiodow: Der fünfte Kondratieff, 1991; Büllesbach: Das Unternehmen in der Informationsgesellschaft, in: Wilhelm, S. 69 ff.

nicht nur mehr und bessere physikalische Transportwege für materielle Güter, sondern auch mehr und bessere Kommunikationsverbindungen für das immaterielle Gut Information. Information ist zu einer elementaren Ressource geworden, die neben die Ressourcen Rohstoffe, Energie, Arbeit und Kapital tritt. Entsprechend elementar werden die Transportmöglichkeiten für diese Ressource. Das Zusammenwachsen von Computer- und Nachrichtentechnik und der damit verbundene technische Innovationssprung stellen die technisch-materielle Basis für diese Entwicklung zur Verfügung.

In der vorliegenden Arbeit analysiere ich, wie diese technisch-ökonomisch bedingte Entwicklung zur Veränderung rechtlicher Strukturen führt, welche Auswirkungen sie auf traditionelle Rechtsgüter wie das Fernmeldegeheimnis und auf neue, durch die Entwicklung der Informationstechnik entstandene Schutzgüter wie das informationelle Selbstbestimmungsrecht (ISR) hat. Ich beschränke mich bewußt auf diese beiden Rechtsgüter, da sie in den meisten europäischen Rechtsordnungen mittel- oder unmittelbar, wenn auch mit anderer Begrifflichkeit, anerkannte Schutzgüter sind. Sie bilden eine bereits legalisierte gesellschaftliche Anforderung an eine bestimmte Verkehrsform, und es existieren bereits rechtliche Instrumente zur Gewährleistung eines Interessenausgleiches. Nichtsdestotrotz sind diese Rechtsgüter durch die technisch-ökonomische Entwicklung sowohl in ihrem Bestand als auch in ihrer Wirksamkeit in Frage gestellt. Von dieser Hypothese soll in der folgenden Arbeit ausgegangen werden. Der Schutz beider Rechtsgüter bezog sich bisher wesentlich - wenn auch nicht ausschließlich - auf das Verhältnis Bürger - Staat. Solange das Fernmeldewesen in Europa weitgehend Sache des Staates war, war die Zentrierung des Schutzes des Fernmeldegeheimnisses auf das Verhältnis Bürger - Staat zutreffend. Diese Zentrierung ändert sich mit der Deregulierung des Fernmeldewesens zum Telekommunikationsmarkt grundlegend. Ähnlich verhält es sich mit dem Recht auf informationelle Selbstbestimmung, das seine Ausprägung auch wesentlich im Verhältnis Bürger - Staat erfahren hat und für den privaten Bereich noch relativ unausgebildet ist. Durch die Beschränkung auf diese beiden Rechtsgüter bleibt man als Jurist auf noch relativ festem Terrain und kann - wie ich meine - doch sehr deutlich an einem Ausschnitt die Abkoppelung zwischen Marktentwicklung, technischer Entwicklung und rechtlicher Steuerung aufzeigen. Dies wirft juristisch die Frage auf: Welche neuen, adäquaten und wirksamen rechtlichen Mechanismen des Schutzes und der Steuerung lassen sich entwickeln, wenn der Gesetzgeber an diesen Schutzgütern grundsätzlich festhalten und sie aktualisieren will.

Um die gesellschaftlichen Folgen der Informationstechnik wird seit gut 20 Jahren gestritten. Den Szenarien zwischen Apokalypse und einem Paradies der Informationsgesellschaft [7] sind handlungsorientierte Diskurs- und Risikostudien gefolgt. Die Komplexität der Wirkungen der Informationstechnik hat sich bisher trotz entsprechender Anstrengungen der Konzentration in einer neuen übergreifenden Wissenschaftskategorie widersetzt [8]. Methoden und neue Methoden wurden von der Feldstudie [9] über die Risikostudien [10], Enquete-Kommissionen [11], Partizipationsprojekte [12], Diskursprojekte und Szenarienverfahren [13],

---

[7] Weizenbaum: Die Macht der Computer und die Ohnmacht der Vernunft, 1978; Mettler-Meibom: Soziale Kosten in der Informationsgesellschaft 1987; Eurich: Die Megamaschine, 1988; Haefner: Mensch und Computer im Jahre 2000, 1984; Roßnagel: Freiheit im Griff, 1989.

[8] Vgl. Kubicek: Perspektive Techniksteuerung. Interdisziplinäre Sichtweisen eines Schlüsselproblems entwickelter Industriegesellschaften, 1993.

[9] Z.B. Kern / Schuhmann: Das Ende der Arbeitsteilung, 1984; Mettler-Meibom: Breitbandtechnologie, 1986; Seeger: Die ISDN-Strategie 1990.

[10] Z.B. Roßnagel u.a.: Verletzlichkeit der "Informationsgesellschaft", 1989.

[11] Kommission für den Ausbau des technischen Kommunikationssystems: Telekommunikationsbericht, Bonn 1976; Enquete-Kommission: Neue Informations- und Kommunikationstechniken - Zwischenbericht; Enquete-Kommission: Einschätzung und Bewertung von Technikfolgen - Gestaltung der Rahmenbedingungen der technischen Entwicklung.

[12] Adler / Garbe: ISDN auf dem Prüfstand der Bürger, 1990.

[13] Vgl. Berger u.a.: Optionen der Telekommunikation- Materialien, 1987; GRVI: Forschungsprojekt: Rechtliche Beherrschung der Informationestechnik - 1989 - 91, Garbe / Lange: Technikfolgenabschätzung in der Telekommunikation, 1991.

Regulierungsforschung [14] bis zu der Bündelung der widerspenstigen Materie in einer Informationstheorie [15] entwickelt, weiterentwickelt und differenziert. Trotz der Widerspenstigkeit und der Disparität der Ergebnisse aufgrund der Methoden und der Interdisziplinarität bestehen in der deutschen Diskussion faktische, kaum artikulierte Konsense über die gesellschaftsverändernde Bedeutung der Informationstechnologien. Diese Konsense unterhalb der unterschiedlichen bis konträren Einschätzungen über den Nutzen und die Risiken der oder bestimmter Informationstechniken sind zugegebenermaßen banal, aber trotzdem wert, als Ausgangspunkt dargestellt zu werden.

- Die Informationstechnologien verändern unsere Arbeits- und Lebensweisen prinzipiell [16].

- Informationstechnologien haben gesellschaftliche Wirkungen. Sie beinhalten Risiken für negative / unerwünschte gesellschaftliche Wirkungen [17].

- Informationstechnologien sind gestaltungsfähig.

Auch für die Schlußfolgerung aus diesen Aussagen, daß bei den Informationstechnologien Steuerungsbedarf besteht, dürfte noch ein hoher Grad an Zustimmung zu erzielen sein. Alexander Roßnagel formuliert diesen weitergehenden Konsens in der deutschen Diskussion so, daß es nicht wie bei der Atomtechnik um ein "Ja" oder "Nein" gehe, sondern um ein "So" oder "Anders" für jede einzelne Entwicklungslinie. Wie keine andere beinhalte die IuK-Technik Möglichkeiten einer verfassungsverträglichen Gestaltung [18]. Allerdings sind die anzuwendenden Verfahren und Mittel der Steuerung gesellschaftlich ebenso kontrovers wie die Bewer-

---

[14]Kubicek: Von der Technikfolgenabschätzung zur Regulierungsforschung, in: ders.: Telekommunikation und Gesellschaft 1991, S. 13.

[15]Steinmüller: Informationstechnologie und Gesellschaft. Einführung in die Angewandte Informatik, Darmstadt 1993.

[16] Statt vieler: Raulet: Die neue Utopie, in: Frank: Die Frage nach dem Subjekt, 1988, S. 283 (284).

[17]Steinbach: Telekommunikation in Deutschland, 1992, S. 3 f.

[18]Roßnagel, Universitas 89, S. 106 (116).

tung des Nutzens und der Risiken einzelner Informationstechniken. Die grundsätzliche Kontroverse in der deutschen Diskussion bleibt die Prognose des Nutzens, der Entwicklungsrichtung der Informationstechnologie sowie die Bewertung ihrer überwiegend sozialen Folgen.

Von der Begründung der Prognosen verlagert sich die Diskussion in den letzten Jahren zunehmend zur Analyse der Gestaltungsspielräume und zu Gestaltungskonzepten. Mit der Entwicklung von Gestaltungskonzepten rückt der Risikobegriff in das Zentrum der Betrachtung. Die Konjunktur des Risikobegriffes korrespondiert mit Theorien in der Sozialwissenschaft, in denen der Risikobegriff zum Schlüsselbegriff gesellschaftlicher Steuerung überhaupt wird [19]. Risiko bezeichnet ungewollte Folgen einer Handlung. Jedes Handeln löst, soweit sich dessen Auswirkungen nicht genau übersehen lassen, ein Risiko aus. Risikolos ist nur die Situation absoluter Statik oder einer Handlung, bei der absolute Gewißheit über den Geschehensablauf herrscht. Risiko drückt die Ungewißheit aus, die der Mensch über den Ablauf des Geschehens hat [20]. Eine Fokussierung auf den prozeßhaften Begriff des Risikos droht den Risikobegriff zu verselbständigen und abzulösen von seinem jeweiligen Bezugspunkt, einem bestimmbaren, schützenswerten Gut, dessen Bestand man möglichst keinem Risiko aussetzen möchte. Der Risikobegriff soll Aussagen über die Wahrscheinlichkeit des Eintritts einer ungewollten Folge einer Handlung, die zu Verletzungen und Schäden bei Schutzgütern führen kann, ermöglichen.

Die längste Erfahrung mit der Risikobestimmung besitzen die Ingenieurwissenschaften. In diesen Wissenschaften wurde der Risikobegriff definiert, niedergelegt in technischen Normen [21], in bezug auf die Schutzgüter Leben und Gesundheit, Sachwerte und neuerdings Umweltqualität [22]. Danach "umschreibt Risiko die

---

[19]Beck: Risikogesellschaft 1986.

[20]Vgl. Murswiek: Die staatliche Verantwortung für die Risiken der Technik, 1985, S. 82 ff.

[21]DIN 31.000 1987.

[22]Wilhelm, DuD 91, S. 502 (502 ff.).

Möglichkeit, daß infolge eines unbeabsichtigten technischen Ereignisses ein Schaden eintritt, der in der Verletzung eines Rechtsgutes besteht. Die Größe des Risikos ist abhängig von zwei Faktoren, von dem Ausmaß des möglichen Schadens und von der Wahrscheinlichkeit des zum Schaden führenden Ereignisses"[23]. Zu Recht konstatiert Rudolf Wilhelm über informationstechnische Risiken und ihre Bedeutung für das Recht, daß dieser Risikobegriff auch bei der Informationstechnik anwendbar ist, aber nicht ausreicht, da bei der Informationstechnik mehr und möglicherweise sogar neue Schutzgüter in die Risikobetrachtung einbezogen werden müssen [24].

Unstreitig ist ein derartig einzubeziehendes Schutz- und Rechtsgut im Bereich der Telekommunikation das Fernmeldegeheimnis und das ISR. Nicht jedes Schutzgut ist bereits ein Rechtsgut. Ein Schutzgut wird erst dann zum Rechtsgut, wenn es, in welcher Form auch immer, gesetzlichen Schutz erfährt. Diese Differenzierung ist ein neuralgischer Punkt für Risikoabschätzungen. Woher bezieht eine Risikoabschätzung ihre Maßstäbe für zu schützende Güter ? Ein gesellschaftlicher Konsens über die Schutzwürdigkeit kann nur bei Rechtsgütern, die zumindest auf einigen gesetzlichen Fixierungen beruhen, unterstellt werden, nicht aber bei jedem für schutzwürdig gehaltenen Gut. Viele Risikountersuchungen müssen deshalb eine Spagat vollziehen. Sie müssen politisch-ethisch für die Etablierung von für schützenswert gehaltenen Gütern zu Rechtsgütern eintreten. Diese Etablierung unterstellend, gewinnen sie erst die Maßstäbe für die Risikobetrachtung, oder sie müssen etablierte Rechtsgüter entsprechend interpretieren.

Dies erklärt, warum Studien, die einen wesentlich breiteren Risikoansatz wählen [25], trotzdem das Recht auf informationelle Selbstbestimmung immer wieder ins Zentrum der Betrachtung rücken. Das zeigt zweierlei: zum einen, daß das ISR eine zentrale

---

[23]Ebenda, S. 502.

[24]Vgl. GRVI, S. 73.

[25]Berger u.a.: Optionen der Telekommunikation; Roßnagel u.a.: Verletzlichkeit der Informationsgesellschaft.

Kategorie und damit ein zentrales Rechtsgut des Informationsdienstleistungsverkehrs ist, und zum anderen, daß es nur begrenzt gelingt, Handlungserfordernisse für Schutzgüter in die öffentliche Diskussion einzuführen, die nicht durch die Rechtsordnung legalisiert sind. Mit dem ISR wurde in unserer Rechtsordnung zumindest ein verfassungsmäßiger Pfeiler für den Schutz immaterieller Güter wie der Persönlichkeit in bezug auf die Informationsverarbeitung konkretisiert. Das ISR wird damit in der politischen und in der rechtspolitischen Diskussion quasi zu einem natürlichen Ankerpunkt - Wilhelm Steinmüller spricht zutreffend von der Multifunktionalität des Datenschutzrechtes [26] - für alle Bestrebungen, weitere Schutzgüter zu etablieren, nicht ohne die Gefahr, es bis zur Konturenlosigkeit zu überdehnen.

Eine zusätzliche Schwierigkeit kommt hinzu: Die Schutzgüter, die durch die Informationstechnik beeinträchtigt werden können, sind zum einen stark anwendungsabhängig, da Informationstechnik als Querschnittstechnik in jedem Arbeits- und Lebenszusammenhang eingesetzt werden kann, zum anderen häufig immateriell, da die elementare Ressource Information auch immateriell ist. Allgemeine Maßstäbe für die Bewertung von immateriellen Schäden im Bereich der Informationsverarbeitung sind wenig ausgebildet und werden auch von der Rechtsordnung nur sehr restriktiv anerkannt. Die Folgen der vielfältigen Wirkungen der Informationstechnik und der Informationsdienstleistungen für die Gesellschaft machen trotzdem die Anstrengung unbedingt erforderlich, sie durch jeweils geeignete, gegebenenfalls neue Schutzgüter adäquat zu erfassen [27]. Die Wissenschaften müssen und können hierfür Grundlagen liefern [28], die Etablierung derartiger Schutzgüter verbleibt letztlich dem politischen Prozeß.

Dafür scheint es mir grundlegend bedeutsam, den Inhalt der beiden etablierten Rechtsgüter Fernmeldegeheimnis und ISR im Zusammenhang der europäischen Rechtsordnungen und der

---

[26] Steinmüller: Informationstechnologie und Gesellschaft, S. 664.

[27] Vgl. Wilhelm, DuD 91, S. 503.

[28] Roßnagel: Rechtswissenschaftliche Technikfolgenforschung, 1993.

entstehenden europäischen Rechtsordnung zu bestimmen und vor dem Hintergrund des technischen und ökonomischen Wandels zu aktualisieren. Sie bilden wichtige Koordinaten für viele Schutzgüter, die im Zusammenhang mit der Entwicklung der Informationstechnik und der Informationsdienstleistungen relevant werden. Ich beschränke meine Untersuchung, um die Komplexität zu reduzieren, auf Risiken für diese beiden Rechtsgüter, über die ein grundsätzlicher gesellschaftlicher, wenn auch in den EU-Mitgliedstaaten unterschiedlicher, legalisierter oder in der Legalisierung begriffener Konsens besteht. Risiko meint in diesem Sinn die unerwünschten Wirkungen für diese beiden Schutzgüter, die durch die Wechselwirkung von technisch- ökonomischer Entwicklung und ihrer mangelnden Legalisierung eintreten könnten.

Welche Risiken eintreten und wie sie verteilt werden, hängt von der technischen, organisatorischen und rechtlichen Gestaltung der Telekommunikation sowie davon ab, wie problembewußt und verantwortungsvoll die Menschen damit umgehen. Erkennbare Risiken sind vermeidbar, wenn die technische, organisatorische und rechtliche Gestaltung als ein integrierter Prozeß begriffen wird.

II. Die Entwicklung der Telekommunikationstechnik in Europa

1. Definitionen

Der Gegenstand der folgenden Betrachtungen ist aufgrund der innovativen und schnellen Entwicklung der Technik und des Marktes in vielen Facetten noch unscharf. Deshalb soll eingangs der Gegenstand Telekommunikation technisch, ökonomisch und rechtlich beschrieben und eingeordnet werden. Diese Einordnung muß an vielen Stellen beschreibend manchmal prognostisch bleiben. Es gibt für viele Begriffe in der Telekommunikation immer noch keine exakten und allgemein anerkannten Definitionen. Der Telekommunikationsmarkt besitzt hinreichende Konturen, um eine gewisse Bestandsaufnahme und Systematisierung vornehmen zu können, ohne damit zu zeitlosen Definitionen zu kommen.

2. Telekommunikation

Telekommunikationsnetze ermöglichen technisch die Übertragung von Nachrichten von einem Empfänger zu einem Sender. In seiner griechisch-lateinischen Wortbedeutung heißt Telekommunikation "Fernverständigung" unabhängig von der Übertragungsart. Im deutschen Sprachgebrauch hat der Begriff Telekommunikation erst mit dem Computereinsatz in der Übertragungstechnik und der Nutzung der Übertragungstechnik zur Kommunikation zwischen Computern. Eingang gefunden [29]. Als

---

[29] Vgl. Fangmann, EuZW 90, S. 48. Dieser qualitative technische Unterschied zur traditionellen Nachrichtentechnik wird in der Definition von Fangmann nicht genügend berücksichtigt.

Übertragungsmedium können z.B. elektromagnetische Leiter, Funk- oder Lichtleiter dienen. Die Übertragung kann technisch als dialogfähiges oder lediglich verteilendes System realisiert sein. Je nach Art des Netzes sind Sende-, Empfangs- und Vermittlungseinrichtungen erforderlich. Telekommunikation umfaßt verschiedene Übertragungstechniken und vielfältige Übertragungsdienstleistungen.

3. Normung

Ein maßgebliches Element der Entwicklung und Verbreitung von Telekommunikationsnetzen und -diensten ist die Normung. Die "International Organization for Standardization " (ISO) hat für die Gestaltung von Netzwerken mit dem OSI (Open System Interconnection) - Schichten - Modell einen globalen Konstruktionsrahmen geschaffen. Dieser internationale Standard für offene Netzwerke bietet einen Rahmen, anhand dessen sich die Leistungen von Hard- und Software beschreiben lassen. Das OSI-ISO-Schichten-Modell ist aus Sicht der Anwender von Datenkommunikationssystemen entwickelt worden, um herstellerunabhängig offenen Kommunikationsstandards zu schaffen. Dieses Schichten-Modell wurde von den internationalen Normungsgremien der Fernmeldeverwaltungen übernommen. Es ist damit für alle offenen Telekommunikationsnetze das Rahmenmodell. Jede spezifische Netztechnik soll sich in diese Systemarchitektur für offene Netzwerke einordnen.

Unter "Normen" werden hier technische Beschreibungen verstanden, die den Charakter von Dokumenten erlangen durch die Billigung einer oder mehrerer anerkannter Organisationen auf regionaler, nationaler oder internationaler Ebene (International: CCITT / ITU, ISO, IEC; USA: ANSI; EU: ETSI, CEN, CEPT, CENELEC, EWOS, EOTC und ECITC; Bundesrepublik: DIN, DKE, DEKITZ usw.) [30]. In der Telekommunikation dient die Normung nicht nur der Sicherung von Mindestqualitätsstandards und einheitlichen Beschreibungsstandards oder der Reduktion von

---

[30]DIN 820, Teil 3. Genaue Beschreibung und Bewertung des Normungsprozesses bei Höller: Kommunikationssysteme - Normung und soziale Akzeptanz, 1993, S. 33 ff.

Produktvariationen [31], sondern sie ist eine elementare Funktionalität für die Nachrichtenübermittlung [32]. Daraus ergibt sich die "Maßgeblichkeit" [33] und die Verbindlichkeit dieser Dokumente, ohne daß sie rechtsverbindlich wären. Ab einer bestimmten Stufe faktischer Durchsetzung müssen Netzbetreiber und Telekommunikationsdienstebetreiber diese Normen anwenden, wenn sie technisch und wirtschaftlich sinnvoll handeln wollen.

Das OSI-Referenzmodell besteht aus sieben aufeinanderfolgenden funktionellen Schichten, die je eine definierte Anzahl von Funktionen ausführen. Diese Funktionen können durch Hard- und Software oder eine Kombination von beidem ausgeführt werden. Die konkrete Realisierung ist systemabhängig, soll sich aber an diesem Modell und seinen Normen orientieren. Die Leistung dieses Modells besteht darin, daß sie verschiedene Funktionen des technischen Kommunikationsprozesses in hierarchisch geordnete Schichten aufteilt, die Schnittstellen zwischen den aufeinanderfolgenden Schichten definiert und schichtspezifisch die Protokolle und Dienste festlegt [34].

---

[31] Swann: Standards in IST: consensus, institutions and markets, in: Locksley: The single european market and the information and communication technologies, 1990, S. 101 ff.; McKnight: The international Standardization of Telecommunications Services and Equipment, in: Mestmäcker: The Law and Economics of Transborder Telecommunications, 1987, S. 415 ff.

[32] Höller, DuD 91, S.1 ff.

[33] Grünbuch der EG-Kommission zur Entwicklung der europäischen Normung v. 8.10.1990, KOM (90) 456 endg. S. 30.

[34] Genaue Beschreibung des Schichtmodells bei Höller: Kommunikationssysteme - Normung und soziale Akzeptanz, S. 46 ff.

Die sieben Schichten des OSI-Referenzmodells:

7	Application	Anwendung	A N W E N D U N G
6	Presentation	Datendarstellung	
5	Session	Kommunikations-steuerung	
4	Transport	Transport	T R A N S P O R T
3	Network	Vermittlung	
2	Data Link	Verbindung	
1	Physical	Bitübertragung	

Übertragungsmedium

Im Bereich der öffentlichen Telekommunikationsnetze haben sich die OSI-Normen stark durchgesetzt. Hier haben sich die Fernmeldeverwaltungen frühzeitig auf einheitliche Normen - mit nationalen Abweichungen - geeinigt. Im Bereich der betrieblichen Kommunikationstechnik, die dem freien Wettbewerb unterliegt, ist dies weitaus weniger der Fall [35]. Auch hier besteht ein Trend zu offenen Systemen. Als offener Standard hat TCP/IP

---

[35]Vgl. Höller: Kommunikationssysteme - Normung u. soziale Akzeptanz, S. 16 f.

(Internet) bei akademischen und kommerziellen Anwendern einen höheren Verbreitungsgrad und höhere Zuwachszahlen. Eine Annäherung an die OSI-Normen ist zu erwarten [36]. Innerhalb des Institute of Electronical and Electronics Engineers (IEEE), das eigentlich kein Normungsinstitut ist, aber faktisch die Standardisierung der Local Area Networks (LANs) erarbeitet hat, die von ISO übernommen wurde, arbeiten verschiedene Arbeitsgruppen an der weiteren Standardisierung von LANs und Metropolitan Area Networks (MAN) unter Zugrundelegung des OSI-ISO-Modells.

4. Local Area Network (LAN)

Lokale Netze ermöglichen es einer begrenzten Anzahl Teilnehmerstationen, auf einem räumlich begrenzten Gebiet eine schnelle Datenübertragung mit Übertragungsgeschwindigkeiten im ein- bis zweistelligen Mbit/s-Bereich durchzuführen. Für die Sprachübertragung sind diese Netze in der Regel nicht geeignet. Diese Netze werden ausschließlich privat betrieben [37]. Aufgrund ihrer Charakteristika wie z.B. der geographischen Ausdehnung im ein- bis zweistelligen km-Bereich und der begrenzten Anzahl der Stationen sind sie bislang nur für spezifische lokale Anwendungen und Zwecke, z.B. in Geschäftsräumen, Firmengebäuden oder auf dem Betriebsgelände, geeignet. Hauptanwendungsgebiete der LAN-Anwendungen sind die Verbindung von Zentralrechnern und Peripherie in Rechenzentren, die Verbindung von PCs, Workstations und Peripherie in der Bürokommunikation, die Verbindung von Leit- und Steuerrechnern und Peripherie (Maschinensteuerungen) in Produktionsbereichen.

Die LANs werden zu High Speed Local Area Networks (DSLAN) mit einer Übertragungsrate größer als 100 Mbit/s bzw. zu Metro-

---

[36]Genschel: OSI´s Karriere, in: Kubicek u.a.: Jahrbuch der Telekommunikation und Gesellschaft, 1994, S.36 ff.; Hartmann / Schlabschi: OSI - und was die Normung daraus lernen kann, ebenda, S. 51.

[37]Vgl. Rösch: Local Area Networks (LAN), in: Arnold, 8.3.0.0, S. 1 (1-3).

politan Area Networks (siehe unten) mit einer größeren Flächenausdehnung weiterentwickelt.

5.   Wide Area Network (WAN)

Die öffentlichen nationalen Festnetze bilden als WANs in Europa weitgehend das Rückgrat der "wide area" Sprach- und Datenübermittlung. Öffentliche Netze sind bei Einhaltung der allgemeinen Geschäftsbedingungen für jedermann zugänglich. Sie wurden bislang in Europa vorwiegend von den öffentlichen Fernmeldeorganisationen angeboten, die auch heute in den meisten europäischen Ländern physikalisch über die Leitungen verfügen, da sie die grundstücksübergreifenden Wegerechte und physikalisch die Leitungen besitzen.

Private Anbieter, die zunehmend auf diesen Markt treten, sind meistens bei grundstücksübergreifender, leitungsgebundener Übermittlung auf das physikalische Netz der öffentlichen Fernmeldeorganisationen angewiesen. Diese von den öffentlichen Fernmeldeorganisationen angemieteten Netzkapazitäten verkaufen sie wieder im Rahmen eines umfassenden Telekommunikationsangebotes mit verschiedenen Zusatzdienstleistungen und weiterführenden Diensteangeboten. Soweit die privaten Diensteanbieter auch das Netzwerkmanagement betreiben, handelt es sich um virtuelle private Netze (VNP) unter Nutzung von gemieteten Netzkapazitäten auf öffentlichen Leitungswegen. Bislang wurden private Netze vorwiegend von Großanwendern betrieben und von den Betreibern selbst genutzt. Diese Netze werden zunehmend für Dritte geöffnet, um sie besser auszulasten und damit wirtschaftlicher zu nutzen. Sie können damit auch zu öffentlichen Netzen werden.

Das größte öffentliche Netz ist das Telefonnetz. Die Hauptnutzung des Telefonnetzes besteht in der Sprachkommunikation. Es kann auch für eine Text- und Datenübertragung genutzt werden.

ISDN ist als offenes Telekommunikationssystem, das das analoge Telefonnetz ablösen und bessere Möglichkeiten der Datenübertragung bieten soll, konzipiert. Es verfügt über eine digitale Übertragungs- und Vermittlungstechnik. Dies ermöglicht die Integration der Abwicklung verschiedener Dienste im Netz, d.h.,

Sprache, Texte, Bilder und Daten können über verschiedene Endgeräte, soweit sie ISDN-fähig sind, unmittelbar übermittelt werden. ISDN ist als ein Netz mit einer Kapazität von zwei 64 Kbit/s Kanälen (B-Kanäle), einem Steuerkanal (D-Kanal) und einer spezifisch genormten Teilnehmerschnittstelle definiert.

CEPT und CCITT begannen 1976 mit der Aushandlung der ersten Standards für ISDN. Im Oktober 1984 wurden von dem CCITT die einschlägigen ISDN-Empfehlungen als internationale Normen verabschiedet [38]. Diese Normen sind an vielen Stellen inhomogen, was sowohl strukturell im Normungskonzept [39] begründet liegt als auch die Folge des Kompromisses zwischen vielfältigen industriepolitischen Interessen ist, die an diesem Aushandlungsprozeß beteiligt sind [40]. Die Lücken und Optionen in den CCITT-Empfehlungen, führten zu Alleingängen vieler Länder in der Spezifikation und dazu, daß sie ständig nachgebessert werden müssen[41].

Seit 1984 forciert die Kommission die Herausbildung und Durchsetzung eines europäischen ISDN [42]. Die "Empfehlung über die koordinierte Einführung des diensteintegrierenden digitalen Fernmeldenetzes (ISDN) in der europäischen Gemeinschaft "[43]

---

[38]Scherer: Telekommunikationsrecht und Politik, S. 342 f.; Rosenbrock, JbDBP 85, S. 509 (513).

[39]Vgl. Höller: Kommunikationssysteme - Normung und soziale Akzeptanz, S. 71 ff.

[40]Vgl. dazu: Seeger: Die ISDN-Strategie - Probleme einer Technologiefolgenabschätzung, 1990. Gottschalk: Wem nützt ISDN? Fernmeldepolitik als Industriepolitik gegen IBM ? Klumpp: Die "Legendenbildung" um ISDN als Prozess wechselseitiger Mißverständnisse, Kritische Anmerkungen zur ISDN-Diskussion; und weitere Diskussionsbeiträge in: Kubicek: Telekommunikation und Gesellschaft, 1991, S. 155 ff.

[41]Mitteilung der Kommission betreffend die Verwirklichung der Empfehlung des Rates 86/659/EWG zur koordinierten Einführung des dienstintegrierenden digitalen Fernmeldenetzes (ISDN) in der Europäischen Gemeinschaft - KOM 88, 589 endg. v. 31.10.1988, S. 12 f.; Peters: ntz 40/87, 1, S. 12 ff.

[42]Empfehlung des Rates v. 12.11.1984 betreffend die Durchführung der Harmonisierung auf dem Gebiet des Fernmeldewesens, 84/549/EWG - ABLEG. L 298/49 v. 16.11.84.

[43]86/659/EWG - ABLEG. L 382/36 v. 31.12.86.

enthält im Anhang einen detaillierten Plan zur Einführung des ISDN in der Gemeinschaft. Danach sollten bis 1988 in den Mitgliedstaaten ein transparenter, leitungsvermittelter 64-kbit/s Basiskanal eingeführt sein und Fernsprechen, Telefax, Teletex und Mixed Mode von Telefax/Teletex auf der Basis eines 64-kbit/s Kanals angeboten werden.

Nur Frankreich und Deutschland konnten 1988 ISDN regional anbieten. Das französische ISDN wurde Ende 1990 unter dem Namen Numeris landesweit eingeführt. 1993 boten acht EU-Mitgliedstaaten kommerzielle Dienste im ISDN-Standard an. In einem Memorandum of Understanding sind 26 Netzbetreiber in 20 europäischen Staaten die Verpflichtung eingegangen, ab 1994 das Euro-ISDN einzuführen. Die Kommission hat vorgeschlagen, ab 1.1.1994 keine neuen Zugänge in die nationalen ISDN-Angebote und ab 1994 nur noch Zugänge im Euro-ISDN aufzu - nehmen [44]. Die Netzbetreiber wurden aufgerufen, einen entsprechenden Übergangsplan zu erarbeiten. Ein wesentlicher Unterschied zum existierenden nationalen ISDN in Deutschland besteht in dem verwendeten Euro-D-Kanal-Protokoll E-DSS1 gegenüber dem 1TR6 der Deutschen Telekom. Die Inhalte des Zeichengabeverfahrens, die Fehlerbehandlung oder die Kompatibilitätsprüfung sind davon betroffen. Vorhandene ISDN-Anschlüsse in Deutschland können weiterverwendet oder in Euro-ISDN-Anschlüsse umgewandelt werden. Das Protokoll 1TR6 bleibt noch eine Übergangszeit verfügbar. Ein sogenannter bilinguarer Basisanschluß ermöglicht den parallelen Betrieb von Endgeräten mit Signalisierungsprotokollen des nationalen und des europäischen Standards. Zum Start des europäischen ISDN verpflichten sich die Unterzeichner des Memorandums, ein Basisangebot an Diensten und Leistungsmerkmalen anzubieten. Zusätzliche Dienste oder Leistungen können jederzeit bereitgestellt werden. Das nationale ISDN-Diensteangebot der Deutsche Telekom AG ist gegenüber dem Euro-ISDN-Basisangebot umfangreicher. Allerdings konnte der Zeitplan zur Einführung des

---

[44]Dritter jährlicher Zwischenbericht 1990 über die koordinierte Einführung des diensteintegrierenden digitalen Fernmeldenetzes (ISDN) in der europäischen Gemeinschaft, SEK (91) 2183 endg. v. 26.11.1991.

EURO-ISDN nicht von allen Beteiligten und bezogen auf alle Dienste eingehalten werden [45].

Für die Datenübertragung werden spezifische Netze auf der Basis internationaler Standards sowohl als Wählnetze als auch als Festverbindungen (bis 64 kbit/s) angeboten. Datex L (leitungsvermittelt) und Datex-P (paketvermittelt) sind die beiden Grundstandards für Datenübermittlungsnetze. Sie beruhen auf digitaler Vermittlungstechnik.

Mit X.21 wird ein transparenter leitungsvermittelter Verbindungsweg mit bis zu 64 kbit/s zur Verfügung gestellt. X.20 / X.21 wird auf der untersten OSI-Schicht beschrieben.

Datex-P besitzt ein elektronisches Datenpaketvermittlungssystem. Mit einer Paketierungseinrichtung werden die Teilnehmerdaten mit dem Datenpaket zu einem Steuerpaket verbunden. Der Verbindungsaufbau erfolgt anhand der im Steuerpaket gespeicherten Zieladresse. X.25 wird mit Übertragungsgeschwindigkeiten von 300 bit/s bis zu 2 Mbit/s zur Verfügung gestellt. X.25 wird auf den ersten drei OSI-Schichten beschrieben, ist seit 1978 internationaler Standard und wird seit 1980 in Deutschland angeboten. Über Datex-P können z.Z. weltweit über 200 weitere paketvermittelte Netze in über 100 Ländern erreicht werden. Außerdem werden Verbindungen zwischen ISDN und Datex-P angeboten. X. 25 ist die Basis für virtuelle private Netze. Grundlage für die Einrichtung eines VPN ist die Vergabe einer speziellen Kennung. Alle am VPN beteiligten Komponenten sind durch diese Kennung markiert. Innerhalb des Netzes können auch geschlossene Benutzergruppen gebildet werden. Die Teilnehmeranschlüsse, die einer geschlossenen Benutzergruppe zugeordnet sind, bilden ein Netz im Netz und können so besonders gesichert werden.

Betriebsnotwendig werden die Verbindungsdaten gespeichert und für die Gebührenabrechnung verarbeitet.

---

[45]Wirtschafts- und Sozialausschuß: Stellungnahme zu der Mitteilung der Kommission über die Entwicklung des diensteintegrierenden Fernmeldenetzes (ISDN) zu einem transeuropäischen Netz, ABLEG. C 52/40 v. 19.2.1994.

6. Metropolitan Area Network (MAN) und Breitband-ISDN (B-ISDN)

Der Einsatz von breitbandigen offenen Telekommunikationsnetzen befindet sich noch im Versuchsstadium. Bereits flächendeckend setzt die Deutsche Telekom AG Glasfaser im Fernverbindungsbereich ein, die für eine Breitbandtechnik die Basistechnologie darstellt.

Seit 1983 erprobt die Deutsche Telekom AG die Breitbandnetztechnik in den BIGFON-Pilotprojekten. Zudem baut die Deutsche Telekom AG ein vorläufiges Breitbandnetz auf der Basis eines Glasfaser-Overlay-Netzes mit einem bundesweit durchgeschalteten 140-Mbit/s-Kanal zur Verbindung größerer Städte weiter auf [46]. Dieses Netz, das ebenfalls bereits 1983 in Betrieb genommen wurde, dient dem Videodienstverkehr mit einer Datenrate von 140 Mbit/s und maximal 2 Mbit/s für sonstige Dienste. Es sollte ursprünglich durch Zusammenschluß mit dem ISDN zu einem nationalen Breitband-ISDN weiterentwickelt werden. 1984 veröffentlichte seinerzeit noch die DBP ein Grobkonzept für ein Breitbandnetz unter der Bezeichnung Integriertes Breitband-Fernmeldenetz (IBFN). Eine hinreichende internationale Standardisierung der relevanten Merkmale erfolgte nicht. In der CCITT-Studienperiode 1985 -1988 wurden neue Übertragungsmethoden in die Diskussion gebracht, die grundlegende Umdenkungsprozesse gegenüber den gewachsenen Vorstellungen leitungsvermittelter Netze mit sich bringen. Ein Alleingang mit einem nationalen technischen Konzept erscheint den Akteuren nicht mehr sinnvoll.

Dieser Umdenkungsprozeß entwickelte sich aus der LAN-Technik. Da die LANs nicht nur ordnungspolitisch sondern auch technisch auf ein lokales Umfeld im ein- bis zweistelligen km Bereich begrenzt sind, besteht ein ständig steigender Bedarf der Vernetzung der LANs mit den entsprechenden Übertragungsgeschwindigkeiten untereinander. Dies führte zur Entwicklung von MANs) mit Übertragungsgeschwindigkeiten bis zu 140 Mbit/s zur Vernetzung von LANs. Die LANs arbeiten dabei nach einem

---

[46]Kneisel: Integriertes Breitband-Fernmeldenetz (IBFN), 6.2.0.0, S. 1 (40).

grundsätzlich anderen Übermittlungsprinzip gegenüber den verbindungsorientierten öffentlichen Netzen. Bei verbindungsorientierten Diensten wird zwischen den Instanzen eine Verbindung aufgebaut, bevor die Daten übertragen werden können. Innerhalb einer Verbindung können dann z.B. Fehlerbehebungsmaßnahmen vorgenommen werden. Die Verbindung bleibt solange geschaltet, bis sie teilnehmerseitig wieder aufgelöst wird. Beim verbindungslosen Dienst besteht eine solche explizite Verbindung zwischen den Instanzen nicht. Die Übermittlung erfolgt auf schnellstem Wege im Sinne von "store and forward". Beim MAN regelt nach dem gleichen Prinzip wie im LAN ein Zugriffsverfahren (DQDB) das Übertragen von Daten, wobei im Prinzip jeder Teilnehmer zu jedem Moment Daten zu einem anderen Teilnehmer übertragen kann, ohne daß zuvor eine Verbindung aufgebaut werden muß. So kann auf die Auf- und Abbauphasen verzichtet und der Durchsatz erhöht werden. Gegenüber dem LAN kann das MAN eine Ausdehung bis zu 100 km haben. Über sogenannte Bridges, Router und Gateways können verschiedene LANs und MANs miteinander verbunden werden. Wie das LAN ist das MAN für asynchrone Dienste, d.h. für Datenübertragung und verteilte Rechnerleistung, optimiert, soll aber auch zur Übertragung von synchronen Diensten, wie Sprache und Bilder optimiert, und weiterentwickelt werden [47]. Grundsätzlich unterscheidet sich das Konzept von B-ISDN und MAN dadurch, daß die Vermittlungssteuerung im B-ISDN zentral und verbindungsorientiert erfolgt, im MAN dagegen dezentral und im wesentlichen verbindungslos. Beim Store-and-Forward-Prinzip werden die Daten im Netz zwischengespeichert, was entsprechende Anforderungen an den Zugriffsschutz und die Datensicherheit stellt. MANs können aber auch verbindungsorientiert arbeiten [48].

Dieses Konzept findet Eingang in die internationale Standardisierung des B-ISDN. Für höhere Geschwindigkeiten in Europa 34 Mbit/s und 140 Mbit/s befindet sich das B-ISDN auf der Basis des Asynchronous Transfer Mode (ATM) in der Studienphase bei

---

[47]SEL AG: Einführung in AMAN - Alcatel Metropolitan Area Network, 1991.

[48]Ebenda.

CCITT und ETSI. Der ATM wurde von CCITT als das am besten geeignete Verfahren zur Vermittlung aller möglichen Dienste ausgewählt, da er als Mischform sowohl Verbindungen mit konstanter Datenrate (z.B. Sprache) als auch solche mit variabler Datenrate (Paketdaten) vermittelt. Der Distributed Queue Dual Bus (Distributed Queue Dual Bus - DQDB) wird im Rahmen von IEEE 802.6 standardisiert. Z. Z. gibt es Bestrebungen, den DQDB an das zukünftige B-ISDN anzupassen und in die CCITT-Empfehlung für MANs zu übernehmen [49]. Die Deutsche Telekom AG bietet ein auf DQDB beruhendes Hochgeschwindigkeitsnetz als Datex M an. 1994 startete die Deutsche Telekom AG ein Pilotprojekt Breitband-ISDN auf Basis der ATM-Technologie.

1991 wurden zwei MAN-Betriebsversuche in München und Stuttgart gestartet, die von der Deutsche Telekom AG in Zusammenarbeit mit Siemens bzw. Alcatel/SEL betrieben werden [50]. Beteiligt waren daran neben den beiden Herstellern Daimler-Benz, Porsche, das Leibnitz-Rechenzentrum in München sowie die beiden Technischen Universitäten in München und Stuttgart. 1993 sind diese Betriebsversuche in den Regelbetrieb übergegangen. Wichtig ist die Ergänzung und Kompatibilität des MAN mit dem B-ISDN. Das Vermitteln und Routen von Datenpaketen innerhalb des Alcatel MAN geschieht durch das ISDN-Adress-Schema E.164. Dies ist eine CCITT Empfehlung für die Adressierung, die einen weltweiten Numerierungsplan für ISDN vorsieht. Der DQD Slot im MAN und die ATM-Zelle sind ihrer Struktur sehr ähnlich aufgebaut. In seiner zweiten Ausbauphase wird das Alcatel-MAN Fernverbindungen zwischen ISDN-Konzentratoren bzw. Nebenstellenanlagen und dem öffentlichen ISDN bieten [51].

Es ist denkbar, daß das zukünftige B-ISDN aus Kosten- und Effizienzgründen nicht wie ISDN flächendeckend angeboten wird, sondern sich als Struktur vernetzter MAN darstellt [52]. Die Pla-

---

[49]Vgl. Kneisel, 6.2.0.0, S. 1 (31).

[50]Vgl. Burges: Metropolitan Area Network (MAN), 1991.

[51]SEL AG: Einführung in AMAN - Alcatel Metropolitan Area Network.

[52]Rösch: Metropolitan Area Networks (MAN), in: Arnold, 8.4.0.0, S. 1 (8).

nungen zum IBFN in Deutschland sind durch diese Entwicklungen überholt worden [53].

Das MAN ist sowohl als privates als auch als öffentliches Netz konzipiert. Während das IBFN noch an einer einheitlichen öffentlichen Fernmeldestruktur ausgerichtet war, ist das MAN-Konzept bestens für private und öffentliche Wide Area Networks sowie deren Kombination geeignet. Es würde erlauben, auch im Bereich der nationalen öffentlichen Festnetze neue private Netze, die öffentlich angeboten werden, aufzubauen. Damit werden technisch alle Kombinationen zwischen privaten und öffentlichen Netzen möglich.

Die EG hat dieses Konzept, das hervorragend in ihre Liberalisierungspolitik paßt, aufgegriffen. Die Normen der verschiedenen Komponenten des B-ISDN werden z.Z. vom ETSI erarbeitet. Eine Untergruppe aus dem B-ISDN-Komitee von ETSI befaßt sich speziell mit der Standardisierung von MAN. Mit dem RACE-Programm wird neben technischen Problemen auch die Normung der relevanten Merkmale eines europäischen Breitbandnetzes gefördert [54]. Nach Planungen der Kommission wird die Implementierung für ein erstes europäisches IBC-Netz für 1995 angestrebt. Dieses Netz soll in den Hauptzentren und -städten der EU alle bekannten existierenden Telekommunikationsdienste für Sprache, Daten und Bilder unterstützen. Darauf basierend soll das IBC zuerst in den europäischen Ballungszentren mit Übertragungskapazitäten von 2 Mbit/s, 34 Mbit/s, 140Mbit/s weiter ausgebaut werden. Diese Implementierungsstrategie entspricht einem MAN-Konzept. Erst für die Jahre 2005 bis 2010 wird eine Flächendeckung von 50% in Europa angestrebt [55].

---

[53]Steinbach: Telekommunikation in Deutschland, S. 29 ff.

[54]Beschluß des Rates v. 14.12.1987 über ein Gemeinschaftsprogramm auf dem Gebiet der Telekommunikationstechnologien - Forschung und Entwicklung im Bereich der fortgeschrittenen Kommunikationstechnologien für Europa (RACE-Programm) - 88/28/EWG - ABLEG. L 16 v. 21.1.88

[55]Commission of the European Communties: Operation 1992 - Investigation of requirements and options in the field of advanced communications-technologies in Europe, Brüssel 1990.

7. Mobilfunk

Mobilfunknetze sind charakterisiert durch die Mobilität der Endgeräte. Sie unterscheiden sich nach der Art der eingesetzten Technik. oder der Sendeleistungen und der Größe der Funkzellen oder der Art der Frequenznutzung.

Mobilfunknetze werden meistens auf Lizenzbasis einschließlich der technischen Infrastruktur betrieben und im öffentlichen Verkehr oder für geschlossene Benutzergruppen angeboten. Sie können mit dem öffentlichen Telefonfestnetz verbunden sein. Beim Mobilfunk überwiegt die Sprachkommunikation. Er kann aber auch für die Text- und Datenverarbeitung genutzt werden und wird dafür zunehmend optimiert.

Die digitalen Mobilfunknetze beruhen im Prinzip auf den gleichen Basiselementen wie das ISDN - Digitalisierung der Vermittlungs- und der Übertragungstechnik und Vereinbarung eines entsprechenden internationalen Standards.

1987 empfahl der Ministerrat die koordinierte Einführung eines europaweiten öffentlichen zellularen, digitalen, terrestrischen Mobilfunkdienstes [56]. Mit dieser Empfehlung unterstützte der Ministerrat die von der Europäischen Konferenz der Verwaltungen für das Post- und Fernmeldewesen (CEPT) zur Normung zellularer, mobiler Funksysteme eingesetzte Sonderarbeitsgruppe Groupe Spécial Mobile (GSM). Ausdrücklich stellte die Empfehlung auf die Verwendung von Digitaltechniken für die Entwicklung neuer Mobilfunksysteme und die Kompatibilität mit ISDN ab. Gleichzeitig verabschiedete der Ministerrat eine Richtlinie, die die Frequenzbänder, die für die koordinierte Einführung eines europaweiten öffentlichen zellularen, digitalen, terrestrischen Mobilfunkdienstes in der Gemeinschaft bereitzustellen sind, festlegt [57].

Im Anschluß an diese Empfehlung verpflichteten sich 22 europäische Telekommunikationsorganisationen aus 18 Staaten, darunter sämtliche Fernmeldeverwaltungen der Gemeinschaft, in

---

[56] 87/371/EWG - ABLEG L 196/81 v. 17.7.87.

[57] 87/372/EWG - ABLEG l 196/85, v. 17.7.87.

einer gemeinsamen Absichtserklärung der Ratsempfehlung und Richtlinie entsprechend, den europaweiten öffentlichen digitalen Zellularmobilfunk bis 1991 zu realisieren. Die Unterzeichner der Absichtserklärung und die europäische Telekommunikationsindustrie kamen überein, alle technischen Ressourcen bereitzustellen, die zur Festlegung der technischen Normen durch das Europäische Institut für Telekommunikationsnormen (ETSI) erforderlich sind. Im Laufe des Jahres 1989 wurde der Ausschuß GSM, der die GSM-Norm entwickelt, von der Europäischen Konferenz der Verwaltungen für Post und Fernmeldewesen (CEPT) zum ETSI verlagert [58].

GSM ist der europaweite Standard für die neuen digitalen Mobilfunknetze wie D.1 und D.2 sowie etwas abgewandelt (DCS 1800) auch für das E-Plus-Netz in Deutschland. In der Mitteilung der Kommission über die koordinierte Einführung des europaweiten digitalen, zellularen Mobilfunksystems kündigt die Kommission die Ausweitung des GSM-Standards auf die neuen sogenannten Personal Communication Networks (PCN) an. Die GSM-Technologie soll in einem Massenmarkt angeboten werden, der weit über die Verwendung als Autotelefon hinausgeht.

Die Deutsche Telekom AG bietet einen Dienst für die mobile Datenkommunikation mit der Dienstbezeichnung MODACOM an. Mobile Terminals sind über Funk mit Basisfeststationen verbunden, wo über eine regionale Kontrollstelle die Anbindung ans Datex-P-Netz erfolgt.

Im GSM-Netz wird neben den Verbindungsdaten auch die Standortkennung und die Endgerätenummer beider Teilnehmer gespeichert und verwaltet.

Neben GSM sind weitere Funkdienste zum Mobilfunk zu rechnen, wie Bündelfunk und digitaler Nahbereichsfunk. Seit 1991 werden in Deutschland Lizenzen für den Bündelfunk sowohl für Regionen als auch grundstücksbezogen an private Anbieter vergeben. Bündelfunknetze sind regionale Funknetze, die in erster Linie für die betriebliche Sprachkommunikation (z.B. Fahrzeug-

---

[58]Mitteilung der Kommission über die koordinierte Einführung des europaweiten digitalen zellularen Mobilfunksystems - KOM (90) 565 endg., v. 23.11.90, S. 8 f.

flotten) bestimmt sind. Datenübertragung ist aber auch möglich und wird angeboten. Mehrere Anwendergruppen benutzen als geschlossene Benutzergruppe ein Bündelfunksystem parallel, so daß eine effiziente Ausnutzung der vorhandenen Kanäle und Kapazitäten möglich ist. Dadurch werden die Infrastruktur-ressourcen, wie Funkanlagen und Vermittlungsrechner, besser genutzt. Bündelfunknetze sollen langfristig die heute existieren-den Betriebsfunknetze ersetzen. Der Bündelfunk unterliegt bestimmten Restriktionen. Er ist nur in der Bündelfunkzone nutzbar. Es erfolgt kein Hand-over beim Fahren von einer Funk-zelle in eine andere; eine Anbindung an das Fernsprechnetz aus dem Bündelfunknetz ist zwar möglich, aber es besteht keine direkte Anrufmöglichkeit aus dem Fernsprechnetz in das Bündel-funknetz. Bündelfunksysteme sind firmenspezifische, nicht kompatible Entwicklungen. Europäische oder internationale Normen gibt es bislang in diesem Bereich nicht. Geplant ist ein europäisches Digitaltelefonsystem im Nahbereich (DSRR) zu sehr geringen Kosten, das in der Regel nicht an das öffentliche Netz angeschlossen ist [59].

Für schnurlose Verbindungen im ISDN wurden von der EG eben-falls ein Standard (DECT) und entsprechende Frequenzen festgelegt. DECT legt eine Funkverbindungstechnik fest, durch die die verdrahtete Verbindung zum ISDN ersetzt werden kann, z.B. für schnurloses Telefonieren und schnurlose Datenüber-tragung sowie für Telepoint-Anwendungen [60]. Für die Liberali-sierung der Sprachkommunikation wird DECT eine große Be-deutung bekommen, da über diesen Übertragungsstandard eine

---

[59]Vorschlag für eine Richtlinie des Rates über die Frequenzbänder, die für die koordinierte Einführung des digitalen Nahbereichsfunks (DSRR) in der Gemeinschaft bereitzustellen sind, KOM (91) 215 endg. v. 12.6.91.

[60]Richtlinie des Rates v. 3.6.91 über das Frequenzband, das für die koordinierte Einführung europäischer schnurloser Digital-Kommunikation (DECT) in der Gemeinschaft vorzusehen ist - 91/287/EWG - ABLEG. L 144/45, v. 8.6.91 und Empfehlung des Rates v. 3.6.91 zur koordinierten Einführung europäischer schnurloser Digital-Kommunikation (DECT) in der Gemeinschaft - 91/288/EWG - ABLEG. L 144/47, v. 8.6.91. Die Titel der Empfehlung und der Richtlinie wurden im Amtsblatt verwechselt.

Anbindung der Haushalte ohne Festnetzverkabelung erfolgen kann.

8. Global Area Network (GAN)

Unter GAN wird die transnationale und/oder transkontinentale Verbindung mindestens zweier Datenstationen verstanden. Bei transkontinentalen Netzen müssen die Betreiber von Transatlantik- und -pazifikkabeln sowie die Satellitenorganisationen einbezogen werden. Diese Betreibergesellschaften vermieten ihre Leistungen an öffentliche Telekommunikationsorganisationen und private Netzbetreiber für Sprach- und Datenkommunikation. Die Betreiber transkontinentaler Kabel bieten selbst darüber hinausgehende weltweite Telekommunikationsnetzdienstleistungen an [61].

In Europa betreiben überwiegend Fernmeldeorganisationen und internationale Satellitenorganisationen [62], deren Signare im Namen der Mitgliedstaaten ebenfalls die Fernmeldeorganisationen sind, Satellitenanlagen. Die Vereinbarungen der internationalen Satellitenorganisationen übertragen den Fernmeldeorganisationen als Unterzeichnern das Recht auf ausschließliche Weitervermietung von Übertragungskapazität. Übertragungskapazitäten werden daher von Privaten in Europa in der Regel von Fernmeldeorganisationen erworben [63].

Die Satellitenkommunikation dient hauptsächlich als alternativer Übertragungsweg zum Netz. Bei innereuropäischen Entfernungen ist die Satellitenübertragung in der Regel teurer als die terrestrische Übermittlung. Innerhalb Europas werden nur 2 - 3 % der internationalen Verbindungen über Satellit abgewickelt. Dagegen sind es bei interkontinentalen Verbindungen annähernd 60 % [64].

---

[61]Vgl. Steinbach, Christine: Telekommunikation in Deutschland, S. 121 ff.

[62]INTELSAT, INMARSAT, EUTELSAT.

[63]Vgl. Grünbuch der EG-Kommission über ein gemeinsames Vorgehen im Bereich der Satellitenkommunikation in der Europäischen Gemeinschaft - KOM (90) 490 endg., v. 28.11.90, S. 33 f.

[64]Ebenda, S. 41.

Daneben enstehen private Satellitennetze. Die Satellitenfunkanlagen der ersten Generation waren Großanlagen mit einem Antennendurchmesser von ca. 30 m. Diese Anlagen wurden in der Regel von Fernmeldeorganisationen betrieben. Mittlerweile gibt es Satellitenfunkanlagen mit einem Antennendurchmesser von nur 0,5 - 2,5 m. Sie können unter Kontrolle des Benutzers direkt auf seinem Grundstück installiert werden.

Die Miniaturisierung von Satellitenfunkanlagen ermöglicht den Aufbau von nationalen wie internationalen VSAT-Netzen (Very Small Aperture Terminals). In mehreren europäischen Staaten werden Lizenzen für VSAT-Satellitennetze an Private vergeben. In diesem Bereich entwickeln sich private Netze für Datenübertragungsdienste und spezialisierte geschäftliche Kommunikation einschließlich interaktiver Sprachübermittlung, die nicht an das öffentliche Telefonnetz angeschlossen sind. Abhängig vom Fortgang der Liberalisierung wird der Betrieb von zentralen Kontrollstationen (Hub Stations) und von Satelliten selbst (Raumsegment) zunehmen, insbesondere wegen schlechter terristrischer Datenleitungen in Osteuropa.

Besonders für Satellitendienste zur Standortfeststellung und für den Mobilfunk zeichnet sich ein wachsendes Interesse ab. Durch die Miniaturisierung der Erdfunkanlagen werden die Mobilfunkdienste, die sich bisher auf den Seefunkverkehr für große Überseeschiffe mit entsprechender Antennenkapazität beschränkten, für Güterfern-, Zug-, Küsten- und Binnenschiff- sowie Flugverkehr interessant. Mit einem satellitengestützten Mobilfunk ließe sich eine sofortige europaweite Flächendeckung erreichen. Wie sich das Verhältnis von terrestrischem und satellitengestützten Mobilfunk entwickeln wird, bleibt abzuwarten. Neben der Frage des Marktzuganges in der noch weitgehend von den Fernmelde- oder vergleichbaren staatlichen Organisationen geprägten Satellitenkommunikation ist dies insbesondere eine Frage der Wirtschaftlichkeit.

Die World Administrative Radio Conference (WARC) hat 1992 in Malaga-Torremolinos entsprechende Frequenzen für Mobilfunk über Satelliten, insbesondere für Low Earth Orbit (LEO) - Satelliten in niedrigen Umlaufbahnen für eine direkte Kommuni-

kation zwischen Handgeräten und Satelliten und für Flugzeug-
telefonsysteme -, vorgesehen [65].

Motorola hat in Zusammenarbeit mit INMARSAT und einem
globalen Firmenkonsortium den Aufbau eines weltumspannen-
den, digitalen Funktelefonsystems für die globale Kommunikation (Sprach- und Datenübermittlung, Personenruf und Stand-
ortbestimmung) angekündigt. Nach dem 1990 unter dem Namen
"IRIDIUM" vorgestellten Konzept soll die Übertragungs- und
Vermittlungsarbeit von Satelliten übernommen werden, die mit
mobilen Taschenkommunikationsgeräten (Handy) erreichbar
sind. Die kommerzielle Inbetriebnahme des Netzes ist 1997
geplant [66].

Als weitere Stufe der Integration wird derzeit ein Universal
Mobile Telecommunication System (UMTS) geplant. Bis Ende des
Jahrzehnts soll eine einheitliche Luftschnittstelle realisiert werden,
um bei den Mobilfunkdiensten vom Funkruf bis zum Satelliten-
mobilfunk Kompatibilität zu erreichen. Ziel ist hier ein univer-
seller "Personal Communicator", ein Mobilgerät, das sich auf
verschiedene Protokolle und Frequenzen einstellen kann und so
als schnurloses Heimtelefon, zellulares Mobiltelefon oder über
Satellitenschnittstellen weltweit benutzt werden kann.

9. Personal Communication Network (PCN)

Aus dem expandierenden Mobilfunkmarkt entwickeln sich neue
Ideen für die Entwicklung der Telekommunikation insgesamt.

Eine dieser Entwicklungsperspektiven könnten die Personal
Communication Networks sein. Was man unter Personal
Communication Networks zu verstehen hat, ist bisher weder
technisch noch konzeptionell eindeutig definierbar. Die gemeinsame Grundidee, jenseits der Frage der technischen
Realisierung, besteht darin, daß jeder überall persönlich
erreichbar ist und von überall andere Teilnehmer erreichen kann.

---

[65]Tetzner, Funkschau 11/92, S.58 ff.

[66]Die WARC 92 in Torremolinos hat die entsprechenden Frequenzen im Band
von 1610 bis 1626,5 MHz für erdnahe Satellitenkommunikationssysteme, die für
das IRIDIUM-Projekt vorgesehen sind, freigegeben.

Damit soll der Gebrauch von Handies für einen Massenmarkt geöffnet werden.

Diese Grundidee kann zu einer strukturellen Revolution der Telekommunikation führen, falls das Numerierungssystem von der geräte- und ortsbezogenen Rufnummer auf die personengebundene Rufnummer umgestellt wird, wie es in Konzeptionen zum PCN angedacht wird. Danach würde die Erreichbarkeit des Teilnehmers erhöht, wenn das Netz nicht mehr geräte-, sondern teilnehmerbezogen vermittelt. Zudem wären viele neue Formen der Kommunikationssteuerung und neuer Telekommunikationsdienstleistungen denkbar, z.B. könnten zweckgebundene Telefonnummern vergeben werden. Jeder Telefonnutzer hätte mindestens eine Telefonnummer. Er könnte aber auch eine private und persönliche, eine Geschäftsnummer, eine Freizeitnummer haben. Rufnummern könnten bestimmten Einzelpersonen oder Gruppen nach Funktionen zugewiesen werden. Betriebliche Nummern könnten nach Funktionsbereichen vergeben werden usw. Für die Bereitstellung neuer Kommunikationsdienste sind benutzerfreundliche, einfache, leicht verständliche Nummerierungs- und Wählverfahren maßgeblich. Es besteht ein unmittelbarer Zusammenhang mit den Konzepten zu intelligenten Netzen (siehe nächstes Kapitel). Die im PCN denkbaren Dienste würden nicht im Endgerät, sondern im Netz realisiert. Das Satellitennetz IRIDIUM ist bereits in dieser Weise geplant.

In der zeitlichen Perspektive muß der Aufwand für die Normung einer europaweiten personenbezogenen Numerierung und der europaweiten Umstellung der Telefonsysteme berücksichtigt werden. Z.Z. ist noch kein einheitliches europäisches Vorwahlsystem eingeführt [67]. Eine Standardnummer für Anrufe mit Kreditkarten, kostenbezogene Standardvorwahlnummern für den Zugang zu Mehrwertdiensten mit Kiosk-Fakturierung will die Kommission im Rahmen der ONP-Bedingungen vereinheitli-

---

[67] Vgl. Vorschlag für eine Entscheidung des Rates zur Harmonisierung der Vorwahlnummern für den internationalen Fernsprechverkehr in der Europäischen Gemeinschaft - KOM (91) 165 endg - SYN 339, v. 23.5.1991 u. - 91/C 157/07 - ABLEG C 157/6, v. 15.6.91.

chen [68]. Mit einem neuen europaweiten Numerierungssystem kann nur mittel- bis langfristig gerechnet werden.[69].

10. Intelligent Network (IN)

Unter dem Begriff intelligente Netze (IN) werden weitere Schritte zu neuartigen Netzkonzepten erprobt. Grundgedanke des IN ist die Einführung einer Steuerungsschicht, die Netzdienste zentralisiert enthält und diese im gesamten Telekommunikationsnetz abwickeln kann, d.h.:

- "die Trennung der Dienstesteuerungsfunktionen von der unmittelbaren Vermittlungssteuerung. Über neue Schnittstellen können so Dienste auch von anderen als den Netzbetreibern eingebracht werden. Bei der Erstellung der nötigen Hard- und Software wird über die Nutzung der allgemeinen Computertechnologie eine weitgehende Unabhängigkeit von den Herstellern der Vermittlungsstellen erreicht.

- die nach Dienst- und Anwendungssituation unterschiedlich starke Zentralisierung der Dienstesteuerung und der Dienstedaten. Damit müssen Daten, die einen neuen Dienst beschreiben oder ihn unterstützen, nicht mehr an jeder Vermittlungsstelle neu eingespielt werden." [70]

Dieses Konzept stammt aus den USA. Dort wurden IN-Anwendungen bereits in den für den öffentlichen Verkehr bestimmten Netzen realisiert und Standardisierungsarbeiten geleistet [71]. In den letzten Jahren stießen diese IN-Pläne auch bei den europäischen Fernmeldeverwaltungen auf Interesse. Es werden bereits Elemente des IN im Rahmen von ETSI und

---

[68]Vgl. EG-Kommission: Mitteilung über die Bereitstellung des Berichts über den öffentlichen Netzzugang (ONP) für den Sprach-Telefondienst - 91/C197/6, v. 26.7.91, Nr. 11.

[69]Entschließung v. 19.11.92 zur Förderung der europäischen Zusammenarbeit bei der Numerierung von Telekommunikationsdiensten - ABlEG. Nr. C 318/2 v. 4.12.92.

[70]Zimmermann, Funkschau 10/91, S. 34 (35); vgl. Fritz, Funkschau 12/92, S. 40.

[71]Widmar, Funkschau 6/91, S. 42 ff.

weltweit durch das CCITT genormt. Zwischen dem ISDN und dem IN besteht ein Abstimmungsbedarf. Das IN ist nicht an das ISDN gebunden und wird in den Vereinigten Staaten völlig unabhängig vom ISDN angeboten. Das IN weist vergleichbare als auch optimierte Funktionen auf [72]. Nach dem IN-Konzept können Funktionen, die auch das ISDN bieten soll, bereits realisiert werden, wenn das auch im ISDN vorgesehene von der CCITT genormte Protokoll Zentrale Zeichengabekanal Nr. 7 in den oberen Netzebenen realisiert ist. Die vollen Funktionen sind nutzbar, wenn der ZZK Nr. 7 bis zur Ortsebene realisiert ist, wie es im ISDN-Konzept vorgesehen ist [73].

Die Deutsche Telekom AG sammelt in einem Betriebsversuch seit 1993 Erfahrungen mit dem IN-Konzept: Eine kleine Auswahl von intelligenten Diensten wird in konkurrierenden Overlay-Netzen realisiert, die über ZZK Nr. 7 - Schnittstellen den IN-Teil mit dem Basisnetz verbinden [74].

Mit dem IN-Konzept lassen sich die Netze für private Dienstleistungen bis hin zur Vermittlung weiter öffnen und trotzdem technisch als Netz unter Kontrolle behalten. Deshalb sind für das IN-Konzept "regulierungspolitisch die Gestaltung der Schnittstellen zu den Netzknoten der Betreiber und deren internationale Standardisierung von zentraler Bedeutung" [75].

In der Fachöffentlichkeit wird diskutiert, Großkunden oder privaten Diensteanbietern direkten Zugang zum ZZK Nr. 7 zu eröffnen. Damit erhielten Private einen unmittelbaren Zugang zu den Steuerungsfunktionen des Netzes. In den USA werden von den örtlichen Bell Operating Companies Systeme bereits mit Schnittstellen eingesetzt, die es den Kunden erlauben, jederzeit Status- und Fehlerreports des Netzes abzufragen, Leitungen zu testen, individuelle Alarmkriterien zu setzen, Einrichtungen

---

[72]Vgl. Zimmermann, S. 36.

[73]Eske-Christensen / Schreier / Stroh, Funkschau 12/91, S. 54.

[74]Krusch: Deutsche Bundespost Telekom, in: Arnold, S. 6500, S. 1 (S. 30).

[75]Zimmermann, S. 35.

zuzuweisen, Dienste zu buchen und zu administrieren sowie Verkehrs- und Dienstgütereports abzufragen [76].

Dieses technische Konzept enthält eine grundlegende Trennung zwischen dienstespezifischen Merkmalen und den reinen Transportfunktionen des Netzes. Beim IN ist der Übergang zu Mehrwertdiensten fließend.

11.   Telekommunikationsdienste

Auf den Telekommunikationsnetzen setzen verschiedene Telekommunikationsdienste auf. Der Begriff Telekommunikationsdienste ist unscharf und unterscheidet sich je nachdem, ob er ordnungspolitisch und juristisch, technisch oder umgangssprachlich gebraucht wird.

Im deutschen Sprachgebrauch hat sich der Begriff "Telekommunikationsdienst" in den letzten Jahren durchgesetzt und Eingang in gesetzliche Formulierungen gefunden. Häufig wird auch der Begriff "Mehrwertdienst" verwandt. Begrifflich orientiert sich "Mehrwertdienst" an ökonomischen Kategorien. Mehrwertdienste erlauben dem Anbieter eine mehrfache Wertschöpfung, indem sie über die reine Übertragungsleistung hinaus zusätzliche Dienstleistungen bieten. Entsprechend werden Mehrwertdienste in der wirtschaftswissenschaftlichen Literatur folgendermaßen definiert:

"Alle Dienste und Dienstleistungen auf Basis von Telekommunikationsverbindungen, die über die reine Bereitstellung dieser Verbindungen hinausgehen." [77]

oder

"Mehrwertdienste sind alle Dienste, die dem zugrundeliegenden Telekommunikationsnetzwerk wesentliche Leistungsmerkmale hinzufügen. " [78]

---

[76]Ebenda, S. 36.

[77]Harter, VANS 91- Report, 1991, S. 11 f.

[78]Diebold: Netztechnologien für die 90er Jahre, 1992, S. 135.

Die ersten allgemeinen Betriebslizenzen für Mehrwertdienste in Großbritannien verlangten ausdrücklich, daß eine "Zufügung von Wert" erforderlich sei. Dieser liege vor, wenn die übertragenen Nachrichten entweder gespeichert, Code, Inhalt, Format oder Protokoll der Nachricht wesentlich verändert oder die Nachricht an eine Vielzahl von Empfängern weitergegeben werde. Es gelang bei vielen Diensten nicht, zu bestimmen, worin die Zufügung von Wert bestand. Aufgrund dessen mußte dieses Lizenzierungsverfahren durch ein neues ersetzt werden, das nicht mehr auf den Inhalt der Leistung abstellt, sondern auf die technischen und organisatorischen Bedingungen ihrer Erbringung, die unter ordnungspolitischen Gesichtspunkten von der Regulierungsbehörde festgelegt werden [79].

In den Vereinigten Staaten versuchte die Regulierungsbehörde (FCC) eine Politik der Grenzziehung zwischen reiner Nachrichtenübertragung, wozu AT&T nach dem Antitrust-Recht verpflichtet war, und Mehrwertdiensten, die als Bestandteil des Datenverarbeitungsbereiches nicht reguliert werden durften. Diese Abgrenzung gelang ebenfalls nicht. Das FCC sah sich aufgrund der technischen Entwicklung mit immer neuen sogenannten hybriden Diensten konfrontiert, die nicht eindeutig zuzuordnen waren, so daß es sich in seiner Computer-II-Entscheidung [80] gezwungen sah, eine neue Einteilung von Diensten einzuführen. Das FCC differenziert nun in Basisdienste (basic bearer services) und erweiterte Dienste (Enhanced Services) = Mehrwertdienste:

"Ein Basisdienst ist der reine Nachrichtentransport von einem Ort zum anderen, wobei die Information nicht verändert werden darf. Allerdings berühren dabei Vermittlungsvorgänge, Bandbreitenkompression, Fehlerkontrolle oder interne Zwischenspeicherung im Netz die Einordnung als Basisdienst nicht. Ein Mehrwertdienst ist damit alles, was über den Basisdienst hinausgeht, d.h., ein Mehrwertdienst muß zusätzliche Leistungs-

---

[79]Vgl. Arzt / Bach / Schüler: Telekommunikationspolitik in Großbritanien. Auswirkungen von Privatisierung und Liberalisierung, 1990, S. 57 f.

[80]FCC, 77 FCC (2d) 384 (1980).

merkmale bieten, wie Speicherung, Code- oder Protokollumwandlung." [81]

Die amerikanischen Kriterien für die Abgrenzung von Basisdiensten (Basic Bearer Services) und Mehrwertdiensten (VAS) sind gleichzeitig die Differenzierungslinie für Regulierungsentscheidungen. In der Literatur finden sich eine Reihe von Unterableitungen des VAS-Begriffes, die von den Mehrwertdiensteanbietern geschaffen wurden, um ihre Dienstleistungen abzugrenzen [82]:

- Value Added Data Service (VADS)

- Value Added Network Service (VANS)

- International Value Added Network Service (IVANS)

- Value Added Network (VAN)

Im Kern aber besteht Übereinstimmung, daß Mehrwertdienste Dienstleistungen sind, die der bloßen Übermittlung im und/oder am Netz durch Bereitstellung von Speicher- und/oder Verarbeitungsleistungen hinzugefügt werden und den am Netz angeschlossenen Telekommunikationsteilnehmern entgeltlich angeboten werden [83]. Alle Mehrwertdienste setzen auf der vorhandenen Telekommunikationsinfrastruktur auf.

Den erörterten Definitionen ist die Zwecksetzung gemeinsam, aus ordnungspolitischen Gründen zwischen Dienstleistungen zu unterscheiden, die unterschiedlichen Formen der Regulierung unterliegen. Dementsprechend stellen sie auf die Dienstleistungen ab, die im Wettbewerb entgeltlich gegenüber Kunden erbracht werden.

Die OECD verwendet anstelle des ökonomischen Begriffs "Value Added Services" den technischen Begriff "Telecommunications-Network Based Services" (TNBS) [84]. Dem sehr nahe steht die Legaldefinition in der Telekommunikationsdienste-Richtlinie der

---

[81]Schön / Neumann, JbDBP 1985, S. 478 (480).

[82]Harter, S. 10.

[83]Vgl. Friedrich, VANS 90 - Report, Starnberg 1990, S. 5.

[84]Spohr, VANS 90 - Report, Starnberg 1990, S. 57.

Kommission. Unter Telekommunikationsdiensten versteht die Richtlinie "die Dienste, die ganz oder teilweise aus der Übertragung und Weiterleitung von Signalen auf dem öffentlichen Telefonnetz durch Telekommunikationsverfahren bestehen" [85].

Der Unterschied zwischen dem ökonomischen Dienstleistungsbegriff und dem technischen Dienstebegriff wird im deutschen Telekommunikationsrecht noch in der Telekommunikationsordnung (TKO), die kurz vor der Poststrukturreform erlassen wurde, deutlich. Die TKO unterschied Telekommunikationsdienste und -dienstleistungen [86]. Nach der Legaldefinition müssen für Telekommunikationsdienste, Dienstregelungen festgelegt und eingehalten werden. Damit sind nachrichtentechnisch bestimmte logische Prozeduren, z.B. für den Telefondienst, Datex, ISDN Telex, Telefax, BTX usw. gemeint [87]. Telekommunikationsdienstleistungen wurden hingegen für sonstige Zwecke des Teilnehmers erbracht, wie z.B. Telefonauskunft, Installationen und Wartung. Der nachrichtentechnische Dienstebegriff stammt aus der technischen Normung im Fernmeldebereich und hat über das OSI-Modell auch Eingang in die Beschreibung der Datenübertragungskomponenten in der Computertechnik gefunden. Bestimmte technische Funktionalitäten im Rahmen der Normen des OSI-Modells werden als Dienste beschrieben. Dieser Dienstebegriff meint die Beschreibung der Funktionalität einer technischen Komponente erst einmal ohne ordnungspolitische Implikationen. Es handelt sich bei diesen Beschreibungen überwiegend um abstrakte Softwarespezifikationen [88]. Da sich in der Telekommunikation die Netzleistungen in Komponenten (Dienste) darstellen und aufgliedern lassen, knüpft die ordnungsrechtliche Terminologie

---

[85]Art. 1 Abs. 1 Richtlinie der Kommission v. 28.7.1990 über den Wettbewerb auf dem Markt für Telekommunikationsdienste, 90/388/EWG - ABLEG. L 192/10, v. 24.7.90.

[86]Anhang 1 zur TKO, S. 6.

[87]Zum Dienstebegriff in der Fernmeldetechnik vgl. Plank, Karl Ludwig: Grundgedanken zur Gestaltung zukünftiger Fernmeldenetze, 1988, S 18 (26).

[88]Höller: Kommunikationssysteme - Normung und soziale Akzeptanz, S. 126.

häufig unausgewiesen an die technische Diensteterminologie an und überlagert sie mit einem ordnungspolitischen Dienstleistungsbegriff. Der Dienste- und Dienstleistungsbegriff wird häufig synonym benutzt.

Die Abgrenzung zwischen ausschließlichen und Wettbewerbsdiensten ergibt sich aus dem novellierten Fernmeldeanlagengesetz (FAG). Es unterscheidet die Funktion der reinen Informationsübertragung von anderen Funktionen von Fernmeldeanlagen [89]. Fernmeldeanlagen können sein: Endeinrichtungen, Vermittlungseinrichtungen, Übertragungswege einschließlich der zugehörigen Abschlußeinrichtungen [90]. Die Netzfunktion und damit das Netzmonopol umfaßt Übertragungswege und die dazugehörigen Abschlußeinrichtungen. Übertragungswege sind Anlagenteile in Form von Kabel- und Funkverbindungen mit ihren übertragungstechnischen Einrichtungen. Sie enden an den Abschlußeinrichtungen. Sie stellen die Schnittstelle zwischen dem unmittelbaren Netzbereich, der dem ausschließlichen Recht des Bundes vorbehalten ist, und dem Wettbewerbsbereich der Endeinrichtungen und der Vermittlungseinrichtungen dar [91]. "Die von der Deutschen Bundespost TELEKOM bereitgestellten Übertragungswege, die dem Netzmonopol des Bundes zuzuordnen sind, dürfen neben der reinen Kabel- bzw. Funktechnik nur solche Funktionseinheiten beinhalten, die für die dienstneutrale, transparente Punkt-zu-Punkt- oder Punkt-zu-Mehrpunkt-Übertragung von Informationen innerhalb des Übertragungswegenetzes technisch-physikalisch erforderlich sind und nicht von Endeinrichtungen oder von Vermittlungseinrichtungen im Sinne des FAG wahrgenommen werden können." [92] Alle Dienstleistungen, die über diesen definierten Netzbereich (= Basisdienste) hinausgehen, sind Mehrwertdienste. Dies schließt auch den Betrieb von Vermittlungs-

---

[89] §§ 1 Abs. 2, 2 Abs. 1 FAG.

[90] Bundesminister für Post- und Telekommunikation: Regulierungen zum Netzmonopol des Bundes, Bonn 1991, S. 19 Eckpunkt 1.2 und S. 23 Eckpunkt 1.4 der öffentlichen Kommentierung.

[91] Ebenda, S. 17 Eckpunkt 1.1.

[92] Ebenda, S. 27 Eckpunkt 1.5.

einrichtungen ein. Die Sprachübermittlung ist grundsätzlich ebenso ein Mehrwertdienst wie der Betrieb von ISDN-Vermittlungsstellen. Durch § 1 Abs. 4 FAG wird dieser Mehrwertdienst einschließlich der zu seiner Erbringung erforderlichen Vermittlungseinrichtungen durch Verleihung dem Monopol der Deutsche Telekom AG zugeordnet. Rechtlich sind die ISDN-Vermittlungseinrichtungen nur insoweit dem Monopolbereich zugeordnet, wie sie der Sprachübermittlung dienen. Technisch ist allerdings die Sprachübermittlung in ISDN-Vermittlungseinrichtungen weder zu erkennen noch zu trennen. Alle anderen Dienstleistungen können prinzipiell nach dem FAG im Wettbewerb erbracht werden. Innerhalb geschlossener Benutzergruppen und privater Netze genehmigt die Regulierungsbehörde mittlerweile auch die Sprachübertragung als Corporate Network [93]. In der Datenübertragung, die nicht öffentliche Sprachübertragung ist, sind Vermittlungseinrichtungen anderen rechtlichen Bedingungen als das Netz unterworfen und können durch Dritte als Dienstleistung betrieben werden.

In der Telekommunikationsdatenschutzverordnung (§ 2 TDSV) wird eine Legaldefiniton verwendet, der auf den ersten Blick ein ökonomischer Dienstleistungsbegriff zugrunde liegt:

> Telekommunikationsdienstleistungen sind "Dienstleistungen, die zur Übermittlung von Informationen zwischen Dritten über Fernmeldeanlagen, die für den öffentlichen Verkehr bestimmt sind, geschäftsmäßig angeboten werden."

Merkmale einer Telekommunikationsdienstleistung sind:

- Übermittlung von Informationen zwischen Dritten.

- Erbringung über oder im Zusammenhang mit Fernmeldeanlagen, die für den öffentlichen Verkehr bestimmt sind.

- Geschäftsmäßiges Angebot.

---

[93]Verfügung: Regulierung von Fernmeldeanlagen, die gem. den §§ 2 und 3 FAG von anderen als der DBP TELEKOM errichtet und betrieben werden dürfen, Amtsblatt des BMPT 13/93, S. 254 ff.; Telekommunikations-Verleihungsverordnung (TVerleihV) BGBl. I 1995, S. 1434 ff.

Diese Legaldefinition wird in der TDSV-E [94] erheblich verändert:

> Telekommunikationsdienstleistungen sind gewerbliche Angebote von Telekommunikation einschließlich des Angebots von Übertragungswegen für beliebige natürliche oder juristische Personen oder Personengesellschaften, ..., und nicht lediglich für die Teilnehmer geschlossener Benutzergruppen.

Hier wird konsequent auf einen ökonomischen Dienstleistungsbegriff abgestellt. Die Merkmale sind:

- Gewerbliches Angebot von Telekommunikation,

- einschließlich des Angebots von Übertragungswegen,

- für beliebige natürliche oder juristische Personen oder Personengesellschaften, ..., und nicht lediglich für die Teilnehmer geschlossener Benutzergruppen.

Auf die Übermittlung für Dritte wird zutreffenderweise nicht mehr abgestellt.

In dem geänderten Entwurf für eine Telekommunikationsdatenschutz-Richtlinie der EG wird hingegen ein technischer Dienstebegriff zugrunde gelegt:

> Telekommunikationsdienste bestehen ganz oder teilweise aus der Übertragung und Leitweglenkung von Signalen auf einem öffentlichen Telekommunikationsnetz mit Ausnahme von Rundfunk und Fernsehen [95].

Merkmale einer Telekommunikationsdienstleistung sind hiernach:

- Übertragung und Weiterleitung von Signalen

- auf öffentlichen Netzen.

Ausgenommmen von dieser umfassenden Definition werden Rundfunk und Fernsehen, die zwar technisch auch hierunter

---

[94] Der Entwurf einer neuen TDSV (Stand Januar 1996) befindet sich bei der Fertigstellung dieses Buches noch im Gesetzgebungsverfahren (Stand März 1996 - BRDrs. 60/96) und wird im weiteren als TDSV-E berücksichtigt. Es ist wahrscheinlich, daß diese Verordnung sich bei Erscheinen des Buches in Teilen noch geändert hat.

[95] ABLEG. C 200/4 v. 22.7.94.

fallen, aber rechtlich den Medienregelungen zugeordnet werden soll. Die Definition, die den EG-Regelungen zugrunde liegt, ist die umfassendste. Sie umfaßt sowohl alle Dienstleistungen, die sich nur der Telekommunikation bedienen, ohne selbst der Übermittlung zu dienen, wie z.B. Telefonbanking, Auskunftsdienste usw. als auch die Erbringung von Dienstleistungen im Bereich der technischen netznahen Dienste, wie Netzwerkmanagement, Betrieb von Vermittlungseinrichtungen usw.

Im Ergebnis kann nur festgehalten werden, daß eine exakte, allgemein anerkannte Definition von Mehrwertdiensten bislang nicht gelungen ist.

Betrachtet man den Telekommunikationsdienstemarkt in Bezug auf die bislang statistisch relevanten Telekommunikationsdienste stellt sich entsprechend zu dem Definitionsproblem das Problem der Kategorisierung dieses noch sehr unstrukturierten und damit unübersichtlichen Marktes. Die TELEKOM führt bei der Registrierung von Anbietern von Telekommunikationsdienstleistungen gem. § 1 a FAG folgende Telekommunikationsdienstleistungsarten auf [96] :

- Übermittlungsdienste

- Kompatibilitätsdienste

- Verarbeitungsdienste

- Informationsdienste

- Transaktionsdienste

- Überwachungs-, Steuerungs- und Wartungsdienste

- Netzmanagementdienste

Doch diese Kategorien erscheinen zumindest für den hier verfolgten Darstellungszweck zu unscharf und überschneiden sich zu stark. Ich kategorisiere die wichtigsten Telekommunikationsdienste deshalb nach den folgenden Telekommunikationsdienstleistungstypen.

---

[96] Amtsblatt des BMPT, 16/95, S. 1083 ff.

12. Netznahe Telekommunikationsdienste

Die netznahen Telekommunikationsdienste überschneiden sich weitgehend mit den schon dargestellten VPNs. Es sind insofern auch Telekommunikationsdienstleistungen, als sie von dem Nutzer selbst oder von Dritten für den Nutzer betrieben werden können. Dies gilt ebenso für einzelne Dienstleistungen im Rahmen des Netzbetriebs:

– Betrieb von X.25-Netzdienstleistungen (Datex-P), z.B. Betrieb gesplitteter Mietleitungen.

– Errichtung und Betrieb von privaten Netzen durch Kopplung verschiedener privater und öffentlicher Netze und Netzdienstleistungen, z.B. MANs.

– Errichtung und Betrieb von privaten Satellitenfunkanlagen.

– Betrieb von Kompatibilitätsdiensten und Gateways.

– Fernwirk- und Fernmeßübermittlungen.

– Netzwerkmanagement.

– Netzwerkservicedienste.

– Interaktiver Videodienst, Videokonferenzdienst [97].

Im Rahmen dieser Dienstleistungen werden schützenswerte unternehmens- und personenbezogene Daten verarbeitet.

13. Anwendungsnahe Telekommunikationsdienstleistungen

Anwendungsnahe Telekommunikationsdienste unterstützen den Anwender unmittelbar und verfügen meistens über eine direkte Benutzerschnittstelle. Entsprechend vielfältig können hier Telekommunikationsdiensteangebote sein:

– Mailbox-Dienste / Electronic Mail / Computerkonferenzen

– EDI- / EDIFACT-Dienste

– Warenbestellung / Lieferverbund

– Fernsteuern / Fernüberwachen

---

[97] Steinbach: Private Mehrwertdienste, in Arnold, S. 5200, S. 1 ff.; Diebold, S. 138.

- Finanztransaktionen / Zahlungsverkehr

- Reservierungssysteme

- Außendienststeuerung

- Logistik / Güterverkehrssysteme

- Steuerberechnung / Buchhaltung

- Informationsdatenbanken

- Auskunftssysteme

- Presseagenturen

- Telesoftware

- Vermittlungsdienste

- Anwendungsentwicklung

- Service Rechenzentren.

Die Normungstiefe der Telekommunikationsdienste ist unterschiedlich. Die Leistung des ISO-OSI-Modells besteht in der Festlegung grundsätzlich klarer Schnittstellen zwischen jeder Schicht. Dies ermöglicht die Gestaltung von Telekommunikationsdiensten, die nur hinsichtlich der Anbindung an das Netz die jeweiligen Schnittstellen einzuhalten haben. Unter den anwendungsnahen Telekommunikationsdienstleistungen (Auskunfts-, Informations- und Datenbankdienste) gibt es viele, die kaum standardisiert sind und lediglich die Netzfunktionen auf den unteren Schichten nutzen. Die für die anwendungsnahen standardisierten Telekommunikationsdienste wesentlichen technischen Normen sind auf der Schicht 7 des ISO-OSI-Modells genormt [98]:

- Die CCITT-Empfehlung X.400 ff. für Mitteilungssysteme (Message Handling Systems). Sie legen die Dienstelemente und Protokolle für Mitteilungs-Übermittlungssysteme (MHS) fest. Der Standard ist für den Austausch von unformatierten Texten von Bedeutung. Während bisher Textmitteilungen häufig nur auf der Basis von Herstellerstandards innerhalb gleicher Produktfamilien ausgetauscht werden konnten, ist

---

[98]Vgl. die sehr detailiierte Untersuchung von Höller: Kommunikationssysteme - Normung und soziale Akzeptanz.

mit X.400 eine Basis geschaffen worden, die den weltweiten herstellerunabhängigen Nachrichtenaustausch ermöglichen soll.

- Die CCITT-Empfehlung X.500 standardisiert Aufbau und Funktion eines verteilten Verzeichnissystems, das zu einem Standard zur Adressierung der Mitteilungen und zur Verwaltung der Teilnehmer von Electronic Mail weltweit führen soll.

- Der ISO-EDIFACT-Standard (Electronic Data Interchange for Administration, Commerce and Transport) sowie der EDIFACT-Standard der Vereinten Nationen (UN/EDIFACT) [99] ermöglichen den Datenaustausch von Geschäftsdokumenten, wie Rechnungen, Bestellungen sowie Transport- und Zolldokumenten.

- FTAM (File Transfer Access and Management) standardisiert den Filetransfer für spezifische Dienste, wie z.B. den Versand von Börsendaten.

In der Schicht 7 des OSI-Modells wachsen die Normung der Netzleistungen und die Standardisierung und Normung des Dokumentenaustausches zum Zwecke der Rationalisierung und Automatisierung in bestimmten Geschäftsbereichen zusammen. Die Forschungsgruppe Telekommunikation der Universität Bremen hat dieses Zusammenwachsen für die Rationalisierung des Konsumgüterhandels mit Hilfe der European Articel Number (EAN), der Electronic Funds Transfer / Point of Sales EFT / POS und EDI / EDIFACT untersucht. Sie klassifizieren derartige Anwendungssysteme als sekundäre großtechnische Systeme mit vielfältigen Verbindungen zu den primären großtechnischen Infrastrukturen, wie den Telekommunikationsnetzen [100].

In diesem Schnittfeld von primären und sekundären Systemen entwickeln sich Telekommunikationsdienste, die zentrale Funktionen für die Mehrwertdienste in den Telekommunikationsnetzen übernehmen können, weil sie standardisiert zur Verfügung gestellt werden. Beispielsweise führt die Durchsetzung

---

[99]Hörig / Barthel, CR 90, S. 484.

[100]Kubicek / Seeger: The negotiations of data standards 1991.

des X.400-Standards und des X.500-Standards für die Adressierung in Netzen zu einem generellen Postverteilsystem in den Telekommunikationsnetzen, das im Prinzip von jedem betrieben und von jedem, der die technischen Basis zur Verfügung hat, genutzt werden kann. Mit diesen Standards wird ein Logistiksystem der Post in den Telekommunikationsnetzen jedem zur Verfügung gestellt. Die EDI-Standards werden einen großen Rationalisierungsschub in der Dokumentenübermittlung im geschäftlichen Bereich bewirken [101].

14. Internet

Das Internet [102] widerstrebt der bisher vorgenommenen Kategorisierung der Telekommunikation, orientiert an Angeboten der Telekommunikationsorganisationen. Das Internet umfaßt Elemente des Netzes und Telekommunikationsdienste. Zum einen bietet es Protokolle (TCP/IP) zur Kommunikation zwischen Rechnern über die bestehenden, beschriebenen öffentlichen Netze und zum anderen eine Vielzahl von Telekommunikationsdiensten, die wiederum durch bestimmte Protokolle (HTTP, SMTP) im Netz öffentlich zur Verfügung gestellt werden können. Jeder kann unter bestimmten technischen und organisatorischen Vorausetzungen seinen Rechner in das Internet einbinden und Telekommunikationsdienste jeder Art anbieten. Telekommunikationsdiensteanbieter und Programme (Gopher, Archie, Wais) strukturieren die chaotische Vielfalt von im Internet angebotenen Telekommunikationsdiensten z.B. zum World-Wide-Web. Das Internet läßt sich als anwendungsnahes Telekommunikationsnetz charakterisieren.

---

[101]Vgl. Hörig: Die EDIFACT-Welt - ein Gebiet voller Unruhe, in: Kubicek u.a.: Jahrbuch der Telekommunikation und Gesellschaft, 1994, S. 254 ff.; Bierschenk: EDI in der europäischen Automobilindustrie, ebenda, S. 69; Kilian: Elektronische Transaktionen von Dokumenten zwischen Organisationen, ebenda, S. 80. Stanbrook u. Hooper: Data Protection Legislation and their Impact on EDI, 1989; Empfehlung der Kommission v. 19.10.1994 über die rechtlichen Aspekte des elektronischen Datenaustausches - 94/820/EG - ABlEG. L 338/98 v. 28.12.94.

[102] Vgl. Krol: The Whole Internet, 1992.

15. Videotex-Dienste

Als Telekommunikationsdienste eigener Art können die sogenannten Videotex-Dienste, - Bildschirmtext (BTX) in Deutschland, Minitel in Frankreich, Prestel in Großbritannien -, bezeichnet werden. Sie beruhen auf eigenen - oft von den nationalen
Fernmeldeorganisationen entwickelten - Standards, sind aber
zumindest auf den unteren Schichten OSI-konform.

Die Deutsche Telekom AG hat BTX aufgrund der hohen Verluste
als öffentlicher Dienst eingestellt, während Minitel in Frankreich
sehr erfolgreich betrieben wird. Unter der Bezeichnung Datex-J
entsteht ein sogenanntes Datenmehrwertnetz. Es soll eine
technische Plattform bilden, auf der verschiedene Mehrwertdienste realisiert werden können. Dieses Netz löste das BTX ab.
BTX selbst ist nur noch ein mögliches Angebot im Datex-J. Im
Gegensatz zu Minitel und Prestel, die nur bestimmte
Basisfunktionen wie Teilnehmerverzeichnisse, Mailboxen usw.
bieten, war BTX das anspruchsvollste multifunktionale Daten-
banksystem für jedermann, das aber die in es gesetzten
Erwartungen, insbesondere im Bereich des Teleshopping, nicht
erfüllen konnte.

Als wichtigster Mehrwertdienst ermöglicht Datex J alias BTX als
einziger öffentlicher Online-Dienst in Deutschland Homebanking.
Entsprechend hoch ist der Nutzungsgrad im Bankenbereich. Für
professionelle Anwendungen bietet Datex-J die Einrichtung
geschlossener Benutzergruppen, die wie ein VPN genutzt werden
können.

Für interaktive Bildschirmtexte im Bereich der Medien entstehen
neue Betreiberkonzepte. Das Internet entwickelt sich zu der
Plattform für Online-Dienste.

16. Telekommunikationsdienste im Mobilfunk

Die Mehrwertdienste im Mobilfunk lassen sich ebenfalls nach
unterschiedlichen Arten unterscheiden, die von netznahen
Telekommunikationsdienstleistungen bis zu netzfernen allgemeinen Dienstleistungen, die lediglich über das Telekommunikationsnetz erbracht werden, reichen.

Ein Telekommunikationsdienst wie der Bündelfunk ist eigentlich ein eigenes Netz (siehe oben Kap. II. 7). Der Mehrwertdienst besteht in dem Angebot eines Diensteüberganges durch einen Mobilfunkservices-Provider sowie in dem Betrieb eines Bündelfunknetzes. Im Rahmen eines Bündelfunknetzes können dann verschiedene Netzwerkmanagementdienste angeboten werden (siehe oben Kap. II. 13.).

Ebenso sind Paging- und Funkrufsysteme, wie Cityruf, Euromessage, Eurosignal und Ermes, funkgestützte Telekommunikationsdienste eigener Art, die standardisiert europaweit angeboten werden sollen [103].

Ein echter netznaher Mobilfunkwertdienst ist MODACOM (siehe Kap. II. 7.), der eine Datenübertragung über Mobilfunk und eine Anbindung ans Datex-P-Netz ermöglicht.

Echte anwendungsnahe Telekommunikationsdienste im Mobilfunk sind Voice Mailboxen, die die Netzbetreiber zentral anbieten. Viele weitere sogenannte Mehrwertdienste sind allgemeine Dienstleistungen wie Parkplatzreservierung, Veranstaltungs- und Reisebuchung, Sekretariatsservices, Verkehrsinformationen.

17. Telekommunikationsdienste in der Satellitenkommunikation

Netznahe Telekommunikationsdienste in der Satellitenkommunikation sind z.B. Netzwerkmanagementdienste. Informationssammel- (SNG-Dienste - Satellite News Gathering) und Verteildienste (Punkt zu Mehrpunkt-Dienste) sind spezifische anwendungsnahe Telekommunikationsdienste in der Satellitenkom-

---

[103]Vgl. Schulte-Braucks: Telekommunikation auf dem Weg zum Europa 1992, in: Online 90 Congress-Reader 1, 1990, S. I.01.01, (I.O1.10); Mitteilung der Kommission über die koordinierte Einführung des europaweiten digitalen, zellularen Mobilfunksystems - KOM (90) 565 endg. v. 23.11.90, S. 6; Empfehlung des Rates v. 9.10.1990 zu koordinierten Einführung eines europaweiten terrestischen öffentlichen Funkrufsystems in der Gemeinschaft - 90/543/EWG - ABLEG. L 310/23 v.9.11.90;
Richtlinie des Rates v. 9.10.1990 über die Einführung eines europaweiten terrestrischen öffentlichen Funkrufsystems in der Gemeinschaft - 90/544/EWG - ABLEG. L 310/29 v. 9.11.90.

munikation. SNG-Dienste dienen der Erfassung von Nachrichten und Daten, die von verschiedenen Stellen ausgesendet werden. In Großbritanien und Frankreich haben sich als Satelliten-Telekommunikationsdienste Punkt-zu-Mehrpunkt Informationsdienste für Wett-, Börsen-, metereologische Informationen und Nachrichten für spezifische Anwender, wie Wettbüros, Rundfunkanstalten und Börsenmakler, entwickelt, die bis zu 10000 Satelliten-Empfangsanlagen umfassen [104].

18. Zusammenfassende Bewertung

Die Prognosen über die Entwicklung der Telekommunikation können, insbesondere angesichts der Abhängigkeit des Zusammenwirkens derartig komplexer Faktoren wie Technikentwicklung, Normung, Marktentwicklung und Ordnungs- und Regulierungspolitik nur vage sein [105]. Eingedenk dessen werden folgende Entwicklungstrends, die hinreichend identifizierbar sind, unterstellt.

Die technische Entwicklung der Telekommunikationsnetze erlaubt zukünftig einen Netzbetrieb durch verschiedene Betreiber. Die Verfügung über das physikalische Netz, bislang der Anknüpfungspunkt für die Fernmeldemonopole, tritt in den Hintergrund. Die Entwicklung der netznahen Telekommunikationsdienste einhergehend mit der weiteren Standardisierung zentraler Telekommunikationsdienste erlaubt die Zusammenschaltung und den Betrieb unterschiedlich konfigurierter Netzwerke als virtuelle Netze, die öffentlich angeboten werden können. Ausgehend von der Satelliten- und Mobilfunkkommuni-

---

[104]Grünbuch der EG-Kommission über ein gemeinsames Vorgehen im Bereich der Satellitenkommunikation in der Europäischen Gemeinschaft, S. 44 f.

[105]Vgl. Stransfeld u.a.: Anwendungen der Informationstechnik - Entwicklungen und Erwartungen; Delpho: Prognosen: Erwartungen, Methoden und Nutzen, in: Kubicek u.a.: Jahrbuch der Telekommunikation und Gesellschaft, 1994, S. 165 ff.; Pattay: Ist die Entwicklung moderner Dienste noch berechenbar ? ebenda, S. 176 ff.; Weigand: Diffussionsprognosen im Telekommunikationsbereich: Der gescheiterte Versuch, die Zukunft vorherzusagen, ebenda, S. 191 ff. ; Werle: „Diese Angaben sind ohne Gewähr": Prognosen in der Telekommunikation, ebenda, S. 201 ff. ; Krebsbach-Gnath / Camilla (Hrsg.): Die gesellschaftliche Herausforderung der Informationstechnik, 1986.

kation werden auch neue physikalische Netze durch private Netzbetreiber aufgebaut. Die Mobilfunkkommunikation wird im Verhältnis zum Festnetz überproportional zunehmen. Der Aufbau dieser Netze steht erst am Anfang. Sie werden die Festnetze nicht nur ergänzen, sondern sie werden sich zu einem vergleichbaren Massenkommunikationsnetz, wie das feste Telefonnetz, entwickeln. Weiterhin werden die Anstrengungen verstärkt, das Fernsehkabelnetz auch für die dialogorientierte Datenübertragung nutzbar zu machen. Technisch wird es möglich zwischen der Physik des Netzes und dem Betrieb des Netzes zu unterscheiden. Durch die wachsende gegenseitige Kompatibilität und neue Möglichkeiten des Netzwerkmanagements können die bestehenden öffentlichen und privaten Netze auch physikalisch weiter integriert werden. Begrifflich bezeichne ich diese Telekommunikationsnetze in der Arbeit als Multibetreibernetze.

Die Trennung der Netze zwischen Sprach- und Datenkommunikation wird aufgehoben. Ein wesentliches Antriebsmoment für diese Entwicklung wird neben der allgemeinen Zunahme der Datenkommunikation die Ablösung der Rechenzentren durch verteilte Systeme sein. Die LAN werden an die öffentlichen Netze angeschlossen, die MAN mit der verbindungslosen Übermittlung werden in die öffentlichen Netze integriert und die Übertragungsleistung und Geschwindigkeit erheblich ausgeweitet werden. Bedingt durch die Entwicklung von LAN, MAN, Mobilfunknetzen und VPN werden zunehmend private Vermittlungsstellen in die öffentlichen Netze einbezogen. Die Datenübertragungsnetze werden für den Massenmarkt der Haushalte geöffnet werden. Die Geschwindigkeit dieser Entwicklung hängt wesentlich vom Wettbewerb und der Angebotsvielfalt der Netzbetreiber ab.

Im Bereich der anwendungsnahen Telekommunikationsdienste werden abhängig von der weiteren Entwicklung standardisierter Produkte umfassende Mailverteilungssysteme von verschiedenen Betreibern angeboten. Diese Dienste werden dem traditionellen Postverkehr, ausgehend von der geschäftlichen Kommunikation, zunehmend Konkurrenz machen und in die privaten Haushalte vordringen. Die Geschäftskommunikation wird zunehmend über standardisierte Telekommunikationsdienstleistungen abgewickelt werden.

Durch eine europaweite und internationale Koordinierung, Systematisierung und Vereinheitlichung der Numerierungspläne werden Telekommunikationsdienstleistungen und -teilnehmer besser und einfacher adressierbar sein. Über Codes oder Chipkarten werden sich zukünftig die Endgeräte als Teilnehmeradresse programmieren lassen. Damit ist die Adressierung im Netz nicht mehr geräte- sondern teilnehmer-, funktions- und zweckbezogen möglich. Es eröffnen sich damit ganz neue Möglichkeiten der Informationsverwaltung und -nutzung. Beispielsweise können dann Beratungsdienstleistungen jeglicher Art z.B: von Rechtsanwälten, Architekten, Ärzten, Steuerberatern über das Netz erbracht und abgerechnet werden, da die Leistungen personenbezogen zuzuordnen sind.

Für den Betrieb der Telekommunikationsnetze durch verschiedene Telekommunikationsnetz- und -dienstebetreiber müssen Verbindungsdaten, bei der verbindungslosen Übermittlung die gesamten Daten und die Zugriffe zumindest zwischengespeichert werden. In den zukünftigen Telekommunikationsnetzen werden Nachrichten durch verschiedene Netzbetreiber, Telekommunikationsdiensteanbieter und möglicherweise Dritte verarbeitet werden. Angesichts der Auflösung des Netzes in Komponenten werden viele Telekommunikationsdienste tief in das Netzwerkmanagement integriert sein und in Netzkomponenten eingreifen und Verbindungsdaten mitverarbeiten.

Für die leistungsbezogene Abrechnung mit verschiedenen Telekommunikationsnetz- und -diensteanbietern wird in der Regel eine detailliertere Erfassung des Nutzungsverhaltens erfolgen. Während im Netz, je nach Verbindungsart, die Verbindungsdaten oder die Zugriffe gespeichert werden, werden für die Erbringung und Abrechnung verschiedenster Telekommunikationsdienstleistungen zusätzlich Daten über die Nutzung dieser Dienstleistungen gespeichert und verarbeitet. Eine Reihe von Telekommunikationsdienstleistungen macht Identifikationen, z.B. für die Zurechenbarkeit rechtsgeschäftlicher Handlungen erforderlich. Sicherheitstechniken zur Gewährleistung der Rechtssicherheit und Integrität in Telekommunikationssystemen werden in Zukunft weiterentwickelt werden und machen die Verarbeitung personenbezogener Daten in erheblichem Ausmaß erforderlich. Viele Telekommunikationsdienste, die nicht explizit der Übermittlung von Informationen für Dritte dienen, sondern einem anderen eine Telekommunikationsdienstleistung in einem zweiseitigen Verhältnis anbieten, werden darauf angewiesen sein, Verbindungsdaten zu verarbeiten. Für die Erbringung von Telekommunikationsdiensten müssen schützenswerte unternehmens- und personenbezogene Daten verarbeitet werden, die bislang unter das Fernmeldegeheimnis fallen. Eine Definition des Telekommunikationsdienstebegriffes kann sich deshalb nicht auf die Dienste beschränken, die der Übermittlung für Dritte dienen.

Mit der absehbaren technischen und ordnungsrechtlichen Entwicklung verliert insbesondere das traditionelle Fernmeldegeheimnis seinen Bezugspunkt, das staatlich organisiertes Fernmeldewesen. Die den beiden Grundrechten zugrunde liegenden Schutzgüter der unbeobachteten Kommunikation und der Selbstbestimmung über die Speicherung, Verarbeitung und Nutzung der eigenen personenbezogene Daten verlieren aber durch diese Entwicklung nicht an Bedeutung. Im Gegenteil erhöht sich der Umfang und die Relevanz der für den Kommunikationsverkehr zu verarbeitenden Daten, die für den Betrieb verschiedener Netze sowie für die Erbringung verschiedener Telekommunikationsdienste erforderlich sind, und von verschiedenen Netzbetreibern und Telekommunikationsdienstebetreibern erhoben, verarbeitet und genutzt werden müssen, erheblich. Durch das Anwachsen der mobilen Kommunikation kommen zu den Verbindungsdaten die Standortdaten und Endgerätedaten hinzu. Ein neues Risiko entsteht mit der Einführung der persönlicher Rufnummern, unter der eine Person überall erreichbar ist [106]. Damit kann die Rufnummer zu einem personenbezogenen Schlüssel der in Telekommunikationsnetzen und -diensten anfallenden Daten werden. Mit den Nutzungsmöglichkeiten steigen die Angriffspunkte. Durch die zunehmende Abhängigkeit aller Lebensbereiche von der telekommunikationstechnischen Infrastruktur erhöht sich die Schadenswahrscheinlichkeit und -höhe [107].

---

[106] Vgl. Ernestus, DuD 94, S. 317.

[107] Vgl. Bangemann u. a.: Europa und die globale Informationsgesellschaft - Empfehlungen für den europäischen Rat, 1994, S. 18 ff.

III. Telekommunikationsrecht und -politik der Europäischen Union

1. Die historische Entwicklung der Telekommunikationspolitik der Kommission

Seit 1979 [108] hat die Kommission verschiedene Initiativen für eine europäische Telekommunikationspolitik ergriffen und zu einem telekommunikationspolitischen Konzept verdichtet. Zum einen legte sie langfristige Wirtschafts-, Forschungs- und Technologieförderungsprogramme auf dem Gebiet der Telekommunikation auf [109], zum anderen nahm sie seit Anfang der achtziger Jahre eine Reihe von Maßnahmen auf den Gebieten der Harmonisierung technischer Normen und der Öffnung der Fernmeldemärkte in Angriff. Mit dem "Grünbuch über die Entwicklung des Gemeinsamen Marktes für Telekommunikationsdienstleistungen und Telekommunikationsendgeräte" [110] legte die Kommission dann 1987 einen umfassenden Politikentwurf für die Herstellung eines europäischen Binnenmarktes auf dem Gebiet der Telekommunikation mit konkreten Regelungsempfehlungen vor. In den Vertrag über die Europäische Union von Maastricht ist der Auf- und Ausbau transeuropäischer Telekommunikationsnetze ausdrücklich aufgenommen worden [111].

---

[108] Beginnend mit dem sog. Dublin-Report Kommission der Europäischen Gemeinschaften, KOM (79), 650.

[109] Vgl. Steven, CR 91, S. 48 ff.

[110] Grünbuch über die Entwicklung des Gemeinsamen Marktes für Telekommunikationsdienstleistungen und Telekommunikationsendgeräte, Ratsdok. Nr. 7961/87, BT-Drs. 11/930, S.76.

[111] Vertrag über die Europäische Union, unterzeichnet zu Maastricht am 7.2.1992 - 92/C 191/01 - ABLEG C 191/1 v. 29.7.92, Titel XII, Art. 129 b ff.

1.1 Strategische Ziele

In der Telekommunikation sieht die Kommission sowohl für die Herstellung eines gemeinsamen europäischen Marktes als auch für die Technologiepolitik der Gemeinschaft eine strategische Schlüsselstellung [112]. Angeregt durch die Deregulierung in den Vereinigten Staaten werden seit Anfang der achtziger Jahre die Fernmeldemonopole der Mitgliedstaaten der EG wirtschaftspolitisch in Frage gestellt. Großbritannien deregulierte und privatisierte seinen Fernmeldebereich als erster Mitgliedstaat der EG. Die Kommission förderte von Anfang an massiv die Auflösung der nationalen Fernmeldemonopole zugunsten eines offenen europäischen Fernmeldemarktes. Dabei verfolgte sie mehrere Motive:

1. das prognostizierte Wachstumspotential der Telekommunikationsmärkte zu fördern [113];

2. die Verbesserung der internationalen Wettbewerbsfähigkeit der Telekommunikationsindustrie durch einen großen europäischen Markt;

3. den Ausbau des Telekommunikationsmarktes als Motor der Hochtechnologieproduktion in Europa [114];

4. das Modernisierungs- und Rationalisierungspotential der Produktions- und Dienstleistungssektoren in Europa zu fördern;

5. neue Dienstleistungen im Bereich der Telekommunikation zu ermöglichen;

6. den Ausbau der Telekommunikation und den Fluß von grenzüberschreitenden Informationsdienstleistungen als strategischen Hebel für das Zusammenwachsen der europäischen Märkte zu benutzen.

---

[112]Ebenda, S. 24 ff u. S. 80 ff.

[113]Grünbuch über die Entwicklung des Gemeinsamen Marktes für Telekommunikationsdienstleistungen und Telekommunikationsendgeräte, S. 24 f.

[114]Ebenda, S. 81 f.

1.2　Deregulierungspolitik

Die EG stützte sich bei diesen Bestrebungen auf Art. 30, 37, 59, 86, 90 und Art. 235 EGV. Lange Zeit wurde das Fernmeldewesen ebenso wie das Bildungswesen oder der Rundfunk nicht zu den Sachbereichen gezählt, die der EWG-Vertrag der Zuständigkeit der Gemeinschaftsorgane unterworfen hat [115]. Nach und nach wurden von der Kommission die wirtschaftlichen Auswirkungen dieser Bereiche in Augenschein genommen. Das Wachstum des Rundfunk- wie des Fernmeldemarktes im Zusammenwirken mit neuen Übertragungstechniken und der grenzüberschreitenden Dimension sowohl der Dienstleistungen als auch der Märkte führte zu einer gezielten Politik der Kommission, diesen Bereich schleichend den Kompetenzen der EG zu unterwerfen. Mit dem Maastrichter Vertrag wird die Förderung eines Systems offener und wettbewerbsorientierter Märkte und des offenen Zugangs zu den Telekommunikationsnetzen als Aufgaben der Europäischen Gemeinschaft in den Vertrag über die Europäische Union aufgenommen [116].

Bei allen neuen technischen Entwicklungen begrenzte die Kommission unter Berufung auf das EG-Recht eine weitere Ausweitung des Monopols der nationalen Fernmeldeverwaltungen erfolgreich [117]. Jede Ausweitung der Tätigkeit der Post- und Fernmeldeverwaltungen betrachtet die Kommission als Mißbrauch einer marktbeherrschenden Stellung [118].

---

[115]Vgl. Wiechert, JbDBP 1986, S. 119 (145, 147).

[116]ABLEG C 191/1 v. 29.7.92, Titel XII, Art. 129 b Abs. 2.

[117]Die Kommission erhob erfolgreich Einwände gegen die Ausweitung des Fernmeldemonopols durch die DBP TELEKOM auf schnurlose Telefone und Modems nach Art. 37 Abs.1 und 86 EWG-Vertrag (vgl. EG-Kommission: 15. Bericht über die Wettbewerbspolitik, S. 213, Nr.261). Ebenso ging die EG-Kommission gegen Handelsmonopole der belgischen und italienischen Fernmeldeverwaltung vor (Grünbuch über die Entwicklung des Gemeinsamen Marktes für Telekommunikationsdienstleistungen und Telekommunikationsendgeräte, S. 76).

[118]Art. 86 EWGV; Vgl. auch den Fall der internationalen Kurierdienste (Art. 90 Abs.1 und Art. 86 EWG), EG-Bulletin 1-1985, Ziffer 2.1.10., S. 23 (24).

Im Bereich der Dienstleistungen traf die Kommission bereits 1982 eine richtungsweisende Entscheidung. Einer privaten britischen Nachrichtenagentur hatte British Telecom, aufgrund einer von ihr selbst erlassenen Verordnung, die Übermittlung von Fernschreibmeldungen zwischen Orten außerhalb Großbritanniens untersagt. Auf Beschwerde des betroffenen Unternehmens hin sah die Kommission in der Entscheidung der britischen Fernmeldebehörde den Mißbrauch einer marktbeherrschenden Stellung im Sinne von Art. 86 EGV und erklärte sie für unzulässig [119]. Auf eine Klage der italienischen Republik stellte der EuGH 1985 grundsätzlich fest, daß die Wettbewerbsregeln des Gemeinschaftsrechtes auf öffentliche Einrichtungen wie das United Kingdom Post Office oder British Telecom - seien es Behörden oder Unternehmen - anzuwenden sind. Von diesen Einrichtungen erlassene Nutzungsverordnungen sind Bestandteil ihrer wirtschaftlichen Tätigkeit und fallen in den Anwendungsbereich der Wettbewerbsregeln, gleichgültig, ob diese Benutzungsverordnungen dem öffentlichen oder dem privaten Recht zuzuordnen sind. Ein Unternehmen, das über das gesetzliche Monopol für den Betrieb von Fernmeldenetzen verfügt, verletze Art. 86 EWG-Vertrag, wenn es die Tätigkeit privater Übermittlungsagenturen im internationalen Fernmeldeverkehr verbiete. Das Monopol von British Telecom erstrecke sich nicht auf zusätzliche Dienstleistungen wie die Übermittlung von Nachrichten für die Rechnung Dritter. Die Anwendung neuartiger Geräte und Methoden, die eine schnellere Nachrichtenübermittlung ermöglichen, bedeute einen technischen Fortschritt, deren Anwendung im allgemeinen Interesse liegt und keinen Mißbrauch darstellt [120].

Die Kommission stoppte somit erfolgreich alle Versuche einer weiteren Ausdehnung der Fernmeldemonopole. Parallel ergriff sie Maßnahmen zur Öffnung der Fernmeldemärkte. Im November 1984 verabschiedete der Rat die Empfehlung betreffend die erste

---

[119]Entscheidung der Kommission zu British Telecom v. 10.12.1982 - ABLEG. L 360 v. 21.12.1982, S. 36.

[120]EuGH: "British Telecom", Urteil vom 20.3.1985, RS 41/83, Italien gegen Kommission, Slg. 1985, S. 873; Schulte-Braucks, WuW 1986, S. 202 ff.

Phase der Öffnung der öffentlichen Fernmeldemärkte [121]. Danach sollen die Mitgliedstaaten stufenweise dafür Sorge tragen, daß die Fernmeldeverwaltungen den in den Ländern der Gemeinschaft ansässigen Unternehmen im Rahmen ihrer üblichen Beschaffungsverfahren die Möglichkeit geben, Angebote einzureichen. Alle Diskriminierungen sollen schrittweise beseitigt werden. Folgerichtig beschloß die Kommission 1987 eine Initiative zur Ausweitung der bestehenden Rechtsvorschriften zur Vergabe öffentlicher Aufträge auf dem Fernmeldemarkt [122].

Im EG-Grünbuch schlug die Kommission dann eine weitgehende Deregulierung des Fernmeldesektors in allen Mitgliedstaaten vor:

- Die hoheitlichen und betrieblichen Funktionen der Fernmeldeverwaltung sollen voneinander getrennt werden. Als hoheitliche Funktionen werden die Zulassung von Diensten, die Festlegung von reservierten Diensten, die Kontrolle der Gerätezulassung und Schnittstellenspezifikationen, die Zuteilung von Frequenzen und die allgemeine Überwachung der grundlegenden Nutzungsbedingungen des Netzes gesehen. Betriebliche Funktionen meinen hingegen das Erbringen von Telekommunikationsdienstleistungen.

- Bei der Erbringung von Telekommunikationsdienstleistungen sollen private Wettbewerber zugelassen werden. Im Monopol der Fernmeldeverwaltungen können die Errichtung und der Betrieb der Telekommunikationsnetze und die Sprachübertragung als reservierte Dienste verbleiben. Soweit es ihre soziale Relevanz erforderlich machen sollte, dürfen weitere Dienste zu reservierten Diensten erklärt werden. Alle anderen Dienste sind von privaten Diensteanbietern und den Fernmeldeverwaltungen im Wettbewerb anzubie-

---

[121] 84/550/EWG - ABLEG. L 298 v. 16.11.84.

[122] Richtlinie des Rates vom 22.3.1988 zur Änderung der Richtlinie 77/62/EWG über die Koordinierung der Verfahren zur Vergabe öffentlicher Lieferaufträge und zur Aufhebung einiger Bestimmungen der Richtlinie 80/767/EWG, 88/295/EWG; vgl. Vorschlag für eine Richtlinie des Europäischen Parlaments v. 3.6.1995 zur Koordinierung der Auftragsvergabe durch Auftraggeber im Bereich der Wasser-, Energie- und Verkehrsversorgung sowie im Telekommunikationssektor - ABLEG C 138; Gleim, CR 91, S. 40 ff.

ten. Dabei sollen auch die Fernmeldeverwaltungen der Mitgliedstaaten untereinander konkurrieren.

- Der Endgerätemarkt soll schrittweise vollständig für den Wettbewerb geöffnet werden.

- Die Kommission strebt einheitliche technische Standards an, um einen offenen Netzzugang (ONP) für das gesamte öffentliche Telekommunikationsnetz in Europa zu gewährleisten. Ebenso soll durch entsprechende Standardisierungen die gemeinschaftsweite Kompatibilität der Telekommunikationsdienste erreicht werden.

Im November 1990 veröffentlichte die Kommission in Fortführung des Grünbuches über die Entwicklung des gemeinsamen Marktes für Telekommunikationsdienstleistungen und Telekommunikationsendgeräte ein Grünbuch über ein gemeinsames Vorgehen im Bereich der Satellitenkommunikation in der Europäischen Gemeinschaft [123]. Die Kommission schlägt vier Änderungen der Gemeinschaftspolitik zur Satellitenkommunikation vor:

- Vollständige Liberalisierung der Erdfunkstellen unter Beseitigung der speziellen Rechte der heutigen Fernmeldeverwaltungen.

- Freier, unbeschränkter Zugang zu Satellitenübertragungskapazität, ohne die nationalen Fernmeldeverwaltungen einzuschalten; Trennung von hoheitlichen und betrieblichen Funktionen.

- Volle kommerzielle Freiheit für Anbieter von Satellitenkapazität (Raumsegment), einschließlich des direkten Vertriebs von Satellitenkapazität an Diensteanbieter und Benutzer.

- Harmonisierung zur Förderung des Angebots europaweiter Dienste [124].

Um eine Liberalisierung des Raumsegments zu erreichen, sollen die EU-Staaten die Satellitenabkommen mit folgenden Zielen neu verhandeln und im Sinne des EG-Rechts auslegen:

---

[123]KOM (90) 490 endg. v. 28.11.90.

[124]Ebenda, S. 3.

- Trennung von hoheitlichen und betrieblichen Aufgaben.

- Gewährung des direkten Zugangs von Privaten durch die Unterzeichner.

- Kostenorientierung der Tarife, Beachtung des EG-Wettbewerbsrechts.

- Direkter Zugang zum EUTELSAT-Raumsegment.

- Direkter Vertrieb an die Nutzer unter inter alia wirkenden Lizenzbedingungen für folgende Dienste:

  - Private Netze, die nicht an das öffentliche Telefonnetz angeschlossen sind, für Dienste einschließlich interaktiver Sprachübermittlung.

  - Private Netze für Datenübertragungsdienste und spezialisierte geschäftliche Kommunikation.

  - Angebot von Satellitenfernsehdiensten an private Haushalte.

  - Anpassung der Vertragsbestimmungen an das EG-Recht.

Die Lizenzierungsverfahren zur Anwendung ordnungspolitischer Schutzbestimmungen müssen auf nichtwirtschaftlichen Kriterien beruhen, transparent und nicht diskriminierend sein. Zulässig sollen ausschließlich Einschränkungen zur Gewährleistung der Sicherheit des Netzbetriebs, der Aufrechterhaltung der Netzintegrität sowie, in begründeten Fällen, der Interoperabilität der Dienste und des Datenschutzes sein. Die Kommission stellt ausdrücklich fest, daß es Satellitendiensten nicht erlaubt sein darf, Datenschutzauflagen zu umgehen, die gemäß ihren Vorschlägen eingeführt werden können [125].

1992 überprüfte die Kommission die Regulierung der Telekommunikationsdienste in der Europäischen Union und legte einen Bericht "Prüfung der Lage im Bereich der Telekommunikationsdienste" [126] vor. Ziel dieser Untersuchung und der darin enthaltenen Vorschläge ist es, weitere Schritte zur vollständigen Liberalisierung des öffentlichen Fernsprechdienstes innerhalb der Europäischen Gemeinschaft einzuleiten. Auf der Basis von Stu-

---

[125]Ebenda, S. 106.

[126]ABLEG. C 150 v. 21.5.93.

dien und Analysen über die Zukunft im Telekommunikationssektor bis zum Jahre 2010 zeigt die Untersuchung die verschiedenen Möglichkeiten der weiteren Liberalisierung auf. Neben dem Hauptbericht werden in einem besonderen Teil vier Alternativen für die weitere Vorgehensweise vorgeschlagen.

Auf einer Tagung am 16. Juni 1993 verabschiedete der Ministerrat auf der Basis des Kommissionsvorschlags eine Entschließung, in der die Schlüsselelemente der zukünftigen Regulierungspolitik sowie kurz und langfristige Hauptziele genannt werden. Als ein langfristiges Hauptziel wird die völlige Liberalisierung aller öffentlichen Sprachtelefondienste unter Beibehaltung eines nicht mehr reservierten universellen Dienstes bis 1.1.1998 festgelegt. Die Mitgliedstaaten werden aufgefordert, die Angleichung der Tarife hin zur Kostenorientierung zu fördern, um in absehbarer Zeit einen universellen Dienst für alle Benutzer zu angemessenen Preisen anzubieten. Den Telekommunikationsorganisationen sollen von den Mitgliedstaaten alle notwendigen finanziellen, organisatorischen und unternehmerischen Freiheiten zur Verfügung gestellt werden, um ihnen eine Möglichkeit zu geben, sich auf das wettbewerbsorientierte Umfeld einzustellen.

Neben der verstärkten Weiterführung und Durchsetzung des Gemeinschaftsrechts im Bereich der Telekommunikationsdienste und des ONP sollen kurzfristig die Kabelfernsehnetze [127] und kleine Netze in die Entwicklung einer zukünftigen Gemeinschaftspolitik im Bereich der Telekommunikationsinfrastruktur einbezogen werden. Die Entwicklung der Telekommuniaktionsnetze und -dienste in Randregionen soll verstärkt gefördert werden. Gegebenfalls sollen den Mitgliedstaaten, die besondere Probleme mit der Entwicklung in Randregionen haben, für die Liberalisierung des Sprachtelefondienstes bis zum 1.1.1998 Übergangsfristen eingeräumt werden. Vor dem 1.1.1996 sollen die notwendigen Änderungen der Rahmenbedingungen in der Gemeinschaft vorgenommen werden, um die Liberalisierung aller

---

[127] Richtlinie der Kommission v. 18.10.1995 zur Änderung der Richtlinie 90/388/EWG hinsichtlich der Aufhebung der Einschränkung bei der Nutzung von Kabelfernsehnetzen für die Erbringung bereits liberalisierter Telekommunikationsdienste - ABLEG L 256/49, v. 26.10.95.

öffentlichen Sprachtelefondienste vor dem 1.1.1998 zu erreichen. In der Entschließung v. 7.2.1994 über die Grundsätze für den Universaldienst im Bereich Telekommunikation [128] fordert der Ministerrat die Kommission und die Mitgliedstaaten auf, einen gemeinschaftsweiten universalen Telekommunikationsdienst zu definieren, abzustimmen und bereitzustellen.

In Fortsetzung ihrer Grünbücher legte die Kommission 1994 das Grünbuch über eine gemeinsames Konzept für Mobilkommunikation und Personal Communications in der Europäischen Gemeinschaft [129] vor. 1994 legte eine Gruppe von Persönlichkeiten im Auftrag des europäischen Rates einen Empfehlungskatalog unter dem Titel "Europa und die globale Informationsgesellschaft" vor [130], der eine noch konsequentere Umsetzung des Wettbewerbs des erforderlichen ordnungspolitischen Rahmens von der Normung bis zur Einführung standardisierter Telekommunikationsgrunddienste fordert.

Die Kommission hat 1995 ein Grünbuch über die Liberalisierung der Telekommunikationsinfrastruktur und der Kabelfernsehnetze vorgelegt, indem die durch die Definition eines Universaldienstes und seiner Finanzierung aufgeworfenen Fragen untersucht werden [131]. Die beiden Teile des Grünbuches beschreiben die nächste Schritte und Maßnahmen der Liberalisierung des Telekommunikationsbereiches in Bezug auf:

- Ausschließliche und besondere Rechte im Hinblick auf die Infrastruktur;

- Lizenzierungsverfahren, Auswahlkriterien und Bedingungen, die für die Infrastrukturlizenzen gelten können;

- Zusammenschaltung und Interoperabilität;

- Offener Zugang zur öffentlichen Infrastruktur - Anwendung der Wettbewerbsregeln und ONP-Grundsätze;

---

[128]94/C48/01 - ABLEG C 48/1 v. 16.2.94.

[129]KOM (94) 145 endg. v. 27.4.94.

[130]Bangemann u. a, 1994.

[131]Teil 1 wurde am 25.10.1994, Teil 2 am 6.1.95 vorgelegt.

- Sicherheitsmaßnahmen und Aufbau eines Universaldienstes unter Wettbewerbsbedingungen;

- Die besondere Situation von Randgebieten mit weniger entwickelten Netzen;

- Sicherheitsmaßnahmen im Hinblick auf den Wettbewerb;

- Internationaler Handel mit Telekommunikationsdiensten;

- Zugang zu Wegerechten, Nummern, Frequenzen, Auskunftsdiensten;

- Maßnahmen in Nachbarbereichen wie Datenschutz, Medien, Schutz geistigen Eigentums.

1.3 Normungspolitik

Für die Industriepolitik allgemein und für die Telekommunikation im besonderen hat die technische Normung und Standardisierung einen erheblichen Stellenwert. Die Kommission erhofft sich von europäischen technischen Normen eine Beseitigung von Handelsbarrieren, da sich sowohl die Verbraucher als auch die öffentlichen Nachfrager auf dem Markt an den nationalen Normen orientieren. Mit der Erarbeitung europäischer Normen strebt die Kommission die Herstellung größerer Märkte an und erwartet dadurch Kostensenkungen bei den Forschungs-, Produktions- und Vertriebskosten für die Hersteller. Bei der Telekommunikation ist die Sicherstellung der Kompatibilität durch Normen bereits konstitutive Voraussetzung für die industrielle Produktion und Vermarktung.

Die Kommission definiert Normung als einen "Prozeß, durch den technische Dokumente durch die Hinzuziehung geeigneter Fachleute und Gremien maßgebliche Bedeutung erhalten" [132]. Dabei begreift sie "Normung als einen Dienst für die Industrie und damit im weiteren Sinne an der Gesellschaft" [133]. Der Normungsbedarf sei allerdings aus dem unmittelbaren Herstellerinteresse herausgetreten und umfasse heute einen viel breiteren

---

[132]KOM (90) 456 endg., S. 30.

[133]Ebenda, S. 39.

Kundenkreis: Behörden, Arbeitnehmer, Anwender, private Verbraucher oder Forscher [134].

Die europäische Normung wurde bisher von Zusammenschlüssen der nationalen Normungsgremien getragen, die als privatrechtliche Zusammenschlüsse der an der Normung interessierten Kreise organisiert sind. 1961 wurde das Europäische Komitee für Normung (Comité Européen de Normalisation - CEN) und 1973 das Europäische Komitee für die elektrotechnische Normung (Comité Européen de Normalisation Électrotechnique - CENELEC) für das Gebiet der EG und der EFTA gegründet [135].

Telekommunikationsnormen, soweit sie die Postverwaltungen betreffen, werden von der Conférence Europeéne des Administrations des Postes et de Télécommunications (CEPT) auf europäischer Ebene und vom ITU / CCITT auf internationaler Ebene als Zusammenschlüsse der Postverwaltungen erarbeitet.

1983 verabschiedete der Rat eine Richtlinie über ein Informationsverfahren auf dem Gebiet der Normen und technischen Vorschriften [136], die das Verfahren für eine Zusammenarbeit zwischen den Mitgliedern des CEN/CENELEC und der Kommission festlegt. Danach kann die EG im öffentlichen Interesse europäische Normungsarbeit initiieren. Die nationale Normung kann einer gemeinsamen Prüfung unterzogen werden. In den folgenden Jahren erlangte die Normung in der EG-Gesetzgebung eine eigenständige Rolle. Die Normungsarbeit wurde enorm gesteigert. Zwischen der Kommission und dem CEN/CENELEC wurde 1985 ein Vertrag geschlossen, in dem sich die Kommission zu finanzieller Unterstützung der Normungsorganisationen verpflichtet.

---

[134]Ebenda.

[135]Bis 1986 verabschiedete CEN nur 96 europäische Normen und CENELEC 37 und 303 harmonisierte Dokumente (Texte, die zwar gemeinsame Elemente enthalten, ständig oder zeitweise jedoch nationale Abweichungen erlauben). Alleine 1989 verabschiedete CEN 130 und CENELEC 126 Normen.

[136]83/189/EWG - ABLEG. L 109/8 v. 26.4.83, geändert durch die Richtlinie - 88/182/EWG - ABLEG. L 81/75 v. 26.3.1988.

Der Ministerrat der Europäischen Gemeinschaft leitete wesentliche Schritte zur Harmonisierung der technischen Normung in der Telekommunikation bereits vor Verabschiedung des Grünbuches ein. 1984 verabschiedete er eine Empfehlung zur Harmonisierung auf dem Gebiet des Fernmeldewesens [137] mit zwei Zielen:

- die Schaffung einer Palette harmonisierter Telematikdienste, die den Benutzern in ganz Europa die Möglichkeit bietet, sich effizient und zu wirtschaftlichen Bedingungen zu verständigen;

- die Schaffung eines dynamischen Gemeinschaftsmarktes für die Fernmeldeausrüstungen.

1985 entwickelten die Kommission und der Ministerrat eine neue Normungspolitik für Industrieprodukte [138]. Mit der Entschließung des Rates v. 7.5.85 über eine Konzeption auf dem Gebiet der technischen Harmonisierung und der Normung [139] nahmen die Kommission und der Ministerrat Abstand vom ursprünglichen Ziel der unmittelbaren Vollharmonisierung durch Einzelrichtlinien [140]. Durch Verabschiedung von generellen Richtlinien, die grundlegende Anforderungen für große Produktkategorien nach den abzudeckenden Gefahrentypen festlegen [141], sollen mit einem Schlag die verordnungsrechtlichen Probleme für eine große Anzahl von Erzeugnissen geregelt werden, ohne daß diese Richtlinien ständig angepaßt oder geändert werden müssen [142].

Die neue Normungspolitik gründet auf drei Säulen: Rechtsangleichung der grundlegenden Sicherheitsanforderungen, detaillierte Normung auf freiwilliger Basis durch die europäischen

---

[137] 84/549/EWG - ABLEG. L 298/49 v. 16.11.84.

[138] Vgl. Schulte-Braucks: Telekommunikation auf dem Weg zum Europa 1992, S. I.O1.10.

[139] ABLEG. C 136/1 v. 4.6.85.

[140] Reihlen, EuZW 90, S. 444 ff.

[141] Beschluß des Rates v. 22.12.1986 über die Normung auf dem Gebiet der Informationstechnik und der Telekommunikation - 87/95/EWG - , S. 3.

[142] Entschließung des Rates v. 7.5.85 über eine Konzeption auf dem Gebiet der technischen Harmonisierung und der Normung, S. 9.

Normungsorganisationen und gegenseitige Anerkennung der Zulassungen durch die Mitgliedstaaten. In den Richtlinien sollen die grundlegenden Sicherheitsanforderungen, denen Erzeugnisse, die in den Verkehr gebracht werden, genügen müssen, so präzise formuliert werden, daß sie - umgesetzt in nationales Recht - Verpflichtungen darstellen können, deren Nichteinhaltung Sanktionen nach sich ziehen kann [143]. Auf dieser Grundlage sollen die europäischen Normungsorganisationen detailliertere Normen erarbeiten, deren allgemeine Akzeptanz durch Anerkennung erreicht werden soll. Damit werden die Kompetenzen der Rechtssetzungsorgane der Gemeinschaft auf die europäischen Normungsorganisationen verlagert. Allerdings können die derartig anerkannten Normen dann wieder in Einzelrichtlinien oder Entscheidungen des Rates oder der Kommission münden [144]. Je mehr und detailliertere Normen die europäischen Normungsorganisationen erarbeiten, desto stärker soll damit faktisch ein Zustand der Vollharmonisierung erreicht werden [145].

Die am 24.7.1986 veröffentlichte Richtlinie des Rates über die erste Phase der gegenseitigen Anerkennung der Allgemeinzulassungen von Telekommunikations-Endgeräten setzt dieses Normungskonzept in einem ersten Schritt für die Telekommunikation um.

Sie sieht vor, daß die Kommission jährlich eine Liste der zu harmonisierenden internationalen Fernmeldenormen und internationalen technischen Fernmeldespezifikationen und der Endgeräte, für die mit Vorrang eine gemeinsame Konformitätsspezifikation [146] zu erstellen ist, vorlegt. Daraufhin werden die

---

[143]Ebenda, S.4.

[144]Z.B. Entscheidung der Kommission v. 18.11.1994 über eine gemeinsame technische Vorschrift für den Primärmultiplexanschluß an das europaweite dienstintegrierende digitale Netz (ISDN) - 94/796/EG - ABlEG. L 329/1 v. 2012.94. Entscheidung der Kommission v. 18.11.1994 über eine gemeinsame technische Vorschrift für den Basisanschluß an das europaweite dienstintegrierende digitale Netz (ISDN) - 94/797/EG - ABlEG. L 329/14 v. 2012.94.

[145]Vgl. Reuter, CR 90, S.540 (544).

[146]Konformitätsspezifikation: Schriftstück, in dem die technischen Merkmale des betreffenden Endgerätes (wie Sicherheit, technische Parameter, Funktionen, Ver-

Normenfachorganisationen ersucht, gemeinsame Konformitäts-spezifikationen zu erarbeiten. Auf die gemeinsamen Konfor-mitätsspezifikationen wird im Amtsblatt der europäischen Gemeinschaften hingewiesen.

Die Konformitätsspezifikationen werden in allen Mitgliedstaaten von den Behörden verwendet, die für die erforderliche Prüfung des betreffenden Endgeräts im Hinblick auf seine Zulassung zuständig sind. Entspricht ein Endgerät den Konformitäts-spezifikationen, ist eine Konformitätsbescheinigung zu erteilen. Der betreffende Mitgliedstaat kann keine weiteren Prüfungen durchführen. Diese Konformitätsbescheinigung wird im Hinblick auf die Allgemeinzulassung des betreffenden Endgeräts anerkannt.

Ein Mitgliedstaat kann die Anerkennung der Konformitätsbe-scheinigung aussetzen,

- wenn er Mängel bei der Anwendung der Konformitätsspezi-fikationen feststellt;

- wenn er feststellt, daß die Konformitätsspezifikationen grundlegenden Anforderungen nicht entsprechen.

Solche grundlegenden Anforderungen sind:

- Sicherheit der Benutzer;

- Sicherheit der Beschäftigten von öffentlichen Telekommuni-kationsnetzbetreibern [147];

- Schutz der öffentlichen Telekommunikationsnetze vor Schä-den;

- in begründeten Fällen die Kommunikationsfähigkeit der Endgeräte.

Über derartige Ausnahmen ist die Kommission detailliert zu unterrichten. Je nach Ausnahmetatbestand knüpfen dement-sprechende Maßnahmen der Kommission an die Unterrichtung

---

fahren und Vorschriften für die Benutzung) sowie die genaue Definition der Prüf- und Meßverfahren zur Feststellung der Konformität des Endgeräts mit den vorgeschriebenen technischen Merkmalen präzise und vollständig beschrieben sind.

[147]Soweit sie nicht durch die Richtlinie 73/23/EWG abgedeckt ist.

an. Diese Richtlinie ist durch die Richtlinie des Rates v. 29.4.1991 zur Angleichung der Rechtsvorschriften der Mitgliedstaaten über Telekommunikationsendgeräte einschließlich der gegenseitigen Anerkennung ihrer Konformität [148] ersetzt worden, die eine weitergehende Harmonisierung vorsieht [149]. Die weiteren im Bereich der Telekommunikation verabschiedeten Richtlinien (ONP-Richtlinie und die Telekommunikationsdienste-Richtlinie, Satellitenfunkanlagen [150]) entsprechen ebenfalls diesem Normungskonzept.

Ende 1986 faßte der Rat einen allgemeinen Beschluß über die Normung auf dem Gebiet der Informationstechnik und der Telekommunikation [151]. Danach soll in regelmäßigen Abständen und mindestens einmal jährlich der vorrangige Normungsbedarf festgestellt werden, um die Arbeitsprogramme festzulegen und die europäischen Normen und funktionellen Spezifikationen aufstellen zu lassen, die für notwendig gehalten werden, um den Informations- und Datenaustausch und die Kompatibilität der Systeme zu gewährleisten.

Im Februar 1988 wurde das European Telecommunications Standards Institute (ETSI) in Nizza gegründet. Es wurde als neue Einrichtung zur Ausarbeitung europäischer Telekommunikationsnormen von Telekommunikationsgeräteherstellern, Telekommunikationsdiensteanbietern und Telekommunikationsorganisationen als privatrechtlich verfaßtes Institut geschaffen, das die Erarbeitung von Telekommunikationsnormen zentralisieren soll. Das ETSI arbeitet außerhalb des CEN/CENELEC-Systems, ist aber zu einer engen Zusammenarbeit mit diesen verpflichtet. Im Gegensatz zu CEN/CENELEC können sich bei ETSI alle interessierten Gruppen direkt beteiligen, die die Mitgliedsbeiträge zahlen. Bei CEN/CENELEC können nur Repräsentanten der nationalen Normunggremien mitarbeiten. Mit der Entschließung

---

[148] 91/263/EWG - ABLEG. L 128/1 v. 23.5.91.

[149] siehe unten.

[150] Richtlinie des Rates v. 29.10.93 zur Ergänzung der Richtlinie 91/263/EWG hinsichtlich Satellitenfunkanlagen - 93/97/EWG - ABLEG 1 290/1, v. 24.11.93.

[151] 87/95/EWG - ABLEG L 36/31 v. 7.2.87.

vom 27. 4. 1989 über die Normung auf dem Gebiet der Informationstechnik und der Telekommunikation [152] hat der Rat die Arbeit von ETSI befürwortet und die Kommission ersucht, zu einer kohärenten Entwicklung des ETSI beizutragen und es zu unterstützen.

Das ETSI wurde gegründet, weil der Normungsbedarf in der Telekommunikation überproportional wächst und nach schnelleren Instrumenten verlangt. Nach Ansicht der Kommission ist die Normung durch CEN/CENELEC insgesamt zu langsam und sie sieht auch in anderen Wirtschaftsbereichen als der Telekommunikation den Bedarf und die Notwendigkeit, die Normung sektorbezogen zu organisieren.

In dem Grünbuch der Kommission zur Entwicklung der europäischen Normung [153] wird kritisiert:

- daß die Verfahren der öffentlichen Anhörung, die Prüfung von Stellungnahmen und die Abstimmungsverfahren in den Normungsgremien zu langsam sind;

- daß europäische Normen vor ihrer Anwendung erst in jedem Mitgliedstaat in nationale Normen umgesetzt sein müssen;

- daß die Verfahren nach der Richtlinie über ein Informationsverfahren auf dem Gebiet der Normen und technischen Vorschriften zur Überprüfung nationaler Normen zu locker gehandhabt werden;

- daß die Informationen über europäische Normungsaktivitäten der europäischen Industrie nicht in hinreichender und geeigneter Form zugänglich gemacht werden.

Die Kommission wollte mit dem Grünbuch zur Entwicklung der europäischen Normung ein effizienteres und einheitliches europäisches Normungssystem erreichen. Weitere sektorbezogene Normungsaktivitäten sollen in ein einheitliches Normungssystem integriert werden. Dieses Konzept setzt einen verfahrensmäßigen Rahmen, hält aber an der Bevorzugung freiwilliger Normungs-

---

[152]ABL. Nr. C 117/1 v. 11.5.1989.

[153]KOM (90) 456 endg.

aktivitäten gegenüber staatlichen Vorschriften zur Ordnung des Marktes fest.

Nach diesem Konzept soll ein europäischer Normungsrat, dessen Mitglieder sich aus Vertretern der europäischen Industrie und der Sozialpartner, der Kommission, des EFTA-Sekretariats und der europäischen Normungsgremien zusammensetzen, die Gesamtpolitik der europäischen Normung steuern. Als ausführendes Organ für die Verwaltung und Koordination soll ein europäischer Normenausschuß geschaffen werden, dem die Leiter der europäischen Normungsgremien und der Sekretär des Normungsrates angehören. Die europäischen Normungsgremien wären im Rahmen der Regeln des europäischen Normungssystems und der formalen Vereinbarungen mit den nationalen Normungsgremien autonom verantwortlich für die Normung in ihrem bestimmten Bereich. Die nationalen Normungsgremien sollen im Namen der europäischen bestimmte Aufgaben auf nationaler Ebene übernehmen (öffentliche Anhörung, Vertretung des nationalen Standpunkts), regelmäßig über ihre nationalen Aktivitäten informieren und während der Erstellung europäischer Normen ihre eigenen Normungsvorhaben zurückstellen [154].

Mit dem Maastrichter Vertrag wird die Harmonisierung der technischen Normen zur Gewährleistung der Interoperabilität unmittelbar in den EGV aufgenommen [155], mit der Folge daß die EU auf diesem Gebiet Rechtssetzungskompetenzen besitzt.

1.4   Technologiepolitik

Folgende strategische Chancen erkannte der Ministerrat im ISDN:

1. das Aufbrechen des Monopols amerikanischer Computerhersteller und die Verbesserung der Weltmarktbedingungen für die europäischen Computerhersteller;

2. das Aufbrechen der Fernmeldeanlagenmonopole durch die Festlegung klar definierter Schnittstellen, die einen Wettbewerb bis hinein in die Netzdienstleistungen zulassen;

---

[154] Ebenda, S. 32 f.

[155] ABLEG C 191/1 v. 29.7.92, Titel XII, Art. 129 c Abs. 1.

3.	die Schaffung eines europaweiten Telekommunikations-
marktes durch die Homogenisierung der technischen
Standards.

Diese Ziele eröffneten allen Akteuren neue Chancen. Sie förderte zum einen die Bereitschaft der Computerhersteller sich in
Richtung auf eine einheitliche Norm wie ISDN zu bewegen und
zum anderen die Bereitschaft der Fernmeldeverwaltungen, sich
auf Wettbewerb in ihren bisherigen Monopolbereichen einzu-
lassen.

Der Ministerrat empfahl daraufhin 1984 [156] dafür Sorge zu tragen,
daß alle ab 1985 geschaffenen neuen Dienste auf der Grundlage
eines gemeinsamen harmonisierten Konzepts errichtet werden.
1986 folgte eine Empfehlung über die koordinierte Einführung
des diensteintegrierenden digitalen Fernmeldenetzes (ISDN) in
der europäischen Gemeinschaft [157]. Die Empfehlung sieht einen
detaillierten Einführungsplan für verschiedene Komponenten des
ISDN vor. Danach werden die Fernmeldeverwaltungen aufgefordert, ihre nationalen ISDN-Versuche möglichst grenzüber-
schreitend zu verbinden und bis 1993 ISDN-Anschlüsse in einer
Größenordnung von 5 % der Fernsprechhauptanschlüsse von
1983 zu schaffen [158]. Im Anhang enthält die Empfehlung einen
detaillierten Plan zur Einführung des ISDN in der Gemeinschaft.
Danach sollte bis 1988 in den Mitgliedstaaten ein transparenter
leitungsvermittelter 64-Kbit/s-Basiskanal eingeführt sein und
Fernsprechen, Telefax, Teletex und Mixed Mode von
Telefax/Teletex auf der Basis eines 64- Kbit/s-Kanals angeboten
werden. Auf den Schutz der Privatsphäre der Benutzer wird in
den Erwägungsgründen [159] hingewiesen.

---

[156] 84/549/EWG - ABLEG. L 298/49 v. 16.11.84.

[157] 86/659/EWG - ABLEG. L 382/36 v. 31.12.86.

[158] Für die Bundesrepublik hieße das auf der Basis der alten Bundesländer eine
Anschlußdichte von 1,2 Mio Basisanschlüssen. Nachdem das mittelfristige
Programm der DBP TELEKOM 1,5 Mio Basisanschlüsse für 1995 vorsah, hat die
TELEKOM ihre Zahlen auf 700000 korrigiert.

[159] 9. Erwägungsgrund der Empfehlung.

Unterstützend legte die EG das Programm "Star" auf, das die Entwicklung einer Telekommunikationsinfrastruktur in den benachteiligten Regionen Europas u.a. durch umfangreiche Beihilfen für Investitionen im Bereich der Telekommunikationsinfrastruktur, die Finanzierung der Entwicklung von Telekommunikationsdiensten und technischer Hilfe fördern soll [160]. Im Januar 1991 beschloß die Kommission die Initiative Télématique zur Vergrößerung des Diensteangebots in den Regionen mit Entwicklungsrückstand [161].

Nur Frankreich und die Deutschland konnten 1988 das ISDN regional anbieten. Das französische ISDN wurde Ende 1990 unter dem Namen Numeris landesweit eingeführt [162].

Besonders die Normung und Spezifizierung führte zu erheblichen Problemen. Einzelstaatliche Spezifikationen für Dienste und Geräte stimmten nicht vollständig mit den CCITT- und CEPT-Spezifikationen überein und enthielten zahlreiche unterschiedliche landesspezifische Optionen [163]. Daraufhin verabschiedete der Ministerrat 1989 eine Entschließung über eine verstärkte Koordinierung bei der Einführung von ISDN [164]. Darin wird eine Beschleunigung des Normungsverfahrens für vordringlich erachtet. Es wird vorgeschlagen die Ressourcen für die Normung der Telekommunikation zu konzentrieren, indem sie von dem mittlerweile gegründeten Europäischen Institut für Telekommunikationsnormen (ETSI) übernommen wird (zur europäischen Normungsstrategie siehe Kap. III. 1.3). In dieser Entschließung weist der Rat wiederum auf die Anforderungen des Schutzes der

---

[160]Verordnung des Rates v. 27.10.86 zur Einführung eines Gemeinschaftsprogramms zur Entwicklung bestimmter benachteiligter Regionen der Gemeinschaft durch einen besseren Zugang zu den fortgeschrittenen Telekommunikationstechniken (STAR) - 86/3300/EWG - ABLEG. L 305/1 v.31.10.86.

[161]Pascal, XIII Magazin, 2/91 S. 20.

[162]Gannon, XIII Magazin, 2/91 S. 24.

[163]Mitteilung der Kommission betreffend die Verwirklichung der Empfehlung des Rates 86/659/EWG zur koordinierten Einführung des dienstintegrierenden digitalen Fernmeldenetzes (ISDN) in der Europäischen Gemeinschaft - KOM 88, 589 endg. v. 31.10.1988, S. 12.

[164]ABLEG. C 196/4 v. 1.8.89.

Privatsphäre und der Sicherheit des Nachrichtenverkehrs im Zusammenhang mit den neuen Diensten hin [165]. Dieses Konzept war durchaus erfolgreich. Nach dem Bericht waren 1991 90 % der erforderlichen technischen Normen angeglichen.

Unter ausdrücklicher Bezugnahme auf Maastricht verabschiedete der Rat 1992 eine weitere Entschließung zur Entwicklung des ISDN in der Gemeinschaft als europaweite Telekommunikationsinfrastruktur für 1993 und darüber hinaus [166]. Der Rat fordert in dieser Entschließung die Mitgliedstaaten und die Betreiber öffentlicher TK-Netze auf, das EURO-ISDN einzuführen. In einer am gleichen Tag verabschiedeten Empfehlung zur Einführung harmonisierter ISDN-Zugangsregelungen und eines ISDN-Mindestangebots nach ONP-Grundsätzen [167] fordert der Rat die Mitgliedstaaten auf, die Nutzung des ISDN und die Entwicklung des Wettbewerbs bei der Bereitstellung von Mehrwertdiensten auf Gemeinschaftsebene zu fördern, indem gemeinsame Auftragsverfahren sowie die Bestellung, Rechnungsstellung und Unterhaltung jeweils durch eine Stelle europaweit ermöglicht werden. 1993 boten acht Mitgliedstaaten kommerzielle Dienste im ISDN-Standard an.

In einem Memorandum of Understanding sind 26 Netzbetreiber in 20 europäischen Staaten die Verpflichtung eingegangen, ab 1994 das EURO-ISDN einzuführen. Die Kommission hat vorgeschlagen, ab 1.1.1994 keine neuen Zugänge in die nationalen ISDN-Angebote und ab 1994 nur noch Zugänge im EURO-ISDN aufzunehmen [168]. Die Netzbetreiber wurden aufgerufen einen entsprechenden Übergangsplan zu erarbeiten.

Im September 1993 legt die Kommission bereits als einen Schritt der Umsetzung des durch den Maastrichter Vertrag eingefügten Titel XII Art. 129 b ff. EGV den Vorschlag für eine Entscheidung

---

[165] Ziffer 7 der Entschließung.

[166] ABLEG. C 158/1 v. 25.6.92.

[167] 92/383/EWG - ABLEG. L 200/10 v. 18.7.92.

[168] Dritter jährlicher Zwischenbericht 1990 über die Koordinierte Einführung des Dienstintegrierenden Digitalen Fernmeldenetzes (ISDN) in der europäischen Gemeinschaft, SEK (91) 2183 endg. v. 26.11.1991.

des Rates über Leitlinien für die Entwicklung des ISDN zu einem transeuropäischen Netz - mittlerweile verabschiedet - [169] und über eine mehrjährige Gemeinschaftsaktion zur Entwicklung des ISDN zu einem transeuropäischen Netz vor [170]. Der Maastrichter Vertrag über die Europäische Union sieht ausdrücklich die Festlegung von Aktionen zum Auf- und Ausbau transeuropäischer Netze vor, die, wenn sie als Vorhaben von gemeinsamen Interesse ausgewiesen sind, in bestimmtem Rahmen auch finanziell durch die EU unterstützt werden können [171].

Damit soll das ISDN rechtsverbindlich gegenüber den Mitgliedstaaten als strategische Schlüsseltechnologie für den wirtschaftlichen Zusammenhalt der Europäischen Union mit entsprechender Verpflichtung zur Umsetzung festgeschrieben werden. Die Kommission stützt diese unmittelbare EG-Rechtssetzungskompetenz auf Art. 235 EGV, wonach der Ministerrat auch dann Rechtssetzungskompetenz (einstimmig) ausüben kann, wenn diese Befugnisse der Union im EGV nicht vorgesehen sind, aber erforderlich erscheinen um im Rahmen des gemeinsamen Marktes eines ihrer Ziele zu verwirklichen. Die Inanspruchnahme dieser Ausnahmekompetenz zur unmittelbaren gemeinschaftsrechtlichen Rechtssetzung zeigt zum einen, welche zentrale strategische Bedeutung die Kommission dem ISDN beimißt, zum anderen, daß sie sich vor dem Hintergrund, daß die Netzbetreiber nicht entsprechend der Selbsverpflichtung des Memorandum of Understanding in der Lage waren, das EURO-ISDN Anfang 1994 europaweit anzubieten, zu dieser Maßnahme unmittelbarer rechtlicher Verpflichtung (Art. 189, 192 EGV) gezwungen sieht. Die Kommission begründet diese Kompetenz trotz der Stärkung des Subsidaritätsprinzips durch den Maastrichter Vertrag. Dies macht den außerordentlichen Stellenwert, den die Kommission dem ISDN als Basis der europäischen Telekommunikation beimißt, sehr deutlich. Sie wird darin vom Wirtschafts- und Sozialausschuß (WSA) und dem Ausschuß der

---

[169]KOM (93) 347 endg., ABLEG. C 259/4 v. 23.9.93; Nr. 2717/95/EG - ABLEG L 282/16 v. 9.11.95.

[170]KOM (93) 347 endg., ABLEG. C 259/6 v. 23.9.93.

[171]ABLEG C 191/1 v. 29.7.92, Titel XII, Art. 129 c Abs. 1.

Regionen [172] unterstützt, die sich besorgt darüber zeigen, daß "die Urheber des Systems nicht enger zusammengearbeitet haben", um kompatible ISDN-Dienste zu erreichen. Der Konkurrenzkampf zwischen den Unternehmen innerhalb der Mitgliedstaaten sowie zwischen den Mitgliedstaaten bei so maßgeblichen Technologien wie dem ISDN schwäche die Position der Wirtschaftsakteure der EU gegenüber der Konkurrenz auf den Weltmärkten (USA, Japan und Kanada) [173]. Der WSA formuliert explizit das Ziel, das EURO-ISDN zum weltweiten ISDN-Standard zu machen [174].

Bestandteil der Leitlinien für die Entwicklung des ISDN zu einem transeuropäischen Netz ist die Verpflichtung zur "weitestgehenden Nutzung von EURO-ISDN in der Gemeinschaft" [175] und zur "Umstellung der Anwendungen des öffentlichen und privaten Sektors auf EURO-ISDN" [176]. Unterstützend setzt der Rat entsprechende Programme auf [177].

Ergänzend werden die Normen für eine digitale Funkverbindungstechnik, durch die die verdrahtete Verbindung zum ISDN ersetzt werden kann, z.B. für schnurloses Telefonieren und schnurlose Datenübertragung sowie für Telepoint-Anwendungen, festgelegt. Mitte 1991 verabschiedete der Ministerrat eine Empfehlung zur koordinierten Einführung europäischer schnurloser Digital-Kommunikation (DECT) in der Gemeinschaft [178] und eine

---

[172]EU - Ausschuß der Regionen: Stellungnahme zu der Mitteilung der Kommission über die Entwicklung des dienstintegrierenden Fernmeldenetzes (ISDN) zu einem transeuropäischen Netz,dem Vorschlag für eine Entscheidung des Rates über Leitlinien für die Entwicklung des ISDN zu einem transeuropäischen Netz und dem Vorschlag für eine Entscheidung des Rates über eine mehrjährige Gemeinschaftsaktion zur Entwicklung des ISDN zu einem transeuropäischen Netz, ABLEG. C 217/5, v. 6.8.94, S. 16.

[173]Ebenda, S. 41.

[174]Ebenda, S. 42.

[175]KOM (93) 347 endg., ABLEG. C 259/4 v. 23.9.93, S. 4.

[176]Ebenda, S. 5.

[177]Vorschlag für eine Verordnung (EG) des Rates über Gemeinschaftzuschüsse für transeuropäische Netze, KOM (94) 62 endg., ABLEG. C 89/8 v. 26.3.94.

[178]91/288/EWG - ABLEG. L 144/47 v. 8.6.91.

Richtlinie über das Frequenzband, das für die koordinierte Einführung europäischer schnurloser Digital-Kommunikation (DECT) vorzusehen ist [179].

Der nächste Schritt in der Vernetzungsstrategie wird von der Kommission vorbereitet. Unter dem Stichwort IBC (Integrierte Breitbandkommunikation) oder B-ISDN fördert die Kommission seit 1987 die Entwicklung der Breitbandübertragungstechnologie mit dem RACE-Programm [180]. Mit diesem Programm soll neben technischen Problemen auch die Normung der relevanten Merkmale eines europäischen Breitbandnetzes vorangetrieben werden. Die Normen der verschiedenen Komponenten des B-ISDN werden z.Z. vom ETSI erarbeitet.

Die Kommission hat einen Plan für die Einführung eines IBC-Netzes vorgelegt. Danach wird die Implementierung für ein erstes europäisches IBC-Netz für 1995 angestrebt. Dieses Netz soll in den Hauptzentren und -städten der EU alle bekannten existierenden Telekommunikationsdienste für Sprache, Daten und Bilder unterstützen. Darauf basierend soll das IBC zuerst in den europäischen Ballungszentren mit Übertragungskapazitäten von 2 Mbit/s, 34 Mbit/s, 140Mbit/s weiter ausgebaut werden. Zwischen 2005 und 2010 soll das IBC-Netz eine Flächendeckung von 50% in Europa erreichen [181].

Im Bereich des Mobilfunks konzentriert sich die Kommission auf die Durchsetzung des GSM-Standards und die Koordinierung und

---

[179]91/287/EWG - ABLEG. L 144/45 v. 8.6.91.

[180]Beschluß des Rates vom 25.7.1985 über eine Definitionsphase für ein Forschungs- und Entwicklungsprogramm im Bereich der fortgeschrittenen Kommunikationstechnologien für Europa (RACE) 85/372/EWG - ABLEG. L 210 v. 7.8.85;

Beschluß des Rates v. 14.12.1987 über ein Gemeinschaftsprogramm auf dem Gebiet der Telekommunikationstechnologien - Forschung und Entwicklung im Bereich der fortgeschrittenen Kommunikationstechnologien für Europa (RACE-Programm) - 88/28/EWG - ABLEG. L 16 v. 21.1.88.

[181]Commission of the European Communties: Operation 1992 - Investigation of requirements and options in the field of Advanced Communications-technologies in Europe, Brüssel 1990. Erhebliche Zweifel sind angebracht, daß diese Planziele erreichbar sind.

Festlegung der Freqenzen sowie der europaweiten Zulassung der Endgeräte. Mitte 1987 verabschiedete der EG-Rat eine Empfehlung für die koordinierte Einführung eines europaweiten öffentlichen zellularen digitalen terrestrischen Mobilfunkdienstes in der Gemeinschaft [182] mit sehr allgemeinen Anforderungen und die Richtlinie über die Frequenzbänder, die für die koordinierte Einführung eines europaweiten öffentlichen zellularen digitalen terrestrischen Mobilfunkdienstes in der Gemeinschaft bereitzustellen sind [183] mit sehr allgemeinen Verpflichtungen zur Koordination. Datenschutzbelange werden in diesen beiden Richtlinien nicht erwähnt. Die Kommission hat dem Rat 1992 Vorschläge für Richtlinien über gemeinsame Frequenzbänder für die koordinierte Einführung des TFTS (Terrestrial Flight Telecommunication System) und von Straßenverkehrs- Telematiksystemen (RTT) in der Gemeinschaft [184] vorgelegt. In beiden Systemen sieht der Ministerrat wichtige Schritte im europaweiten Telekommunikationswesen [185].

Daneben verfolgt die Kommission das Projekt privater digitaler Funktelefonsysteme im Nahbereich zu sehr geringen Kosten, die in der Regel nicht an das öffentliche Netz angeschlossen sind. Mitte 1991 legte die Kommission den Vorschlag für eine Richtlinie des Rates über die Frequenzbänder, die für die koordinierte Einführung des digitalen Nahbereichsfunks (DSRR) in der Gemeinschaft bereitzustellen sind, vor [186].

Im Oktober 1990 beschloß der Rat eine Empfehlung [187] und eine Richtlinie [188] über die Einführung eines europaweiten terrestrischen öffentlichen Funkrufsystems mit dem Namen ERMES (European Radio Messaging System). Ähnlich dem digitalen zellu-

---

[182] 87/371/EWG -, ABLEG. l 196/81 v. 17.7.87.

[183] 87/372/EWG - ABLEG l 196/85 v. 17.7.87.

[184] KOM 92 341 endg. - SYN 441 - ABLEG. C 221/2 v.28.8.92.

[185] ABLEG. C318/1 v. 4.12.92.

[186] KOM (91) 215 endg. v. 12.6.91.

[187] 90/543/EWG - ABLEG. L 310/23 v. 9.11.90.

[188] 90/544/EWG - ABLEG. L 310/29 v. 9.11.90.

laren Mobilfunksystem wird eine koordinierte Einführung in allen Mitgliedstaaten der Gemeinschaft angestrebt [189].

1994 legte die Kommission einen Vorschlag für eine Richtlinie eines koordinierten Verfahrens zum Aufbau von Satellitennetzen und -diensten vor [190]. Der Rat erließ eine Entscheidung zur Annahme eines spezifischen Programms für Forschung und technologische Entwicklung, einschließlich Demonstration, im Bereich fortgeschrittener Kommunikationstechnologien (1994 - 1998) [191], mit dem erhebliche Mittel für die Entwicklung folgender Technologien bereitgestellt werden:

1. Interaktive digitale Multimediadienste

2. Photoniktechnologie (optische Netze)

3. Hochgeschwindigkeitsnetze

4. Mobiltät und personenbezogene Kommunikationsnetze

5. Intelligenz in Netzen und Dienste-Engineering

6. Qualität, Sicherheit und Schutz von Kommunikationsdiensten und -systemen.

Unter dem letztem Ziel wird die enge Verknüpfung von Dienstequalität,-sicherheit und -schutz in einem geschlossenen technischen Konzept gefördert. Sie umfassen die Kommunikationsintegrität, -zuverlässigkeit, Vertraulichkeit und Datenschutz sowie andere Merkmale wie den Sende/Empfangsbeweis und die elektronische Unterschrift [192].

---

[189]Vgl. Schulte-Braucks: Telekommunikation auf dem Weg zum Europa 1992, S. I.O1.10.

[190]KOM (93) 652 endg., ABLEG C 36/2, v. 4.2.94.

[191]94/572/EG-, ABLEG. L 222/35, v. 26.8.94.

[192]Ebenda, S. 44.

1.5   Begleitende Schutznormen

1985 wies die Kommission im Arbeitsprogramm zur Schaffung eines gemeinsamen Informationsmarktes [193] neben dem ordnungspolitischen Rahmen auch auf eine Reihe von Problembereichen hin, die mit öffentlichen Interessen im Konflikt stehen und damit ein Hemmnis für den gemeinschaftsweiten Informationsfluß darstellen könnten. Hierzu zählt die Kommission neben dem Urheberrecht das Datenschutzrecht, die Feststellung und Authentizität von Transaktionen, den Schutz der Vertraulichkeit bei der Benutzung von Informationsdiensten, den Betrug unter Benutzung elektronischer Mittel, die Haftung bei der Benutzung von Informationsdiensten [194].

Anknüpfend an dieses Arbeitsprogramm verweist die Kommission auf die Datenschutzkonvention des Europarates. Im Grünbuch bekräftigt die Kommission noch einmal die Absicht aus dem Arbeitsprogramm, einen Beschluß des Rats zur Ratifizierung der Konvention des Europarats bzw. eine Richtlinie, gestützt auf die Empfehlung der Kommission und die Entschließung des Europäischen Parlaments v. 9.3.1982 herbeizuführen [195].

---

[193]KOM (85) 685 endg.

[194]Vgl. Grünbuch über die Entwicklung des Gemeinsamen Marktes für Telekommunikationsdienstleistungen und Telekommunikationsendgeräte, S.83. Mit dem Arbeitsprogramm hat die Kommission eine Beobachtungsstelle (Legal observatory) zur detaillierten Untersuchung der rechtlichen Aspekte dieser Probleme geschaffen; Bangemann u. a, S. 17 ff.

[195]Dies war bereits die dritte Empfehlung des Europäischen Parlaments: Entschließung zum Schutz der Rechte des einzelnen angesichts der fortschreitenden Entwicklung auf dem Gebiet der Datenverarbeitung - ABLEG. C 100/27 v.3.5.1976.

Entschließung zum Schutz der Rechte des einzelnen angesichts der fortschreitenden technischen Entwicklung auf dem Gebiet der Datenverarbeitung vom 8.5.1979 - ABLEG. C 140/34 v. 5.6.1979, , (BT-Drucksache 8/2928) und vom 9.3.1982 - ABLEG. C 87/39 v. 5.4.1982, (BT-Drucksache 9/1516). Vgl. Wurst, JuS 91, S. 448; Riegel, ZRP 90, S.134 ff.

Erst am 13.9.1990 legte die Kommission ein Paket von Richtlinienvorschlägen, Entwürfen zu Entschließungen und Empfehlungen zum Schutz von Personen bei der Verarbeitung personenbezogener Daten in der Gemeinschaft und zur Sicherheit der Informationssysteme vor [196]. Im April 1991 legte der Wirtschafts- und Sozialausschuß und im Januar 1992 das Europäische Parlament eine Stellungnahme mit einer Reihe von Änderungsvorschlägen vor. Während die Kommission am 15.10.1992 einen geänderten Vorschlag für die allgemeine Richtlinie zum Schutz natürlicher Personen bei der Verarbeitung personenbezogener Daten [197] vorlegte, kam der Vorschlag für die Telekommunikationsdatenschutz-Richtlinie aufgrund der Maastrichter Beschlüsse auf die Liste der Maßnahmen, deren Weiterverfolgung im Lichte des Subsidaridätsprinzips überprüft wurde. Nach einer Aufforderung des Europäischen Parlaments im September 1993 [198] legte die Kommission am 13.6. 1994 gemäß Art. 189 A, Abs. 2 EG-Vertrag einen geänderten Vorschlag für eine Richtlinie des Europäischen Parlaments und des Rates zum Schutz personenbezogener Daten und der Privatsphäre in digitalen Telekommunikationsnetzen, insbesondere im dienstintegrierenden digitalen Telekommunikationsnetz (ISDN) und digitalen Mobilfunknetzen [199] vor. Am 24.10.1995 ist die allgemeine Datenschutzrichtlinie verabschiedet worden [200].

Am 31.3.1992 nahm der Rat einen Beschluß auf dem Gebiet der Sicherheit von Informationssystemen an [201]. Zielsetzung des Beschlusses ist die Entwicklung umfassender Strategien, um Benutzern und Herstellern elektronisch gespeicherter, verarbeiteter oder übermittelter Informationen einen angemessenen Schutz der Informationssysteme gegen absichtliche oder vorsätzliche Bedrohung zu bieten. Zur Umsetzung dieser Ziele wurde eine Gruppe

---

[196]KOM (90) 314 endg. - Syn 287-288.

[197]KOM (92) 422 endg. - SYN 287 v. 15.10.1992.

[198]ABLEG. C 268/166 v. 4.10.93.

[199]ABLEG. C 200/4 v. 22.7.94.

[200] ABLEG L 281/31, v. 23.11.95.

[201]92/242/EWG - ABLEG. L 123/29 v. 8.5.92.

Hoher Beamter (SOG-IS) eingesetzt, die die Kommission in den durchzuführenden Maßnahmen berät. Als ein Schritt zur Formulierung des in dem Beschluß vorgesehenen Aktionsplans wurde ein Grünbuch über die Sicherheit von Informationssystemen [202] erarbeitet und im April 1994 vorgelegt. Das Grünbuch stellt die wesentlichen Aspekte der Problematik der Informationssicherheit im Zusammenhang dar, beschreibt den Handlungsbedarf und formuliert Vorschläge und Aktionen. Die Sicherheit in Telekommunikationsnetzen ist ein wesentlicher Bestandteil.

2. Telekommunikationsrecht der EU

Die im Grünbuch über die Entwicklung des Gemeinsamen Marktes für Telekommunikationsdienstleistungen und Telekommunikationsendgeräte angestrebten Ziele und Maßnahmen haben die Kommission und der Rat mittlerweile in folgende Richtlinien umgesetzt.

2.1 Endgeräterichtlinien

Aufgrund der am 16.5.1988 erlassenen Richtlinie über den Wettbewerb auf dem Markt der Telekommunikationsendgeräte [203] sind mittlerweile alle Monopole bei Endgeräten in den Mitgliedstaaten aufgehoben worden. Die Zulassung muß von einer unabhängigen Stelle vorgenommen werden, die im Bereich der Telekommunikation weder Waren noch Dienstleistungen anbietet.

Seit Dezember 1988 müssen neue Netzanschlüsse in der EG zugänglich sein, so daß die Benutzer ein Endgerät ihrer Wahl einsetzen können.

---

[202] EG-Kommission: Grünbuch über die Sicherheit von Informationssystemen v. 29.4.1994, Brüssel 1994.

[203] 88/301/EWG - ABLEG L 131/73 v. 27.5.1988. Die EG-Kommission stützt den Erlaß dieser Richtlinie auf ihre Kompetenz aus Art. 90 Abs. 3 EWGV. Frankreich, unterstützt von Italien, Belgien, der Bundesrepublik und Griechenland klagte gegen die Kompetenz der EG-Kommission, eine derartige Richtlinie zu erlassen. Mit Urteil v. 19.3.91 hat der EuGH die Kompetenz der Kommission im Wesentlichen bestätigt.

Die technischen Merkmale des Netzanschlusses müssen veröffentlicht werden. Ebenso haben die Mitgliedstaaten der Kommission eine Liste aller bestehenden technischen Spezifikationen und Allgemeinzulassungsverfahren für Endgeräte sowie die Einzelheiten ihrer Veröffentlichung mitzuteilen.

Die Richtlinie des Rates v. 29.4.1991 zur Angleichung der Rechtsvorschriften der Mitgliedstaaten über Telekommunikationsendgeräte einschließlich der gegenseitigen Anerkennung ihrer Konformität [204] ersetzt die Richtlinie des Rates v. 24.7.1986 über die erste Phase der gegenseitigen Anerkennung der Allgemeinzulassungen von Telekommunikationsendgeräten [205]. Mit ihr werden die derzeitigen einzelstaatlichen Verfahren der Zulassung von Endgeräten durch ein einheitliches Verfahren für die gesamte Gemeinschaft ersetzt. Diese zweite Phase der Herstellung eines Telekommunikationsendgerätemarktes war bereits in der Richtlinie des Rates v. 24.7.1986 über die erste Phase der gegenseitigen Anerkennung der Allgemeinzulassungen von Telekommunikationsendgeräten vorgesehen. Während in der Richtlinie des Rates v. 24.7.1986 nur die Genehmigung zur Anschaltung eines Endgerätes an ein öffentliches Netz geregelt ist, wird mit der Richtlinie des Rates vom 29.4.91 das gesamte Verfahren des Inverkehrbringens von Endgeräten harmonisiert.

In der Richtlinie ist ein harmonisiertes Verfahren zur Zertifizierung, Prüfung, Kennzeichnung, Qualitätssicherung und Produktüberwachung als Teil des Verfahrens der Zulassung von Endgeräten auf dem Markt vorgesehen. Endgeräte können in Verkehr gebracht werden, wenn ihre Übereinstimmung mit den gemeinsamen verbindlichen technischen Regeln von einer unabhängigen Prüfstelle festgestellt worden ist. Diese technischen Regeln, die im Rahmen der gemeinschaftlichen Normung erstellt werden, sollen grundlegende Anforderungen gewährleisten wie:

- Benutzersicherheit;

- Sicherheit des Personals öffentlicher Netzbetreiber;

- Schutz des Telekommunikationsnetzes vor Schaden;

---

[204] 91/263/EWG - ABLEG. L 128/1 v. 23.5.91.

[205] 86/361/EWG. Diese Richtlinie ist am 6.11.1992 außer Kraft getreten.

- Anforderungen an die elektromagnetische Verträglichkeit;
- Kommunikationsfähigkeit der Endgeräte mit der Netzausrüstung;
- Kommunikationsfähigkeit der Endgeräte sowohl mit dem Netz als auch in bestimmten Fällen untereinander;
- effiziente Nutzung des Funkfrequenzspektrums.

Die Übereinstimmung eines Endgerätes mit den entsprechenden technischen Regeln kann in zwei Verfahren festgestellt werden:

entweder im Rahmen einer EG-Bauartprüfung

oder

in einem alternativen Verfahren einer EG-Übereinstimmungserklärung.

Das vorgesehene Verfahren der EG-Bauartprüfung ist ein klassisches Zulassungsverfahren, in dem Geräte einer Bauart hinsichtlich ihrer Übereinstimmung mit den gemeinsamen technischen Normen anhand eingereichter Geräte und der erforderlichen technischen Unterlagen getestet und geprüft werden.

Das Alternativverfahren einer EG-Übereinstimmungserklärung gründet sich auf die Anwendung eines Qualitätssystems für den Entwurf, die Herstellung, die Endabnahme und die Tests der in Frage stehenden Geräte. Das Qualitätssystem muß von einer unabhängigen Prüfstelle überprüft und genehmigt worden sein. Dieses Verfahren erlaubt eine horizontale Integration der Kontrollverfahren über den gesamten Herstellungsprozeß hinweg. Es kommt einem Selbstzertifikationsverfahren des Herstellers sehr nahe. Der Hersteller muß sich dafür bestimmten Kontrollen in seinen Herstellungsbetrieben unterwerfen. Dieses Verfahren soll den Zeitverlust, der mit der bisherigen Ex-ante-Prüfung der Geräte verbunden war, und die Entwicklungskosten für ein neues Endgerät reduzieren [206].

Die Wahl zwischen diesen beiden Verfahren liegt beim Hersteller, der ein Endgerät auf den Markt bringen will.

---

[206]Vgl. Schulte-Braucks: Telekommunikation auf dem Weg zum Europa 1992, S. I.O1.12.

Die Ausstellung einer EG-Bauartprüfbescheinigung wie die Genehmigung des Qualitätssicherungssystemes erlaubt dem Hersteller das Anbringen des EG-Zeichens (CE) auf seinem Produkt. Ein Endgerät, welches das CE-Zeichen trägt, besitzt das Recht auf den Zugang zum gesamten Gemeinschaftsmarkt sowie zum Anschluß an öffentliche Netze ohne weitere Formalitäten.

Die Normen für dieses Verfahren werden von einem durch diese Richtlinie neugeschaffenen Zulassungsausschuß für Telekommunikationsendgeräte (ACTE) verabschiedet. Der Ausschuß unterstützt die Kommission bei der Definition, Ausarbeitung, Annahme und Überprüfung technischer Vorschriften auf diesem Gebiet und bei der praktischen Umsetzung der vorgeschlagenen Richtlinie. Er kann je nach den zur Diskussion anstehenden Fragen von Beratern oder technischen Sachverständigen aus den Gremien der Mitgliedstaaten unterstützt werden, die sich mit der Umsetzung der vorgeschlagenen Richtlinie befassen. Aus dem gemeinsamen Standpunkt des Rates v. 24.-7.1990 ist in die Richtlinie aufgenommen worden, daß Vertreter von Telekommunikationsorganisationen, Benutzern, Verbrauchern, Herstellern, Diensteanbietern und Gewerkschaften von der Kommission gehört werden müssen. Die Kommission muß diese Vertreter und den Ausschuß über die Ergebnisse im Hinblick auf eine gebührende Berücksichtigung dieser Ergebnisse konsultieren.

2.2   Richtlinien zum offenen Netzzugang (ONP)

Die Richtlinie zur Verwirklichung des Binnenmarktes für Telekommunikationsdienste durch Einführung eines offenen Netzzugangs "Open Network Provision" (ONP) [207] regelt die technischen, organisatorischen und wirtschaftlichen Rahmenbedingungen des Zugangs privater Telekommunikationsdiensteanbieter zu öffentlichen Telekommunikationsnetzen. Mit der Richtlinie soll eine Harmonisierung der technischen Schnittstellen, der Dienstemerkmale, der Netzabschlußpunkte, der Benutzungsbedingungen, der Gebührengestaltung und der Zulassungsverfahren (ONP-Bedingungen) erreicht werden. Sie zielt

---

[207] 90/387/EWG - ABLEG. L 192/1 v. 24.7.90.

primär auf die Gestaltung der Netzzugangsbedingungen durch die Fernmeldeorganisationen gegenüber Telekommunikationsdiensteanbietern. Durch die einheitliche Gestaltung der Zugangsbedingungen soll das Angebot von Telekommunikationsdiensten innerhalb und zwischen den Mitgliedstaaten erleichtert werden.

Die ONP-Richtlinie ist eine Rahmenrichtlinie, die durch eine Reihe spezifischer Richtlinien ergänzt wird [208]. Sie formuliert grundlegende Anforderungen und schreibt verschiedene Verfahren vor.

Grundsätzlich dürfen die ONP-Bedingungen den Zugang zu öffentlichen Telekommunikationsnetzen oder öffentlichen Telekommunikationsdiensten nicht beschränken. Öffentliche Telekommunikationsnetze und -dienste sind alle Netz- und Dienstleistungen, die von den Fernmeldeorganisationen aufgrund besonderer oder ausschließlicher Rechte erbracht werden.

Im Sinne dieser Zielsetzung müssen die Zugangsbedingungen folgende fundamentale Grundsätze erfüllen:

- Sie müssen auf objektiven Kriterien beruhen.

- Sie müssen transparent sein und in geeigneter Form veröffentlicht werden.

---

[208]Vgl. Richtlinie des Rates v. 5.6.1992 zur Einführung des offenen Netzzugangs bei Mietleitungen - 92/44/EWG - ABLEG L 165/27 v. 19.6.92;

Empfehlung des Rates v. 5.6.92 zur Einführung harmonisierter ISDN-Zugangsregelungen und eines ISDN-Mindestangebots nach ONP-Grundsätzen - 92/383/EWG - ABLEG. L 200/10 v. 18.7.92;

Empfehlung des Rates zur harmonisierten Bereitstellung eines Mindestangebots an paketvermittelten Datendiensten nach ONP-Grundsätzen - 92/382/EWG - ABLEG L 200/1 v. 18.7.92;

Vorschlag für eine Richtlinie des Rates zur Einführung des offenen Netzzugangs (ONP) beim Sprachtelefondienst - Kom (92) 247 endg. - SYN 437 - ABLEG. C 263/20 v. 12.10.92 u. gemeinsamer Standpunkt, - 95/C 281/3 - ABLEGC 281/19 v. 25.10.95;

Vorschlag für eine Richtlinie des Europäischen Parlaments und des rates über die Zusammenschaltung in der Telekommunikation zur Gewährleistung des Universaldienstes und der Interoperabilität durch Anwendung der Grundsätze für einen offenen Netzzugang (ONP), Kom (95) 379 endg. - 95/0207(COD) - ABLEG. C 313/7 v. 24.11.95.

- Sie müssen gleichen Zugang gewährleisten und müssen in Übereinstimmung mit dem Gemeinschaftsrecht Diskriminierung ausschließen.

Eine Beschränkung ist zulässig aus Gründen, die auf "grundlegenden Anforderungen" beruhen und die in Übereinstimmung mit dem Gemeinschaftsrecht stehen. Grundlegende Anforderungen sind Gründe nichtwirtschaftlicher Art, die im allgemeinen öffentlichen Interesse als so wichtig betrachtet werden können, daß sie aufgrund einer gesetzlichen Vorschrift erfüllt werden müssen. Die in Betracht kommenden öffentlichen Interessen sind in der Richtlinie abschließend aufgezählt:

- Sicherheit des Netzbetriebs,

- Aufrechterhaltung der Netzintegrität,

- Interoperabilität der Dienste, wo dies begründet ist,

- Schutz von Daten, wo dies angebracht ist, und

- die im allgemeinen für den Netzabschluß von Endgeräten geltenden Bedingungen.

Die ONP-Bedingungen werden in einem stufenweisen Verfahren festgelegt. Im Benehmen mit einem dafür vorgesehenen Ausschuß, bestehend aus Vertretern der Mitgliedstaaten, leitet die Kommission eine eingehende Untersuchung über zu harmonisierende ONP-Bedingungen ein und fertigt Berichte über die Ergebnisse dieser Untersuchungen an. Durch Veröffentlichung im Amtsblatt der Europäischen Gemeinschaften fordert sie alle Betroffenen auf, zu den Berichten über die Untersuchung innerhalb einer Frist von mindestens drei Monaten Stellung zu nehmen.

Bei Bedarf ersucht sie das Europäische Institut für Telekommunikationsnormen (ETSI) [209], unter Berücksichtigung der internationalen Standardisierung europäische Normen als Grundlage

---

[209]European Telecommunications Standards Institute in Nizza. ETSI wurde im Februar 1988 als neue Einrichtung zur Ausarbeitung europäischer Telekommunikationsnormen geschaffen. Mit der Entschließung vom 27. 4. 1989 über die Normung auf dem Gebiet der Informationstechnik und der Telekommunikation - ABL. Nr. C 117/1 v. 11.5.1989 hat der Rat die Arbeit von ETSI befürwortet und die Kommission ersucht, zu einer kohärenten Entwicklung von ETSI beizutragen und es zu unterstützen.

harmonisierter technischer Schnittstellen und/oder Dienstmerkmale zu erstellen. Dabei soll sich das ETSI mit den anderen europäischen Normungsinstitutionen, wie z.B. CEN/CENELEC [210], abstimmen.

Die vom ETSI festgelegten Normen werden als für den ONP geeignet im Amtsblatt der Europäischen Gemeinschaften veröffentlicht. Die Richtlinie geht davon aus, daß Fernmeldeorganisationen und Diensteanbieter diese Normen freiwillig einhalten.

Widerspricht ein EU-Staat einer harmonisierten Norm, nimmt der beratende Ausschuß und der nach der Richtlinie des Rates v. 28.3.1983 über ein Informationsverfahren auf dem Gebiet der Normen und technischen Vorschriften [211] eingesetzte ständige Ausschuß Stellung. Aufgrund dieser Stellungnahmen entscheidet die Kommission, ob die Norm aus dem Amtsblatt der Europäischen Gemeinschaften gestrichen werden muß.

Im Anschluß an dieses auf Freiwilligkeit setzende Verfahren erläßt der Rat gem. Art. 100a EGV die unwidersprochenen veröffentlichten Normen als verbindliche Einzelrichtlinien einschließlich des Zeitplanes für deren Anwendung. Sie müssen vom Rat auf Vorschlag der Kommission, in Zusammenarbeit mit dem Europäischen Parlament und nach Anhörung des Wirtschafts- und Sozialausschusses mit qualifizierter Mehrheit beschlossen werden.

Erweist sich dieses Verfahren aber als unzureichend, um den offenen grenzüberschreitenden Zugang der Dienste sicherzustellen, kann die Bezugnahme auf die europäischen Normen auch schneller verbindlich vorgeschrieben werden.

Im Verabschiedungsverfahren der Richtlinie hob der Wirtschafts- und Sozialausschuß in seiner Stellungnahme auch die Bedeutung des Schutzes der Vertraulichkeit und der Privatsphäre hervor [212].

---

[210] CEN (Comité européen de normalisation) Europäisches Komitee für Normung, Sitz Brüssel; CENELEC (Comité européen de normalisation électrotechnique) Europäisches Komitee für elektrotechnische Normung, Sitz Brüssel.

[211] 83/189/EWG - ABLEG. L 109/8 v. 26.4.83.

[212] 265. Plenartagung v. 26.4.1989, abgedruckt in Mitteilung der Kommission an das Europäische Parlament, gestützt auf den gemeinsamen Standpunkt des Rates,

Bei der Festlegung der ONP-Bedingungen verlangte der Ausschuß, daß die Industrieorganisationen, Gewerkschaften sowie Verbraucherverbände angehört werden sollten.

Das Europäische Parlament nahm mit großer Mehrheit eine Liste von Änderungen zum Vorschlag der Kommission an. Es verlangte, die grundlegende Anforderung des Datenschutzes durch Hinzufügung der Anforderung der Vertraulichkeit der Daten zu verstärken [213]. Zudem kritisierte das Europäische Parlament, daß die Vertreter der Benutzer, der Hersteller und der privaten Diensteanbieter nicht angemessen an der Ausarbeitung der Bedingungen beteiligt würden [214].

Diesem Verlangen wurde in der Richtlinie teilweise Rechnung getragen. Gegenüber dem Vorschlag [215] wurde die Formulierung in der verabschiedeten Fassung dahingehend verändert, daß der Schutz von Daten, nicht nur "in begründeten Fällen", sondern auch in Fällen, "wo es angebracht ist" den offenen Netzzugang als grundlegende Anforderung beschränken kann. Damit wird das Ausnahmeprinzip abgeschwächt [216].

Neu wurde in die Richtlinie aufgenommen, daß die Kommission auch die grundlegende Anforderungen für den Datenschutz im schnellen Verfahren festlegen kann.

Weiterhin wurde in Art. 9 der Richtlinie eine Bestimmung aufgenommen, wonach der beratende Ausschuß insbesondere Vertreter der Fernmeldeorganisationen, der Benutzer, der Ver-

---

die Stellungnahme des europäischen Parlaments und die Stellungnahme des Wirtschafts- und Sozialausschusses zu Richtlinie zum ONP, v. 6.2.1990 - SEK (90) 222 endg. - SYN 187, S. 2.

[213]Mitteilung der Kommission an das Europäische Parlament, gestützt auf den gemeinsamen Standpunkt des Rates, die Stellungnahme des europäischen Parlaments und die Stellungnahme des Wirtschafts- und Sozialausschusses zu Richtlinie zum ONP, 6.2.1990, SEK (90) 222 endg. - SYN 187, S. 3.

[214]Ebenda.

[215]Vorschlag für eine Richtlinie des Rates zur Verwirklichung des Binnenmarktes Telekommunikationsdienste durch Einführung eines Offenen Netzzuganges (ONP) v. 5.1.1989, ABLEG Nr. C 39/8 v. 16.2.1989, S. 10.

[216]Es könnte eine Frage der Übersetzung sein.

braucher, der Hersteller und der Diensteanbieter zu Rate zu ziehen hat. In den Erwägungsgründen wird hierzu folgendes ausgeführt: "Die Ausarbeitung harmonisierter Bedingungen für den offenen Netzzugang muß schrittweise erfolgen und mit Unterstützung eines Ausschusses, der sich aus Vertretern der Mitgliedstaaten zusammensetzt und der die Vertreter der Fernmeldeorganisationen, der Benutzer, der Verbraucher, der Hersteller und der Diensteanbieter zu Rate zieht, vorbereitet werden. An dieser Ausarbeitung müssen sich alle Betroffenen beteiligen können; daher ist ihnen angemessene Zeit zur öffentlichen Stellungnahme einzuräumen" [217].

Zudem kann der Rat gem. Art. 100 a EGV unter Berücksichtigung von Art. 8 c EGV bei Bedarf Maßnahmen zur Harmonisierung der Anzeige- und/oder Zulassungsverfahren für über öffentliche Telekommunikationsnetze erbrachte Dienste erlassen.

In den mittlerweile verabschiedeten und geplanten Einzelrichtlinien und Empfehlungen zur Umsetzung des ONP bei Mietleitungen [218], bei paketvermittelten Datendiensten [219], im ISDN [220] ,beim Sprachtelefondienst [221] und der Zusammenschaltung zur Gewährleistung von Universaldiensten [222] wird konsequent auf die Datenschutzanforderungen Bezug genommen, die als grundlegende Anforderungen Beschränkungen des ONP rechtfertigen können. Die einzelstaatlichen Aufsichtsbehörden übernehmen nach diesen Richtlinien und Empfehlungen eine zentrale Regulierungsfunktion und Aufsichtsfunktion für deren Umsetzung durch die Telekommunikationsorganisationen. Die

---

[217] Aus den Erwägungsgründen der Richtlinie des Rates v. 28.6.1990 zur Verwirklichung des Binnenmarktes für Telekommunikationsdienste durch Einführung eines offenen Netzzugangs Open Network Provision - ONP - 90/387/EWG.

[218] 92/44/EWG - ABLEG L 165/27 v. 19.6.92.

[219] 92/382/EWG - ABLEG. L 200/1 v. 18.7.92.

[220] 92/383/EWG - ABLEG. L 200/10 v. 18.7.92.

[221] Kom (92) 247 endg. - SYN 437 - ABLEG. C 263/20 v. 12.10.92.

[222] Kom (95) 379 endg. - 95/0207(COD) - ABLEG. C 313/7 v. 24.11.95.

einzelstaatlichen Aufsichtsbehörden haben angemessene Schutzbestimmungen vorzusehen, um ein diskriminierendes Vorgehen
der Fernmeldeorganisationen gegenüber Diensteanbietern, mit
denen sie im Wettbewerb stehen, auszuschließen.

2.3   Telekommunikationsdienste-Richtlinie

Die Richtlinie der Kommission v. 28.7.1990 über den Wettbewerb
auf dem Markt für Telekommunikationsdienste [223] soll ein breites
Angebot von privaten Telekommunikationsdiensten ermöglichen
und gewährleisten. Die Richtlinie grenzt ordnungspolitisch den
neuen Markt privater Telekommunikationsdiensteanbieter gegenüber den Fernmeldeorganisationen ab und regelt die Rahmenbedingungen für Zulassungsverfahren für Telekommunikationsdienste in den einzelnen Mitgliedstaaten. Materiell müssen die
Mitgliedstaaten die besonderen und ausschließlichen Rechte, die
sie ihren Telekommunikationsorganisationen bei der Erbringung
von Telekommunikationsdiensten gewähren, beseitigen und
allen interessierten Betreibern die Erbringung von Telekommunikationsdienstleistungen ermöglichen.

Unter Telekommunikationsdiensten versteht die Richtlinie "die
Dienste, die ganz oder teilweise aus der Übertragung und Weiter-
leitung von Signalen auf dem öffentlichen Telefonnetz durch
Telekommunikationsverfahren bestehen". Ausgenommen sind
Rundfunk- und Fernsehdienste weiterhin der Telexdienst, der
Funktelefondienst, der Funkrufdienst und die Satellitenkommuni-
kation. Mit einer Änderung der Richtlinie müssen auch die Kabel-
fernsehnetze für Telekommunikationsdienste geöffnet werden[224].

Beschränkungen der Dienstleistungsfreiheit bei der Zulassung
durch die Mitgliedstaaten gem. Art. 59 EWG-Vertrag sind nur zulässig, wenn sie folgenden grundlegenden Anforderungen
dienen:

---

[223]90/388/EWG - ABLEG. L 192/10 v. 24.7.90.

[224]Richtlinie der Kommission v. 18.10.1995 zur Änderung der Richtlinie
90/388/EWG hinsichtlich der Aufhebung der Einschränkung bei der Nutzung von
Kabelfernsehnetzen für die Erbringung bereits liberalisierter Telekommunikationsdienste - ABLEG L 256/49 v. 26.10.95.

- der Aufrechterhaltung der Netzintegrität,

- der Sicherheit des Netzbetriebes,

- in bestimmten Fällen die Interoperabilität der Dienste.

- dem Schutz von Daten.

Die auferlegten Einschränkungen müssen in einem angemessenen Verhältnis zu den Zielen stehen, die mit diesen berechtigten Anforderungen verfolgt werden [225].

Die Errichtung und der Betrieb eines universalen Netzes lassen weiterhin Ausnahmen von der Dienstleistungsfreiheit für Fernmeldeorganisationen zu. Diese Ausnahmen wurden damit gerechtfertigt, daß Fernmeldeorganisationen die Errichtung und Erhaltung eines flächendeckenden Netzes, an das alle Anbieter von Dienstleistungen oder Benutzer innerhalb einer zumutbaren Frist angeschlossen werden können, sicherzustellen haben. Zur Finanzierung dieser Aufgaben bleibt der Sprachtelefondienst befristet im Monopol der Fernmeldeorganisationen. Zusätzlich rechtfertigt die Kommission die Aufrechterhaltung eines Monopols beim Sprachtelefondienst damit, daß dieser Dienst auch zukünftig eine teilweise öffentliche Aufgabe zu erfüllen habe. Denn auch im ISDN bleibe er das wichtigste Instrument für die Benachrichtigung der für die öffentliche Sicherheit verantwortlichen Organe und für Notrufe [226]. Nach einer Überprüfung [227] der fortbestehenden besonderen oder ausschließlichen Rechte durch die Kommission im Jahre 1992 verabschiedete der Ministerrat auf der Basis des Kommissionsvorschlags eine Entschließung, in der die völlige Liberalisierung aller öffentlichen Sprachtelefondienste unter Beibehaltung eines nicht mehr reservierten universellen Dienstes bis 1.1. 1998 festgelegt wird. Bis zum 1.1.1996 soll die Kommission die notwendigen Änderungen der Rahmenbedingungen in der Gemeinschaft vornehmen, um

---

[225]Vgl. Richtlinie der Kommission v. 28.7.1990 über den Wettbewerb auf dem Markt für Telekommunikationsdienste - 90/388/EWG - , S. 11.

[226]Ebenda, S.12.

[227]Mitteilung der Kommission Prüfung der Lage im Bereich der Telekommunikationsdienste (1992) v. 21.10.92, - Dok. SEK (92) 1048 endg. - ABLEG. C 150 v. 21.5.93.

die Liberalisierung aller öffentlichen Sprachtelefondienste vor dem 1.1.1998 zu erreichen [228].

Ein weiteres Ziel dieser Richtlinie ist es, einen offenen und gleichberechtigten Zugang der Benutzer zu den Telekommunikationsdiensten zu erreichen. Zu diesem Zweck sollen möglichst viele Funktionen, die durch die Digitalisierung des Netzes möglich sind, durch die Teilnehmer realisiert werden. Entsprechende technische Hindernisse müssen beseitigt werden. In der Begründung zur Richtlinie nennt die Kommission ausdrücklich Funktionen, die bisher im Netz realisiert wurden, und verlangt, daß den Benutzern die Anwendung dieser Funktionen gestattet wird.

Die Mitgliedstaaten müssen die Kommission über alle vorgesehenen Anmelde- und Genehmigungsverfahren für öffentlich angebotene paket- oder leitungsvermittelte Datendienste informieren. Die möglicherweise beschränkenden Kriterien müssen in einem Pflichtenheft dargestellt werden. Die Kommission kann den Mitgliedstaaten eine Frist für die Vorlage des Entwurfes der vorgesehenen Kriterien und Verfahren setzen. Danach sind sie gehindert, Beschränkungen bei der Zulassung von Datenübertragungsdiensten vorzunehmen.

Zulässige beschränkende Kriterien sind:

- grundlegende Anforderungen;

- gewerbliche Vorschriften hinsichtlich der Dauerhaftigkeit, Verfügbarkeit und Qualität des Dienstes;

- Maßnahmen zur Sicherstellung der Aufgaben von allgemeinem wirtschaftlichem Interesse, mit der sie eine Fernmeldeorganisation bezüglich der Datenkommunikation betraut haben, sofern die Tätigkeit privater Diensteanbieter die Erfüllung dieses Auftrags zu verhindern droht.

Die Zulassung muß von einer unabhängigen Einrichtung übernommen werden.

---

[228] Vgl. Entschließung des Rates v. 7.2.1994 über die Grundsätze für den Universaldienst im Bereich Telekommunikation - 94/C48/01 - ABLEG C 48/1 v. 16.2.94.

Durch den Geänderten Vorschlag für eine Richtlinie des Europäischen Parlaments und des Rates zur gegenseitigen Anerkennung von Lizenzen und sonstigen einzelstaatlichen Genehmigungen für Telekommunikationsdienste [229] will die Kommission in Konkretisierung der Diensterichtlinie ein europaweites Verfahren für die gegenseitige Anerkennung von Lizenzen und anderen Genehmigungen für die Erbringung von Telekommunikationsdiensten der einzelnen Mitgliedstaaten einführen. Telekommunikationsdiensteanbietern soll ermöglicht werden, mit der Genehmigung der Aufsichtsbehörde eines Mitgliedstaates die genehmigten Dienstleistung auch in allen anderen Mitgliedstaaten erbringen zu können. Ein derartiges Verfahren ist erforderlich, weil die grundlegenden Anforderungen gemeinschaftsweit noch nicht harmonisiert sind. Die gegenseitige Anerkennung schließt ein, daß eine Schutzhöhe der grundlegenden Anforderungen erreicht wird, die zum einen den Anforderungen in den vorgeschlagenen spezifischen ONP-Richtlinien oder der Telekommunikationsdatenschutz-Richtlinie entspricht und zum anderen dort, wo noch keine Harmonisierung erreicht ist, den Mitgliedstaaten ermöglicht, die grundlegenden Anforderungen entsprechend den von ihnen gesehenen Notwendigkeiten zu konkretisieren. Die Unternehmen, die eine solche Lizenz beantragen, erhalten durch die Kommission nach Ablauf eines in der Richtlinie beschriebenen Verfahrens, die den Mitgliedstaaten, die höhere Anforderungen stellen, Einwirkungs- und Ergänzungsmöglichkeiten gibt, eine einheitliche Gemeinschaftstelekommunikationslizenz, die den Unternehmen die Erbringung der genehmigten Telekommunikationsdienstleistungen in allen Mitgliedstaaten ermöglicht. Stellen einige Mitgliedstaaten in Übereinstimmung mit dem Gemeinschaftsrecht höhere Anforderungen, ohne daß eine Einigung der Beteiligten in einem vorgesehenen Schlichtungsverfahren zustande kommt, so werden in die Gemeinschaftstelekommunikationslizenz diese zusätzlichen Bedingungen, die nur für einige Staaten erforderlich sind, aufgenommen. Perspektivisch bedeutsam würde die Möglichkeit der Kommission sein, in geeigneten Fällen ECTRA zu ersuchen harmonisierte Lizenzvergabebedingungen für bestimmte Tele-

---

[229] ABLEG C 108/11 v. 16.4.94.

kommunikationsdienstleistungen festzulegen. Die Kommission kann im Wege der Entscheidung verbindlich für die Mitgliedstaaten festlegen, daß Telekommunikationsdienstleistungen, die den harmonisierten Lizenzvergabebedingungen für bestimmte Dienstleistungskategorien entsprechen, zu genehmigen sind. Eine solche Anerkennung nach Dienstleistungskategorien kann auch für Telekommunikationsdienste erteilt werden, deren Lizenzvergabebedingungen noch nicht durch den ECTRA harmonisiert sind. Die Veröffentlichung der Liste der Kategorien von Dienstleistungen, die in der jeweiligen Entscheidung erfaßt werden im Amtsblatt der Europäischen Gemeinschaften steht der Lizenzerteilung gleich. Damit würde die Kommission ein starkes zentrales Instrument zur Zulassung von europaweiten Telekommunikationsdiensten erhalten. Der mit der Richtlinie geschaffene Gemeinschaftstelekommunikationsausschuß (CTC), der sich aus den Aufsichtsbehörden der Mitgliedstaaten zusammensetzen soll und in diesen Fällen Stellung zu nehmen hat, mindert die starke Stellung der Kommission in diesem Verfahren nicht.

Vergleichbare Verfahren sieht die Kommission zum Aufbau von Satellitennetzen und -diensten vor [230].

---

[230] KOM (93) 652 endg. - ABLEG C 36/2 v. 4.2.94.

3. Die Initiativen der Kommission zum Datenschutz

3.1 Vorschlag für eine Telekommunikationsdatenschutz-Richtlinie

3.1.1 Geltungsbereich

Der geänderte Vorschlag für eine Richtlinie des Europäischen Parlaments und des Rates zum Schutz personenbezogener Daten und der Privatsphäre in digitalen Telekommunikationsnetzen, insbesondere im diensteintegrierenden digitalen Telekommunikationsnetz (ISDN) und in digitalen Mobilfunknetzen [231], enthält Grundsätze zur Verarbeitung personenbezogener Daten durch Telekommunikationsorganisationen, die die Mitgliedstaaten in nationales Recht umsetzen müssen. Telekommunikationsorganisationen sind staatliche oder private Einrichtungen, denen ein Mitgliedstaat besondere oder ausschließliche Rechte zur Bereitstellung von öffentlichen Telekommunikationsnetzen und gegebenenfalls -diensten gewährt [232]. Auf öffentliche digitale Telekommunikationsdienste von Diensteanbietern, die keine Telekommunikationsorganisationen sind, und für andere Telekommunikationsdienste, die über das öffentliche Telekommunikationsnetz angeboten werden, finden nur die Bestimmungen zu der Netzsicherheit (Art.4), der Gebührenabrechnung (Art. 5), den Verkehrsdaten (Art. 6), den Teilnehmerverzeichnissen, den technischen Merkmalen und zu den Rechtsmitteln (Art. 16) Anwendung [233]. Weitere Bestimmungen der Richtlinie können auf diese Dienstanbieter über ein bestimmtes Konsultationsverfahren (Art. 17) mit der "Arbeitsgruppe zum Schutz natürlicher Personen bei der Verarbeitung personenbezogener Daten" erstreckt werden, soweit dies erforderlich werden sollte. Für Telekommunikationsdiensteanbieter im Wettbewerb enthielt der

---

[231] ABLEG. C 200/4 v. 22.7.94. Der ursprüngliche Vorschlag, KOM (90) 314 endg.- Syn 288 wurde von der EG-Kommission am 18.7.1990 beschlossen.

[232] Art. 2 Nr. 2.

[233] Art 3 Abs. 2.

erste Vorschlag für eine Richtlinie lediglich mittelbare Regelungen. Im geänderten Vorschlag ist die unmittelbare Geltung auch aufgrund der Änderungsanträge des Ausschusses für Recht und Bürgerrechte des Europäischen Parlaments v. 11.3.1992 ausgeweitet worden.

Die Formulierung des Geltungsbereiches ist mißglückt. Nach der Legaldefinition in Art. 2 Nr. 6 sind öffentliche Telekommunikationsdienste solche, "mit dessen Erbringung die Mitgliedstaaten insbesondere eine oder mehrere Telekommunikationsorganisationen ausdrücklich beauftragt haben". Per Definition können nach dieser Formulierung öffentliche Telekommunikationsdienste gar nicht von Diensteanbietern erbracht werden, die keine Telekommunikationsorganisationen sind. Art. 3 Abs. 2 erste Alternative wonach die genannten Bestimmungen "für öffentliche, digitale Telekommunikationsdienste von Diensteanbietern gelten, die keine Telekommunikationsorganisationen sind", steht zu dieser Legaldefinition im Widerspruch. Ausreichend ist vielmehr die zweite Alternative, wonach die genannten Bestimmungen für die Telekommunikationsdienste gelten, die über das öffentliche Telekommunikationsnetz erbracht werden. Hierunter fallen zur Zeit sämtliche Telekommunikationsdienste im Wettbewerb, die öffentlich angeboten werden.

Diese Bestimmungen müssen von den Mitgliedstaaten - soweit technisch möglich - auch für analoge Netze umgesetzt werden.

3.1.2 Verkehrs- und Abrechnungsdaten

Der geänderte Vorschlag enthält entgegen dem ursprünglichen Entwurf keine generellen Bestimmungen über die spezifische Zweckbindung für die Telekommunikation. In der Richtlinie geregelt wird nur die Zulässigkeit der Verarbeitung der Verkehrs- und die Abrechnungsdaten. Die Bestandsdaten sind ebensowenig Regelungsgegenstand dieser Richtlinie wie die Individualrechte. Hier gelten die Datenschutzanforderungen der allgemeinen Datenschutzrichtlinie.

Verkehrsdaten sind die personenbezogenen Daten, die für den Verbindungsaufbau verarbeitet werden und die in den Vermittlungsstellen der Telekommunikationsorganisationen gespeichert werden. Sie müssen gelöscht werden, sobald sie zur Bereitstellung des entsprechenden Dienstes nicht mehr erforderlich sind. Ein in dem ursprünglichen Richtlinienentwurf vorgesehenes Verbot der Erstellung von elektronischen Profilen der Teilnehmer oder des Sortierens der Teilnehmer nach Kategorien enthält der geänderte Vorschlag nicht mehr.

Für die Abrechnung ist nach dem Richtlinienentwurf die Speicherung folgender Daten zulässig:

- Telefonnummer oder Identifikation des Teilnehmerendgerätes,

- Teilnehmeranschrift,

- Art des Endgerätes,

- Gesamtzahl der für den Abrechnungszeitraum zu berechnenden Einheiten,

- die Nummer der angerufenen Teilnehmer,

- Art und Dauer der Anrufe und/oder der Umfang der übertragenen Daten sowie

- sonstige Informationen, die für die Abrechnung benötigt werden, wie Vorauszahlungen, Ratenzahlungen, Sperren des Anschlusses und Mahnungen.

Diese generelle Speicherung von Abrechnungsdaten ist für die Dauer der gesetzlichen Frist zulässig, während derer die Rechnung angefochten werden kann. Zugang zu den Entgeltdaten dürfen nur Personen erhalten, die die Entgelte bearbeiten.

Beim Einzelentgeltnachweis, der nach dem Vorschlag für eine Richtlinie des Rates zur Einführung des offenen Netzzugangs (ONP) beim Sprachtelefondienst [234] verbindlich vorgeschrieben wird, muß der Mitgliedstaat den Datenschutz des Anrufers und des angerufenen Teilnehmers sicherstellen. Der ursprüngliche Entwurf sah als technische Lösung eine generelle europaweite Verkürzung der Zielrufnummer vor.

---

[234]Kom (92) 247 endg. - SYN 437 - ABLEG. C 263/20 v. 12.10.92, Art. 14.

3.1.3   Datenschutz bei einigen Dienstmerkmalen

Der Richtlinienentwurf enthält folgende Regelungen für die Dienstmerkmale Rufnummernanzeige, Feststellen ankommender Verbindungen, Anrufweiterschaltung, Lauthören:

- Jedem Teilnehmer muß durch eine einfache technische Einrichtung ermöglicht werden, die Rufnummernanzeige ohne zusätzliches Entgelt fallweise oder auf Antrag generell auszuschließen. Der angerufene Teilnehmer muß die Möglichkeit haben, die Entgegennahme von Anrufen auf diejenigen beschränken zu können, die die Rufnummer anzeigen. Dies gilt auch für Anrufe aus und in Drittländer.

- Die Unterdrückung der Rufnummernanzeige darf nur dann von den Telekommunikationsorganisationen blockiert werden, wenn

  a) ein Teilnehmer das "Fangen" von belästigenden Anrufen beantragt hat. In diesem Fall werden die Daten mit der Rufnummer des Anrufers von der Telekommunikationsorganisation gespeichert und auf Verlangen der Behörde zur Verfügung gestellt, die für die Verhinderung oder Verfolgung strafbarer Handlungen in dem betreffenden Mitgliedstaat zuständig ist.

  b) ein Gerichtsbeschluß vorliegt, mit dem schwere Straftaten verhindert oder verfolgt werden.

  c) Auf Antrag von Organisationen, die anerkannterweise Notrufe beantworten und bearbeiten oder von Feuerwehren.

- Eine Anrufweiterschaltung darf nur mit der Zustimmung derjenigen Person erfolgen, auf deren Apparat der Anruf weitergeschaltet werden soll. Zu diesem Zweck müssen Mittel und Wege für die Zustimmung durch einen Dritten sowie die Möglichkeit zum Abbruch der Weiterschaltung entwickelt und angeboten werden.

- Beim Lautsprechen oder Aufzeichnen von Gesprächen müssen die Mitgliedstaaten sicherstellen, daß der Inhalt von Telefongesprächen nur für den eigenen Gebrauch aufgenommen oder Dritten zugänglich gemacht wird, wenn der andere Teilnehmer zugestimmt hat. Dies gilt nicht im Falle von belästigenden Anrufen.

3.1.4 Überwachung der Kommunikation

Der Einsatz von Geräten zum Mithören, Anzapfen oder andere Mittel des Abfangens oder der Überwachung der Kommunikation durch Dritte dürfen nur nach Genehmigung der zuständigen nationalen Behörden in Übereinstimmung mit den einzelstaatlichen Rechtsvorschriften angewandt werden. Die Mitgliedstaaten haben dies durch entsprechende Maßnahmen sicherzustellen. Diese Bestimmung ist im geänderten Entwurf neu eingefügt worden.

Der ursprüngliche Entwurf sah lediglich für die alltägliche Nutzung vor, daß beim Einsatz von Lautsprechern und Aufzeichungseinrichtungen an den Endgeräten für eigene Zwecke oder für Dritte "die Betroffenen in geeigneter Form von dieser Weitergabe oder Speicherung unterrichtet werden, bevor der Vorgang der Weitergabe oder Speicherung eingeleitet wird und solange er andauert " [235]. Der geänderte Entwurf sieht nur noch eine Zustimmung des Betroffenen vor, wenn Gesprächsinhalte einem Dritten zugänglich gemacht oder aufgezeichnet werden. Dies kann auch nachträglich erfolgen.

3.1.5 Werbung

Im geänderten Vorschlag ist ein neuer Absatz über Teilnehmerverzeichnisse aufgenommen worden. Sie sollen strikt auf den Zweck, den Teilnehmer zu identifizieren, beschränkt bleiben, es sei denn der Teilnehmer möchte selbst zusätzliche personenbezogene Daten veröffentlichen. Der Teilnehmer kann gebührenfrei verlangen, das sein Geschlecht nicht im Verzeichnis erkennbar ist oder daß sein Eintrag im Verzeichnis ganz unterlassen wird.

Die Mitgliedstaaten sind verpflichtet, durch entsprechende Maßnahmen sicherzustellen, daß Teilnehmer, die das nicht wün-

---

[235]Art. 15 a. F.

schen, Anrufe, mit denen Werbung, Verkaufsförderung oder -forschung betrieben werden, erhalten. Automatische Anrufe mit vorproduzierten Werbeangeboten dürfen nur bei ausdrücklicher Zustimmung des Teilnehmers erfolgen. Diese Regelung gilt explizit auch für Telefaxanwendungen.

3.1.6 Datensicherheit und Technische Normung

Über besondere Risiken in der Netzsicherheit, z.B. beim Mobilfunk, müssen die Telekommunikationsorganisationen die Teilnehmer informieren und eine entsprechende Verschlüsselungstechnik anbieten [236]. Eine Verschlüsselung von Endgerät zu Endgerät wird nicht mehr vorgeschrieben. Die Verschlüsselung kann sich auf die Strecken zwischen den Vermittlungseinrichtungen beschränken. Auf der Strecke zwischen der letzten Vermittlungseinrichtung und dem Teilnehmer muß keine Verschlüsselung angeboten werden [237].

Zwingende Anforderungen an technische Merkmale von Telekommunikationsgeräten zur Verwirklichung dieser Richtlinie dürfen nicht deren Vermarktung und deren freien Vertrieb in und zwischen den Mitgliedstaaten behindern. Falls Bestimmungen dieses Richtlinienentwurfes nur mit Hilfe von speziellen technischen Merkmalen durchgeführt werden können, sind die Verfahren zur Erarbeitung technischer Normen einzuhalten [238].

3.1.7 Rechte des Betroffenen

Im Fall der Verletzung der Vorschriften dieser Richtlinie hat jeder Benutzer und Teilnehmer das Recht, seine Art. 10 - 16 der allgemeinen Datenschutzrichtlinie festgelegten Individualrechte wahrzunehmen. Jeder Mitgliedstaat hat einen Rechtsweg gegen Rechtsverletzungen, die durch diese Richtlinie garantiert werden,

---

[236]Art. 4.

[237]Vgl. Rihaczek, DuD 94, S. 489 (491).

[238]In dem Richtlinienentwurf wird ausdrücklich auf die Richtlinie des Rates zur Angleichung der Rechtsvorschriften der Mitgliedstaaten über Telekommunikationsendgeräte einschließlich der gegenseitigen Anerkennung ihrer Konformität - 91/263/EWG - ABLEG. L 128/1 v. 23.5.91 verwiesen, siehe Kap. III 2.1.

sicherzustellen. Darüber hinaus müssen die Mitgliedstaaten Sanktionen gegen Rechtsverstöße vorsehen.

3.2 Datenschutzrichtlinie

Mit der Richtlinie des Rates zum Schutz natürlicher Personen bei der Verarbeitung personenbezogener Daten und zum freien Datenverkehr [239] soll das allgemeine Datenschutzrecht in den Mitgliedstaaten harmonisiert bzw. kodifiziert werden. Die Richtlinie enthält Grundsätze, die die Mitgliedstaaten innerhalb von drei Jahren in nationales Recht umsetzen müssen und im Rahmen der Grundsätze präzisieren können, sowie die Aufforderung zur Ausarbeitung von freiwilligen Verhaltensregeln für bestimmte Einzelbereiche.

Der Geltungsbereich der Richtlinie erstreckt sich gleichermaßen auf die Verarbeitung personenbezogener Daten im privaten und im öffentlichen Bereich, soweit die Tätigkeit öffentlicher Organe in den Anwendungsbereich des Gemeinschaftsrechts fällt. Anknüpfungspunkt für die rechtlichen Folgen ist der Verantwortliche der Verarbeitung. Verantwortlich für die Verarbeitung ist jede natürliche oder juristische Person, Behörde, Einrichtung oder jede andere Stelle, die über Zwecke und Mittel der Verarbeitung von personenbezogenen Daten entscheidet. In den Erwägungsgründen wird die Verantwortlichkeit bei Telekommunikationsdiensten abgegrenzt. Wird eine Nachricht, die personenbezogene Daten enthält, über Telekommunikationsdienste oder durch elektronische Post übermittelt, so gilt in der Regel die Person, von der die Nachricht stammt, und nicht die Person, die den Übermittlungsdienst anbietet, als Verantwortlicher der Verarbeitung der in der Nachricht enthaltenen Daten. Jedoch sind die Telekommunikationsdiensteanbieter verantwortlich für die personenbezogenen Daten, die zusätzlich für den Betrieb des Telekommunikationsdienstes verarbeitet werden [240].

Die Anwendbarkeit des einzelstaatlichen Rechts richtet sich jeweils nach dem Standort der Niederlassung. Besitzt ein

---

[239] ABLEG L 281/31, v. 23.11.95.

[240] Erwägungsgrund 47.

Verantwortlicher Niederlassungen in Hoheitsgebieten mehrerer Mitgliedstaaten, so muß er jeweils die Verpflichtungen des anwendbaren einzelstaatlichen Rechts einhalten. Bei Verantwortlichen, die nicht im Hoheitsgebiet der Gemeinschaft ansässig sind, ist ebenfalls jeweils das einzelstaatliche Datenschutzrecht des Staates anzuwenden, in dem der Betreffende seine Mittel zur Verarbeitung personenbezogener Daten hat. Er hat einen im Hoheitsgebiet des zuständigen Staates ansässigen Vertreter zu benennen, der in die Rechte und Verpflichtungen des Verantwortlichen eintritt. Gegen den Verantwortlichen können Schadensersatzansprüche für Schäden, die durch mit der Richtlinie unvereinbare Handlungen entstanden sind, geltend gemacht werden.

Die allgemeine Datenschutzrichtlinie ist für die Telekommunikation relevant als Auffangrecht z.B. für die Bestandsdaten, die Individualrechte und die nicht-öffentlichen Telekommunikationsdienste. Soweit nicht Telekommunikationsdatenschutzregelungen als Lex Specialis gelten, greift das jeweilige nationale allgemeine Datenschutzrecht, das einer allgemeinen Datenschutzrichtlinie zu entsprechen hätte. Im folgenden sollen im wesentlichen die Bestimmungen dargestellt werden, die für die Erbringung von Telekommunikationsdiensten relevant sind oder vom Bundesdatenschutzgesetz (BDSG) wesentlich abweichen.

Die Richtlinie benennt Grundsätze für die Datenverarbeitung wie Rechtmäßigkeit, Zweckbindung, Erforderlichkeit, Abwägung berechtigter Interessen, Richtigkeit, die insgesamt den Erhebungs- und Verarbeitungsregeln des BDSG entsprechen. Die Richtlinie erfaßt sämtliche strukturierten Sammlungen personenbezogener Daten, unabhängig von einer automatischen oder manuellen Verarbeitung. Die Bestimmungen der Richtlinie erstrecken sich auch auf die Erhebung der Daten im privaten Bereich und unterscheiden nicht zwischen der Datenverarbeitung im öffentlichen und im privaten Bereich.

Für die Verarbeitung bestimmter sensibler personenbezogener Daten ist ein weitergehender Schutz vorgesehen, der aus dem französischen Datenschutzrecht übernommen wurde. Danach ist die automatisierte Verarbeitung von Daten, aus denen die rassische und ethnische Herkunft, die politische Meinung, die religiöse, philosophische oder moralische Überzeugung oder

Gewerkschaftszugehörigkeit hervorgehen, sowie von Daten über Gesundheit und Sexualleben, für die keine freie, ausdrückliche und schriftliche Einwilligung der betroffenen Person oder einer der weiter in der Richtlinie aufgeführten Ausnahmetatbestände vorliegt, durch die Mitgliedstaaten zu untersagen. Weiterhin hat der Betroffene das Recht, keiner Verwaltungsmaßnahme oder Entscheidung im privaten Bereich unterworfen zu werden, die ausschließlich aufgrund einer automatisierten Verarbeitung ergangen ist, es sei denn, ihm werden Möglichkeiten zur Wahrung seiner berechtigten Interessen garantiert.

Gesonderte Übermittlungsregelungen sind gegenüber dem ersten Richtlinienentwurf ebenso entfallen. wie die Erleichterung der Verarbeitung von Daten, die aus jedermann zugänglichen Quellen stammen. Die Informationsrechte des Betroffenen werden verstärkt. Insbesondere müssen dem Betroffenen auch die Empfänger der Daten mitgeteilt werden. Er kann auch einer rechtmäßigen Datenverarbeitung widersprechen.

Der Verantwortliche für die Datenverarbeitung muß technische und organisatorische Maßnahmen zum Schutz gegen die zufällige und unrechtmäßige Zerstörung, den zufälligen Verlust, die unberechtigte Weitergabe oder den unberechtigten Zugang, insbesondere wenn im Rahmen der Verarbeitung Daten in einem Netz übertragen werden, treffen. Diese Maßnahmen müssen unter Berücksichtigung des Standes der Technik und der bei ihrer Durchführung entstehenden Kosten ein Schutzniveau gewährleisten, das den von der Verarbeitung ausgehenden Risiken und der Art der zu schützenden Daten angemessen ist.

Eine wesentliche Veränderung gegenüber dem BDSG ist die vorgesehene Registrierpflicht auch bei privater Datenverarbeitung. Grundsätzlich ist der Kontrollbehörde jede teilweise oder vollständige automatische Verarbeitung personenbezogener Daten vor Aufnahme zu melden. Ob und unter welchen Voraussetzungen auch die Verarbeitung personenbezogener Daten in manuellen Dateien meldepflichtig ist, können die Mitgliedstaaten regeln. Die Mitgliedstaaten müssen die Verarbeitungen festlegen, deren Durchführung für Rechte und Freiheiten von Personen besondere Risiken aufweisen. Diese Verarbeitungen müssen die Kontrollbehörde vorab prüfen. Bei Verarbeitungen, die keine Risiken für die Rechte und Freiheiten der betroffenen Personen aufweisen, können die Mitgliedstaaten vereinfachte Meldeverfahren oder eine Befreiung von der Meldeverpflichtung vorsehen. Die Kategorien der Datenverarbeitung, die unter ein vereinfachtes Meldeverfahren fallen, bzw. von diesem ganz befreit werden, müssen konkretisiert und/oder der Kontrolle eines internen Datenschutzbeauftragten unterworfen werden.

Die Übermittlung in Drittländer ist grundsätzlich nur zulässig, wenn dort ein angemessenes Schutzniveau vorhanden ist. Die Mitgliedstaaten und die Kommission unterrichten einander über die Fälle, in denen ihres Erachtens in einem Drittland kein angemessener Schutz besteht. Die Kommission kann Verhandlungen mit dem betreffenden Land führen, um ein angemessenes Schutzniveau sicherzustellen. Auch die Kommission kann im Rahmen ihrer Durchführungsbefugnisse entscheiden, ob ein Drittland ein angemessenes Schutzniveau im Sinne der Richtlinie gewährleistet. Unter bestimmten, in der Richtlinie genannten Voraussetzungen, darf eine Datenübermittlung auch in Drittländer ohne angemessenes Schutzniveau erfolgen. Genehmigt ein Mitgliedstaat Datenübermittlungen in ein Drittland, obwohl die Voraussetzungen der Richtlinie nicht erfüllt sind, muß er die Kommission informieren. Sie kann Maßnahmen ergreifen, wenn ein Mitgliedstaat Widerspruch gegen das Wirksamwerden dieser Genehmigung einlegt.

Die Mitgliedstaaten und die Kommission sollen die Ausarbeitung von freiwilligen Verhaltensregeln durch repräsentative Interessenverbände fördern, die den gesetzlichen Datenschutz bereichsspezifisch ergänzen und konkretisieren. Diese Verhaltensregeln sollen von den einzelstaatlichen Kontrollbehörden geprüft werden. Für gemeinschaftsweite Verhaltensregeln ist ein entsprechendes Verfahren vorgesehen. Im Fall einer positiven Stellungnahme durch die "Gruppe für den Schutz der Rechte von Personen bei der Verarbeitung personenbezogener Daten", hat die Kommission die Verhaltensregeln in geeigneter Weise zu veröffentlichen.

Die Kontrolle der Einhaltung der Datenschutzvorschriften soll durch völlig unabhängige Datenschutzbehörden in dem jeweiligen Mitgliedstaat erfolgen. Sie sollen über effektive Untersuchungs- und Eingriffsbefugnisse verfügen.

Auf Gemeinschaftsebene soll eine "Gruppe für den Schutz der Rechte von Personen bei der Verarbeitung personenbezogener Daten" aus Vertretern der einzelstaatlichen Kontrollbehörden gebildet werden. Sie soll folgende beratende Aufgaben haben:

a)   einheitlichen Anwendung der zur Durchführung dieser Richtlinien erlassenen einzelstaatlichen Vorschriften,

b)   Stellungnahmen zum Schutzniveau in der Gemeinschaft und in den Drittländern,

c)   Beratung der Kommission zu Vorhaben der Änderung der Richtlinie und zusätzlicher oder besonderer Maßnahmen zur Erhaltung des Schutzes der Privatsphäre,

d)   Stellungnahmen zu den auf Gemeinschaftsebene erarbeiteten Verhaltensregeln.

Zudem soll die Gruppe für die Kommission einen Jahresbericht über den Stand des Schutzes der Personen im Hinblick auf die Verarbeitung personenbezogener Daten in der Gemeinschaft und in den Drittländern erstellen.

Die Kommission wird durch einen beratenden Ausschuß unterstützt, der sich aus Vertretern der Mitgliedstaaten zusammensetzt. Die Kommission teilt der Gruppe die beabsichtigten Maßnahmen auf dem Gebiet des Datenschutzes mit, zu der die Gruppe Stellung nehmen kann. Eine Ermächtigung der Kommission, für bestimmte Bereiche technischen Modalitäten zu erlassen, falls dies zur einheitlichen Anwendung der Richtlinie erforderlich ist, wurde aus den Vorentwürfen gestrichen.

3.3   Verhältnis zur europäischen Menschenrechts- und Datenschutzkonvention

Als weitere Maßnahme schlug die Kommission ursprünglich den Beitritt der Europäischen Gemeinschaften zum Übereinkommen des Europarats zum Schutz des Menschen bei der automatischen Verarbeitung personenbezogener Daten vor. Dieses Vorhaben wurde nicht weiterverfolgt [241], zumal die EG-Richtlinienentwürfe materiell über die Datenschutzkonvention hinausgehen. Zudem

---

[241] Jakob, DuD 94, S. 480 f.

hätte der Europarat der Europäischen Gemeinschaft die Möglichkeit eröffnen müssen, diesem Abkommen kollektiv beitreten zu können, da bislang nur einzelne Staaten dem Abkommen beitreten konnten.

Das Übereinkommen des Europarats zum Schutz des Menschen bei der automatischen Verarbeitung personenbezogener Daten war bis 1995 die einzige völkerrechtlich verbindliche Datenschutzregelung. Die Datenschutzkonvention ist 1985 in Kraft getreten [242]. Einige Mitgliedstaaten der EG haben die Datenschutzkonvention bis heute nicht ratifiziert [243]. Bedeutsam ist der unterschiedliche Geltungsbereich gegenüber den EG-Richtlinien. Die Europäischen Menschenrechtskonvention EMRK verpflichtet die Mitgliedstaaten des Europarates. Nichtmitgliedstaaten ist der Beitritt zu der Europäischen Menschenrechtskonvention verwehrt. Die Datenschutzkonvention ermöglicht auch Nichtmitgliedstaaten den Beitritt, um eine internationale Wirkung zu erzielen.

Die Datenschutzkonvention verpflichtet die Vertragsstaaten, ausgehend von Art. 8 EMRK, zu mit den Grundsätzen der Konvention übereinstimmenden Datenschutzregelungen. Art. 8 EMRK schützt die Privatsphäre des einzelnen vor staatlichen Eingriffen [244]. Der Europäische Gerichtshof für Menschenrechte hat zum Datenschutzrecht [245] und insbesondere zum Post- und Fernmeldegeheimnis [246] mehrere Entscheidungen gefällt, die sich auf Art. 8 EMRK stützen.

---

[242]Vgl. Burckert, CR 88, S.751; Geiger, RDV 89, S. 203; Riegel, DSWR Nr.1/2 89, S.36 u. Nr. 3, S.65; Schweizer, DuD 89, S. 542.

[243]1993 hatten Belgien, Griechenland, Italien, die Niederlande und Portugal die Konvention noch nicht ratifiziert, vgl. Jakob, S. 481. Papapavlou, RDV 90, S.113.

[244]Vgl. Henke: Die Datenschutzkonvention des Europarates, 1986, S.43 f. mit weiteren Quellen.

[245]Urteil Gaskin v. 7.7.89 Serie A 116; Urteil Leander v. 26.3.1987 Serie A 116.

[246]Urteil v. 12.7.88 - Nr. 8/1987/131/182 - Schenk gegen die Schweiz, NJW 89, S.654; Urteil Malone v. 2.8.1984, EuGRZ 85, S.20; Urteil Silver v. 23.3.1983, EuGRZ 84, S. 150; Urteil Klass v. 6.9.1978, EuGRZ 79, S. 284.

Im Unterschied zur EMRK bezieht die Datenschutzschutzkonvention auch die Verarbeitung personenbezogener Daten im privaten Bereich ein. Bereits mit der Datenschutzkonvention sollte eine Harmonisierung des Datenschutzrechtes in Europa und darüber hinaus erreicht werden, um Hindernisse für den internationalen Datentransfer zu beseitigen. Nach der Bestimmung zum grenzüberschreitenden Datenverkehr. darf eine Vertragspartei den grenzüberschreitenden Verkehr personenbezogener Daten in das Hoheitsgebiet einer anderen Vertragspartei nicht zum Schutze der Privatsphäre verbieten oder von einer besonderen Genehmigung abhängig machen. Von diesem Grundsatz darf eine Vertragspartei abweichen, wenn ihr Recht für bestimmte Arten von personenbezogenen Daten oder Dateien besondere Vorschriften enthält und die andere Vertragspartei keinen gleichwertigen Schutz vorsieht oder sie verhindern will, daß ihr Recht durch Weitergabe an eine Nichtvertragspartei auf dem Weg über das Hoheitsgebiet einer anderen Vertragspartei umgangen wird.

Für Fragen der Anwendung und Fortschreibung des Vertrages wurde ein beratender Ausschuß "Comité Consultatif" eingerichtet [247]. Der Ausschuß kann Änderungen des Vertrages vorschlagen, zu Änderungsvorschlägen Stellung nehmen und auf Ersuchen einer Vertragspartei zu allen Fragen der Anwendung des Abkommens Stellung nehmen.

Über diese völkerrechtlich verbindlichen Regelungen hinaus hat das Ministerkomitee des Europarates eine Vielzahl von Empfehlungen zu bereichsspezifischen Datenschutzfragen herausgegeben [248].

---

[247]Luxemburg, Schweden, Norwegen, das UK und Österreich haben Vertreter ihrer Datenschutzbehörden entsandt, die übrigen Vertragsstaaten entsenden hingegen Ministerialbeamte.

[248] Empfehlung Nr. R (81) 1 des Ministerkomitees an die Mitgliedstaaten über die Bestimmungen für automatisierte medizinische Datenbanken.

Empfehlung Nr. R (83) 10 des Ministerkomitees an die Mitgliedstaaten zum Schutz personenbezogener Daten für Zwecke der wissenschaftlichen Forschung und Statistik.

4. Zusammenfassende Bewertung des Datenschutzes im Telekommunikationsrecht der EU

4.1 Defizite des europäischen Grundrechtsschutzes

Wesentliches Motiv für die Vorschläge der Kommission ist die Befürchtung, daß der Datenschutz zu einem Wettbewerbshindernis für die Entwicklung des europäischen Telekommunikationsmarktes werden könnte [249]. Unter dem Gesichtspunkt des Markthindernisses konnte die Kommission bislang den Schutz von Grundrechten überhaupt nur thematisieren. Selbst diese Kompetenz wurde in der Literatur [250] teilweise bestritten.

Durch den Vertrag von Maastricht über die Europäische Union erhält die Gemeinschaft explizit Kompetenzen für die Entwicklung europäischer Telekommunikationsnetze im EGV [251]. Dies schließt entsprechende Gesetzgebungskompetenzen gemäß Art. 189 b EGV ein [252]. Nach Art. F Abs. 2 des Vertrages über die

---

Empfehlung Nr. R (85) 20 des Ministerkomitees an die Mitgliedstaaten zum Schutz personenbezogener Daten bei der Verwendung für Zwecke der Direktwerbung.

Empfehlung Nr. R (86) 1 des Ministerkomitees an die Mitgliedstaaten zum Schutz personenbezogener Daten, die für Zwecke der sozialen Sicherheit eingesetzt werden.

Empfehlung Nr. R (87) 15 des Ministerkomitees an die Mitgliedstaaten über die Nutzung personenbezogener Daten im Polizeibereich.

Empfehlung Nr. R (89) 2 des Ministerkomitees an die Mitgliedstaaten zum Schutz personenbezogener Daten für Beschäftigungszwecke.

Empfehlung Nr. R (90) 19 des Ministerkomitees an die Mitgliedstaaten zum Schutz personenbezogener Daten, die für Zahlungszwecke oder andere damit in Zusammenhang stehende Geschäfte verwendet werden.

Empfehlung Nr. R (91) 10 des Ministerkomitees an die Mitgliedstaaten für die übermittlung der von öffentlichen Stellen gespeicherten personenbezogenen Daten an Dritte.

[249] Vgl. Riegel, CR 91, S. 179 ff.; Papapavlou, S. 113; Weichert, DuD 91, S.140 ff.

[250] Statt vieler vgl. Ulbricht, CR 90, S. 602 (604).

[251] ABLEG C 191/1 v. 29.7.92, Art. 129 b ff.

[252] Vgl. Vorschlag für eine Verordnung (EG) des Rates über Gemeinschaftszuschüsse für transeuropäische Netze, ABLEG. C 89/8 v. 26.3.94.

Europäische Union hat die Union die Menschenrechte und Grundfreiheiten nach der EMRK und die gemeinsamen Verfassungsüberlieferungen der Mitgliedstaaten als allgemeine Grundsätze des Gemeinschaftsrechts zu beachten.

Die Umsetzung der ordnungspolitischen Vorstellungen der Kommission und der Richtlinien zur Deregulierung des Fernmeldesektors verändern in den Mitgliedstaaten der EU grundlegend das Bezugsfeld des Fernmeldegeheimnisses: die Wahrnehmung der Fernmeldeversorgung als Monopol des Staates. Der Schutz des Fernmeldegeheimnisses in den europäischen Verfassungsnormen [253] und in Art. 8 EMRK bezieht sich nur auf das Verhältnis zwischen Bürger und Staat und nicht auf private Telekommunikationsnetz- und -dienstebetreiber. Weite Bereiche der deregulierten Telekommunikation werden vom Schutzbereich des Fernmeldegeheimnisses nicht mehr erfaßt [254]. Der entstehende Schutzbedarf für Telekommunikationsnutzer [255], soll durch das gemeinschaftsrechtliche Vorgaben gefüllt werden. Bezeichnenderweise wird in dem Entwurf einer Telekommunikationsdatenschutz-Richtlinie ebenso wie im Grünbuch über die Sicherheit von Informationssystemen kein Bezug auf das Fernmeldegeheimnis genommen. Das Grünbuch über die Sicherheit von Informationssystemen enthält ein Kapitel zum Schutz der Menschenrechte im Bereich der Kommunikation, in dem auf den Schutz der Privatsphäre abgestellt wird, ohne das Fernmeldegeheimnis überhaupt zu erwähnen [256]. Im Gegenteil wird dort festgestellt, daß die Benutzung von Telekommunikations-

---

[253]siehe Kap. IV.

[254]Vgl. Geiger, RDV 89, S. 203; Einwag, RDV 90, S.1(3); Europarat: New technologies: a challenge to privacy protection, Study prepared by the Committee of experts on data protection Strasbourg 1989, S. 29; Schapper / Schaar, CR, 89, S. 309; Walz: Datenschutz bei Telematikdiensten, in: Scherer: Telekommunikation u. Wirtschaftsrecht, 1988, S. 205.

[255]Siehe Steinmüller, DVR 79, S. 213 ff.; ders.: Betroffenenschutz bei offenen Netzen, in: Hohman: Freiheitssicherung durch Datenschutz, 1987, S. 62 ff.

[256]EG-Kommission: Grünbuch über die Sicherheit von Informationssystemen, S. 17.

systemen in geringerem Maße geschützt sei, als das "Gespräch im eigenen Heim" [257].

Auch nach Maastricht bleibt das Gemeinschaftsrecht primär Wirtschafts- und Währungsrecht, erweitert um Kompetenzen zu einer gemeinsamen Forschungs-, Sozial-, Gesundheits-, Verbraucherschutz-, Umwelt-, Kultur, Entwicklungs-, Außen- und Sicherheitssowie EU-Binnen-Politik. Zwar ist durch die Aufnahme einer entsprechenden Bestimmung in den Vertrag der Europäischen Union von Maastricht - der Rechtsprechung des EuGH und des Bundesverfassungsgerichtes (BVerfG) folgend [258] - festgeschrieben, daß Grundrechte zu den allgemeinen Rechtsgrundsätzen des Gemeinschaftsrechts gehören, doch die Rechtsquellen zur Gewinnung der Maßstäbe bleiben unzureichend. Rechtsquellen sind die Europäische Menschenrechtskonvention und die gemeinsame Verfassungstradition der Mitgliedstaaten [259]. Der normative Erkenntnisvorgang wird bestimmt durch einen Prozeß ständiger vergleichender Rückkoppelung und Wechselwirkung zwischen den nach den Verfassungsüberlieferungen der Mitgliedstaaten zu achtenden Grundrechten einerseits und den Zielen und Strukturen der Gemeinschaft andererseits [260]. In einem derartigen Abwägungsvorgang kann nur auf den gemeinsamen Nenner althergebrachter gemeinsamer Rechtstraditionen abgestellt werden. Nach der Rechtsprechung des Bundesverfassungsgerichtes ist es ausreichend, daß der Wesensgehalt der Grundrechte generell verbürgt bleibt [261]. Neue Entwicklungen und Herausforderungen an die Weiterentwicklung und Aktualisierung des Grundrechtsschutzes sind mit dieser Methode nicht zu bewältigen. Problematisch wird es insbesondere dort, wo es wie im deutschen Verfassungsrecht um Handlungspflichten des Gesetzgebers aufgrund des um den demokratischen und sozialstaatlichen Aspekt erweiterten Gesetzesvorbehalts zur Verwirklichung von

---

[257]Ebenda.

[258]BVerfG: Beschluß des 2. Senats v. 22.10.86 - Solange 2, EuGRZ 87, S.10.

[259]Vgl. Gola, RDV 90, S.109 (111).

[260]Ress / Ukrow, EuZW 90, S.499; EuGHE 70, 1125 (1135).

[261]Solange 2, EuGRZ 87, S. 22.

Grundrechten geht. Das BVerfG betrachtet in dem Urteil zum Vertrag der Europäischen Union nur den Eingriffsvorbehalt, wenn es feststellt, daß das BVerfG durch seine Zuständigkeit einen wirksamen Schutz der Grundrechte für die Einwohner Deutschlands auch gegenüber der Hoheitsgewalt der Gemeinschaften generell sicherstellt und dieser dem vom Grundgesetz als unabdingbar gebotene Grundrechtsschutz im wesentlichen gleich zu achten ist [262].

Das Gemeinschaftsrecht bleibt auch nach dem Inkrafttreten des Vertrags von Maastricht weiterhin in einem verfassungsrechtlichen Dilemma, solange die Gemeinschaft nicht über eigene Grundrechte verfügt [263]. Grundrechte als integrierender Bestandteil des Gemeinschaftsrechtes sind zwar beim Handeln der Gemeinschaft auf dem Niveau althergebrachter gemeinsamer Rechtstraditionen zu berücksichtigen, können aber gemeinschaftsrechtlich nicht fortgebildet, teilweise mangels Kompetenz nicht einmal ausgefüllt werden. Andererseits darf die Kommission, gedeckt durch ihre Kompetenz im Bereich der Telekommunikation [264], den Mitgliedstaaten ordnungsrechtliche Vorgaben machen [265], die zu einer Erosion der teilweise in den Verfassungen der Mitgliedstaaten verankerten Schutznormen führen müssen.

Durch das in den EVG eingeführte Subsidaritätsprinzip wird die bisherige Vertragsauslegung im Sinne einer größtmöglichen Ausschöpfung der Gemeinschaftsbefugnisse [266] deutlich beschränkt. Die Gemeinschaft besitzt eine Regelungskompetenz zur Harmonisierung der datenschutzrechtlichen Bestimmungen zur

---

[262]BVerfG, Urteil des 2. Senats v. 12.10.93 - 2 BvR 2134/92 und 2 BvR 2159/92, S. 29. Möglicherweise deutet sich in der Formulierung des Mindesstandards des "unabdingbar gebotenen Grundrechtsschutzes, der im wesentlichen gleich zu achten ist" im Lichte der EU eine Wende deutschen Grundrechtsverständnisses zurück zum klassischen Eingriffsvorbehalt an.

[263]Vgl. Entschließung des Europäischen Parlaments v. 10.2.1994 zu einer Europöischen Union, ABLEG. C 61/155 v. 10.2.1994.

[264]Art. 129a ff. EGV.

[265]Vgl. Riegel, Teil 1 DWSR Nr.1/2 89, S.36 (41).

[266]Vgl. BVerfG - 2 BvR 2134/92 und 2 BvR 2159/92, S. 81.

Förderung transeuropäischer Netze und zur Beseitigung von Handelshemmnissen nach dem Subsidaritätsprinzip nur, sofern und soweit die Ziele der in Betracht gezogenen Maßnahmen auf Ebene der Mitgliedstaaten nicht ausreichend erreicht werden können und daher wegen ihres Umfangs oder ihrer Wirkungen besser auf Gemeinschaftsebene erreicht werden können.

4.2 Datenschutz als zulässiges Handels- und Dienstleistungshemmnis

Im Bereich der technischen Gestaltung, der Normung des offenen Netzzuganges und der Zulassung von Telekommunikationsdiensten [267] setzt das Gemeinschaftsrecht begrüßenswerte Eckpunkte, indem es den Datenschutz als "grundlegende Anforderung" des technischen Sicherheitsrechts ausdrücklich anerkennt [268].

Gemeinschaftsrechtlich führt die positiv-rechtliche Anerkennung des Datenschutzes als grundlegende Anforderung im allgemeinen Interesse zu überfälligen Klarstellungen. Datenschutzrechtliche Beschränkungen werden im EG-Recht grundsätzlich als Handels- bzw. Dienstleistungshemmnis behandelt [269]. Sowohl bei der ONP-Richtlinie [270] als auch der Diensterichtlinie [271] handelt es sich um Regelungen des Zuganges zu Telekommunikationsnetzen und -diensten und zur Erbringung von Telekommunikationsdienstleistungen. Derartige Telekommunikationsdienstleistungen fallen unter die Bestimmungen der Dienstleistungsfreiheit (Art. 59 ff. EGV) [272]. Beschränkungen der Dienstleistungsfreiheit sind grundsätzlich nur aus Gründen der öffentlichen Ord-

---

[267]Vgl. Schulte-Braucks, CR 90, S. 672 ff.

[268]Vgl. der Verfasser, CR 91, S. 747 (748).

[269]Vgl. Riegel, DWSR Nr. ½ 89, S. 41; Papapavlou, S. 113.

[270]90/387/EWG - ABLEG. L 192/10 v. 24.7.90.

[271]Ebenda.

[272]EuGH: "Sacchi" -Urteil, Rs. 155/73, Slg. 1974, 428 ff.; "Coditel 1" Urteil v. 18.3.80 - RS 52/80, NJW 80, 2010 ; "Coditel 2" Urteil v. 18.3.80 - RS 62/79, NJW 80, 2011.

nung, Sicherheit oder der Gesundheit (Art. 66 i.V.m. Art. 55 EGV) zulässig. Nach Ansicht der Kommission fällt der Datenschutz nicht unter diese Ausnahmetatbestände, da weder die Bedingungen des ONP noch die Erbringung von Telekommunikationsdienstleistungen als solche geeignet seien, die öffentliche Ordnung oder die Gesundheit zu beeinträchtigen [273]. Mit Hinweis auf diese Regelungen wird die Zulässigkeit von beschränkenden Maßnahmen im grenzüberschreitenden Datenverkehr in Europa immer wieder bestritten [274]. Es kann hier dahingestellt bleiben, ob nicht auch die Gewährleistung des Datenschutzes als Bestandteil der öffentlichen Sicherheit und Ordnung angesehen werden kann [275]. Denn darüber hinaus müssen nach der Rechtsprechung des EuGH handels- und dienstleistungshemmende Regelungen hingenommen werden, um "zwingenden Erfordernissen" im Allgemeininteresse gerecht zu werden [276]. Hierzu zählt ausdrücklich der Verbraucherschutz.

Der Datenschutz ist ebenso wie der Verbraucherschutz konkreter Ausdruck des Allgemeininteresses. In der Dienste- und ONP-Richtlinie hat dieses Allgemeininteresse erstmals im Gemeinschaftsrecht seinen ausdrücklichen positiv-rechtlichen Niederschlag gefunden. Nach der Diensterichtlinie ist der Datenschutz eine grundlegende Anforderung, die Einschränkungen bei der Nutzung öffentlicher Netze gem. Art. 59 EGV durch die einzelnen Mitgliedstaaten rechtfertigen kann. Ebenso sind nach der ONP-Richtlinie Beschränkungen des Netzzuganges aus Gründen des Datenschutzes zulässig [277].

Allerdings ist eine Beschränkung der Dienstleistung nach der Diensterichtlinie nur in "begründeten Fällen" und nach der ONP-Richtlinie in Fällen, "wo dies angebracht ist", zulässig [278]. Diese

---

[273]Vgl. auch Diensterichtlinie, Erwägungsgrund 7.

[274]Ulbricht, S 604.

[275]So Ellger, RDV 91, S. 57 (63).

[276]EuGH: "Casis de Dijon"- Urteil, Rs. 120/78, Slg. 1979, 649 (662).

[277]Vgl. Schulte-Braucks: Europäischer Telekommunikationsmarkt als Element des Binnenmarktes, in: Medienforum Berlin 1989, Kongreßteil I, S. 37 ff. (47).

[278]Art. 1 Abs.1 Diensterichtlinie, Art. 3 Abs. 2 ONP-Richtlinie.

unpräzisen Einschränkungen sind Einfallstore für eine restriktive Interpretation, durch die der grundsätzlich begrüßenswerte Ansatz faktisch leerlaufen kann [279].

Der Verbraucherschutz ist in keine der beiden Richtlinien als grundlegende Anforderung aufgenommen worden. Nach Auffassung der Kommission erfordert "der Verbraucherschutz... keine Beschränkung des freien Angebots von Telekommunikationsdienstleistungen, da diese Aufgabe durch eine freie Wettbewerbsordnung verwirklicht werden kann" [280].

Die Richtlinie des Rates v. 29.4.1991 zur Angleichung der Rechtsvorschriften der Mitgliedstaaten über Telekommunikationsendgeräte einschließlich der gegenseitigen Anerkennung ihrer Konformität regelt den Warenverkehr im Sinne von Art. 30 ff. EGV. Die grundlegenden Anforderungen sind in erster Linie Anforderungen an die technische Sicherheit. Sie erlauben Beschränkungen "zum Schutz der Gesundheit und des Lebens von Menschen" gem Art. 36 EGV. Der Datenschutz wird als grundlegende Anforderung in der Richtlinie nicht genannt. Damit korrespondiert Art. 17 Abs. 1 des geänderten Entwurfes für eine Telekommunikationsdatenschutz-Richtlinie, wonach zwingende Anforderungen des Datenschutzes in bezug auf spezielle technische Merkmale, die die Vermarktung der Endgeräte behindern könnten, nicht zulässig sind.

Bei den Endgeräten dominiert die wirtschaftspolitische Philosophie der Kommission gegenüber dem Schutz von Grundrechten. Dies kann technisch sinnvolle Gestaltungen des Datenschutzes konterkarieren. In dem geänderten Entwurf für eine Telekommunikationsdatenschutz-Richtlinie ist z.B. eine Funktion für die individuelle Unterdrückung der Rufnummernanzeige sowie eine Funktion für den Ausschluß der Annahme von allen ankommenden Anrufen vorgesehen, die sich nicht identifizieren (Art. 8 Abs. 2.). Diese Funktionen müssen auch im Endgerät realisiert werden. Dem Markt könnte die Realisierung der Tastenfunktion für die individuelle Rufnummernunterdrückung und die Mög-

---

[279]Simitis, RDV 90, S.3 (18).

[280]Diensterichtlinie, Erwägungsgrund 8.

lichkeit, die Annahme von Anrufen auszuwählen, überlassen werden. Muß aber sichergestellt werden, daß diese Möglichkeit überhaupt auf dem Markt angeboten wird, würde eine Vorschrift, die diese Möglichkeit zwingend vorsieht, mit der Endgeräterichtlinie in Konflikt kommen. Im ersten Vorschlag der Kommission war zudem die Möglichkeit, der Kenntlichmachung der Funktion "Lautsprechen" oder "Mitschneiden" für den jeweils anderen Teilnehmer vorgesehen. Diese Vorschrift ist im geänderten Vorschlag dahingehend abgeändert worden, daß die Mitgliedstaaten gewährleisten müssen, daß diese Funktionen nicht ohne Zustimmung des Betroffenen eingesetzt werden. Sollten sich Mitgliedstaaten nicht bloß für eine rechtliche Einwilligungslösung, sondern für eine technische Lösung entscheiden, die in jedem Fall wirksamer wäre, muß die Kenntlichmachung der Funktion "Lautsprechen" oder "Mitschneiden" bei der Zulassung des Endgerätes zwingend vorgeschrieben werden. Gleiches gilt für eine Verschlüssungsfunktion von Endgerät zu Endgerät wie sie im ursprünglichen Entwurf vorgesehen war (Art. 8 Abs.1 u. 2).

Immerhin wird im geänderten Entwurf der Telekommunikationsdatenschutz-Richtlinie ausdrücklich auf die Endgeräterichtlinie verwiesen (Art.14 Abs. 3). Die Mitgliedstaaten sollen, soweit Bestimmungen dieser Richtlinie nur mit Hilfe bestimmter technischer Merkmale durchgeführt werden können, die Kommission gemäß der Richtlinie über ein Informationsverfahren auf dem Gebiet der Normen und technischen Vorschriften [281] unterrichten. Aufgrund dieser Meldung würde die Kommission für die Erarbeitung gemeinsamer europäischer Normen zur Einführung spezieller technischer Merkmale im Sinne der Endgeräterichtlinie sorgen, falls sie es für erforderlich hielte.

Sollen möglichst viele Funktionen, die durch die Digitalisierung des Netzes möglich sind, in den Endgeräten der Teilnehmer realisiert werden [282], müssen Datenschutzanforderungen bei der technischen Gestaltung der Endgeräte berücksichtigt werden. Bereits heute gibt es Daten- und Verbraucherschutz - Anforde-

---

[281] 83/189/EWG - ABLEG. L 109/8 v. 26.4.83.

[282] Art. 6 u. S. 13 Diensterichtlinie.

rungen an die Gestaltung von Endgeräten im nationalen Recht. Im Kabelpilot- und Versuchsgesetz von Berlin oder dem Datenschutzgesetz von Brandenburg und Sachsen [283] ist vorgesehen, daß aktive Fernmessungen und Fernwirkungen dem Betroffenen an den Endgeräten angezeigt werden müssen. Derartige Anforderungen müssen gemeinschaftsrechtlich zulässig sein.

4.3 Datenschutz durch Verfahren der technischen Gestaltung und Normung

Das europäische Telekommunikationsrecht enthält häufig nur unbestimmte materielle Kriterien, die sich erst in den vorgesehenen Verfahren - häufig in Form technischer Normen - konkretisieren [284]. Diese Konkretisierung wird nicht von der Exekutive selbst vorgenommen, sondern von privatrechtlich verfaßten Zweckverbänden wie den Normungsvereinigungen [285].

Mit der Anerkennung des Datenschutzes als "grundlegende Anforderung" im Bereich der technischen Gestaltung, der Normung des offenen Netzzuganges und der Zulassung von Telekommunikationsdiensten wird die Berücksichtigung des Datenschutzes bereits in der Phase der technischen Gestaltung rechtlich möglich [286]. Inwieweit er tatsächlich in die Verfahren technischer Gestaltung implementiert wird, hängt wesentlich von der Verfahrensgestaltung in den Mitgliedstaaten ab.

Der Verfahrensansatz der Öffnung der Beteiligten an der Normung der Telekommunikationssysteme, den die Kommission im Grünbuch zur Entwicklung der europäischen Normung als zen-

---

[283] § 53 KPPG; § 30 Bbg DSG; § 29 SächsDSG.

[284] Vgl. Reihlen, EuZW 90, S.445.

[285] Zur Verschränkung von Technik, Recht, und Markt vgl. Joerges: Soziologie und Maschinerie, in Weingart: Technik als sozialer Prozeß, 1989, S.44 ff; vgl. auch Schuchardt, Die Neue Gesellschaft 10/80, S. 847 (848); Welsch, WSI-Mitt. 10/90, S. 650 (653).

[286] Vgl. Kilian, CR 91, S. 73 ff (75).

trales Element ihrer Normungspolitik darstellt [287], wird in den Telekommunikationsrichtlinien erst ansatzweise umgesetzt.

In der Diensterichtlinie ist keine Beteiligung der Verbraucher und Datenschützer bei der Standardisierung der Zulassungs- und Genehmigungsverfahren vorgesehen.

In der ONP-Richtlinie ist ein Veröffentlichungs- und Stellungnahmeverfahren vorgesehen. In allen an dem Verfahren beteiligten Normungsausschüssen wie ETSI, CEN/CENELEC, dem beratenden Ausschuß und dem ständigen Ausschuß nach der Richtlinie über ein Informationsverfahren auf dem Gebiet der Normen und technischen Vorschriften [288], ist eine Beteiligung der Datenschützer nicht vorgesehen. Aufgrund der Stellungnahme des Europäischen Parlaments ist in der ONP-Richtlinie (Art. 9) vorgesehen, daß der beratende Ausschuß insbesondere Vertreter der Fernmeldeorganisationen, der Benutzer, der Verbraucher, der Hersteller und der Diensteanbieter zu Rate zu ziehen hat.

Aufgrund der Stellungnahme des Wirtschafts- und Sozialausschusses [289] und des Rates [290] wurde in die Richtlinie des Rates vom 29.4.1991 zur Angleichung der Rechtsvorschriften der Mitgliedstaaten über Telekommunikationsendgeräte einschließlich der gegenseitigen Anerkennung ihrer Konformität aufgenommen, daß Vertreter von Telekommunikationsorganisationen, Benutzern, Verbrauchern, Herstellern, Diensteanbietern und Gewerkschaften von der Kommission gehört werden müssen und diese den beratenden Ausschuß über die Ergebnisse zu unterrichten hat. In dem CEN/CENELEC-Verfahren haben die genannten

---

[287] KOM (90) 456 endg, S. 24, 28, 39 f.

[288] 83/189/EWG - ABLEG. L 109/8 v. 26.4.83.

[289] ABLEG. C 329/1 v. 30.12.89.

[290] Entwurf eines Gemeinsamen Standpunktes des Rates v. 24.7.1990 im Hinblick auf den Erlaß der Richtlinie zur Angleichung der Rechtsvorschriften der Mitgliedstaaten über Telekommunikationseinrichtungen einschließlich der gegenseitigen Anerkennung ihrer Konformität v. 26.7.1990.

Gruppen nur einen Beobachterstatus [291]. Datenschützer werden nicht berücksichtigt.

In dem Grünbuch zur Entwicklung der europäischen Normung erwartet die Kommission selbst durch breiteren Zugang von interessierten Gruppen wie Verbrauchern, Anwendern oder Arbeitnehmern, zum Normungsprozeß eine Verbesserung des Normungssystems. Die Kommission fordert diese Gruppen auf, sich für eine Teilnahme am europäischen Normungsprozeß besser zu organisieren [292]. Die Normungsvereinigungen sind typischerweise sehr marktnah organisiert. Zwar ist der Zugang zu den nationalen Normungsorganisationen, jedenfalls in der Bundesrepublik, für alle Unternehmen und juristischen Personen offen [293]. Nach den DIN-Grundsätzen kann jeder - auch ohne Mitglied zu sein - einen Normungsantrag stellen. Auf europäischer Ebene delegieren die nationalen Normungsvereinigungen ihre Vertreter in die Ausschüsse des CEN und CENELEC. Beim ETSI besteht die Möglichkeit der direkten Mitgliedschaft. Der zu entrichtende Mitgliedsbeitrag orientiert sich am Umsatz im Telekommunikationsbereich [294].

Tatsächlich üben nur diejenigen kontinuierlichen Einfluß auf die Normungsarbeit aus, die aus ihrem wirtschaftlichen Interesse heraus neben dem Sachverstand auch die materiellen Ressourcen für die Normungsarbeit aufbringen können. Die Normung hat eine erhebliche wirtschaftliche Bedeutung, da mit ihr Ver-

---

[291]Entschließung zur Verbrauchersicherheit im Rahmen der neuen Konzeption der Europäischen Gemeinschaft für die technische Harmonisierung und Normung, - Dok. A 2-267/88 - ABLEG. C 12/73 v. 16.1.89 E.

[292]KOM (90) 456 endg., S. 24; Vgl. auch Höller: Normung und Telekommunikation: Wie lassen sich gesellschaftliche Fragestellungen einbringen ? in: Gewerkschaftliche Beteiligungsmöglichkeiten an Normungsprozessen - diskutiert am Beispiel der Telekommunikation, Ergebnisse des Arbeitskreises Normung der Hans-Böckler-Stiftung am 24.4.1990, S. 9 ff.

[293]Zur Arbeitsweise der Normungsverbände vgl. Voelzkow / Hilbert / Bolenz: Wettbewerb durch Kooperation - Kooperation durch Wettbewerb - Zur Funktion und Funktionsweise von Normungsverbänden, in: Glagow / Willke: Dezentrale Gesellschaftssteuerung, 1987, S. 93 ff.

[294]1990 hatte das ETSI 212 Mitglieder und 31 Beobachter, siehe KOM (90) 456 endg., S. 20.

wertungschancen ermöglicht, behindert und zerstört werden können [295]. Nicht zuletzt, weil die Mitarbeit von Beteiligten selbst finanziert werden muß, fallen schlecht oder nicht marktförmig organisierbare Interessen aus solchen Verfahren heraus [296]. Beispielsweise sind seit 1983 Verbrauchervertreter bei CEN/CENELEC-Verfahren als Beobachter zugelassen. Aber nur an 12 von 112 Ausschüssen des CEN und CENELEC waren 1988 Verbraucherverbände beteiligt [297].

Deshalb muß eine derartige Beteiligung materiell abgesichert werden. Einen ersten Schritt in diese Richtung hat die Kommission unternommen, indem sie dem Europäischen Gewerkschaftsverband finanzielle Mittel zur Einrichtung eines technischen Büros zur Verfügung gestellt hat, das die europäische Normungsarbeit überwachen soll, die die Interessen der gewerkschaftlich organisierten Arbeitnehmer berührt [298]. Hier reichen einzelne Maßnahmen nicht aus. Vielmehr bedarf es systematischer und breitangelegter Förderungsprogramme, die jeweils für die Wahrnehmung öffentlicher Interessen in bestimmten normungsrelevanten Bereichen zur Verfügung stehen. Dies fehlt im Bereich der Telekommunikation und des Datenschutzes.

Das Europäische Parlament hat in seiner Entschließung zur Verbrauchersicherheit im Rahmen der neuen Konzeption der Europäischen Gemeinschaft für die technische Harmonisierung und Normung [299] zu Recht gefordert, daß:

"... auf europäischer Ebene die finanziellen Voraussetzungen geschaffen werden, damit die Verbraucherorganisationen die Hilfe technisch hochqualifizierter Experten in Anspruch nehmen können, die während des Normungsverfahrens in den verschiedenen Bereichen besondere Kompetenzen haben,

---

[295] Welsch, S. 657.

[296] Vgl. ebenda, S. 650 ff., Schuchardt, S. 849.

[297] Entschließung zur Verbrauchersicherheit, - Dok. A 2-267/88 - ABLEG. C 12/73 v. 16.1.89 E u. F.

[298] KOM (90) 456 endg., S. 24.

[299] Ebenda.

... für die spezielle Normarbeit Finanzhilfen für alle Verbraucher-verbände bereit (gestellt werden), damit sie mit Forschungs-instituten zusammenarbeiten können, die ihnen die notwendige Sachkenntnis vermitteln können, um die komplexen Probleme der technischen Harmonisierung und Normung zu bewältigen,

... über diese finanziellen Hilfen die Verbraucher in die Lage versetzt werden, unabhängige Experten für die Mitarbeit in den Normungsgremien gewinnen zu können",

... die Mitgliedstaaten, die dies bisher noch nicht getan haben,..., die Rolle der Verbraucherverbände und ggf. der diese im CEN/CENELEC vertretenen Institute gesetzlich anerkennen" [300].

Eine derartige Institutionalisierung wäre auch für öffentliche Interessen, wie den Datenschutz, erforderlich.

4.4 Bewertung des geplanten Standards eines europäischen Telekommunikationsdatenschutzes

4.4.1 Regelungsumfang

Der Geltungsbereich der Richtlinie wird gegenüber dem ursprünglichen Entwurf über die Telekommunikationsorganisationen hinaus auch auf andere Telekommunikationsdienste, die über das öffentliche Telekommunikationsnetz angeboten werden erstreckt. Davon bleiben eine Reihe von Bestimmungen ausgenommen. Vor dem Hintergrund der erfolgten und beabsichtigten Liberalisierung im Fest- und Mobilfunknetz ist es nicht schlüssig, warum die Bestimmungen zum Einzelentgelt-nachweis, zur Überwachung der Kommunikation, zur Anruf-weiterschaltung und Anzeige der Rufnummer für Tele-kommunikationsdienste, die über das öffentliche Telekommuni-kationsnetz angeboten werden, nicht gelten sollen. Bereits heute wird im Mobilfunkbereich in Deutschland die Abrechung und Erstellung des Einzelgebührennachweises von sogenannten Service Providern durchgeführt. Gegen sie richten sich, da sie personenbezogen über die Kommunikationsdaten verfügen,

---

[300]Ebenda, 3. und 11.

Ermittlungs- und Überwachungsbeschlüsse [301] . Es ist technisch, organisatorisch und ökonomisch möglich, daß zukünftig auch Netzfunktionen wie die Anrufweiterschaltung und die Anzeige der Rufnummer als Mehrwertdienst von Diensteanbietern angeboten werden, die keine Telekommunikationsorganisationen im Sinne der Richtlinie sind (siehe Kap. II). Zudem werden zunehmend Netzbetreiber in den Markt eintreten, die nicht mehr aufgrund besonderer oder ausschließlicher Rechte tätig werden und damit ebenfalls keine Telekommunikationsorganisationen im Sinne der Richtlinie sind.

Nicht nur eine zukunftsoffenen Regelung sondern bereits die aktuelle Entwicklung erfordert einen einheitlichen Geltungsbereich der Richtlinie. Es sollte europaweit unmittelbar geltendes Recht für alle geschaffen werden, die Telekommunikationsdienstleistungen über öffentliche Telekommunikationsnetze anbieten.

Die Verarbeitung der Bestandsdaten ist entgegen dem ursprünglichen Entwurf aus der Telekommunikationsdatenschutz-Richtlinie herausgenommen worden. Nach dem ursprünglichen Entwurf sollten alle personenbezogenen Daten, die bei der Bereitstellung von Telekommunikationsnetzen und -diensten verarbeitet werden, vertraulich behandelt werden. Sie sollten außerhalb der Dienste oder des Netzes der Telekommunikationsorganisation nur aufgrund besonderer gesetzlicher Grundlage oder vorheriger schriftlicher Zustimmung des Teilnehmers weitergegeben werden dürfen. Die Telekommunikationsorganisationen sollten die Bereitstellung ihrer Dienste nicht von einer solchen Zustimmung abhängig machen können. Jetzt unterliegen diese Daten nur noch dem allgemeinem Datenschutzrecht und dürfen entsprechend den allgemeinen Datenschutzbestimmungen im Rahmen des Vertragszweckes oder aufgrund berechtigten Interesses verarbeitet und auch übermittelt werden. Die spezifische Zweckbindung an Telekommunikationsdienstleistungen ist aufgegeben worden. Damit können diese Daten auch für andere als Telekommunikationszwecke genutzt werden.

---

[301] §§ 12 FAG, 100 a/b StPO und G 10.

4.4.2 Verzicht auf Harmonisierung von technischen und organisatorischen Verfahren

Im geänderten Vorschlag hat die Kommission gegenüber dem ursprünglichen Vorschlag auf technische und organisatorische Detailregelungen verzichtet und diese den Mitgliedstaaten überlassen. Begründet mit der Subsidaritäts- und Verhältnismäßigkeitsklausel werden lediglich die Ziele harmonisiert, während die Wahl der Mittel den Mitgliedstaaten überlassen bleibt.

So schreibt der geänderte Richtlinienentwurf z.B. beim Einzelentgeltnachweis nur noch vor, daß die Mitgliedstaaten die Wahrung der Privatsphäre des anrufenden und des angerufenen Teilnehmers zu gewährleisten haben. Die Übernahme der französischen Regelung [302], die eine generelle Verkürzung der Rufnummer des angerufenen Teilnehmers um die letzten vier Ziffern auf dem Einzelgebührennachweis vorsah, wurde aufgegeben [303]. Die französische Lösung ist mit der Richtlinie ebenso vereinbar wie die niederländische, die jedem Teilnehmer die Möglichkeit gibt, der Ausweisung seiner Rufnummer auf dem EGN zu wiedersprechen. Vermutlich werden die bereits bestehenden unterschiedlichen Regelungsmodelle in den einzelnen Mitgliedstaaten (siehe nächstes Kap.) im großen und ganzen Bestand haben. Damit hätte die Gemeinschaft das Harmonisierungsziel verfehlt. In jedem Mitgliedstaat würden weiterhin andere rechtliche Bedingungen z.B. für die Abrechnung und den EGN zu berücksichtigen sein. Dies schafft organisatorische und technische Hürden nicht nur bei der europaweiten Abrechnung des Mobilfunks (Roaming), sondern bei der europaweiten Abrechnung von Telekommunikationsdiensten insgesamt. Der EU-Bürger ist mit unterschiedlichen Schutzbestimmungen in den Mitgliedstaaten konfrontiert. So würde z.B. ein französischer Bürger, der über einen deutschen Telekommunikationsdiensteanbieter in Frankreich Mobilkommunikationsdienstleistungen in

---

[302]Nur Frankreich als Mitglied der EG besitzt bereits eine derartige Regelung. Bereits 1982 fällte die französische Datenschutzkommission (Commitée nationale informatique et liberté) eine Entscheidung zum Einzelgebührennachweis, No. 82-104 v. 6.7.1982.

[303]Art. 11.

Anspruch nimmt, nach deutschen Recht einen unverkürzten EGN erhalten, während er bei einem französischen Diensteanbieter nur einen verkürzten EGN erhalten könnte. Gerade derartige Entwicklungen sollten ursprünglich durch die Telekommunikationsdatenschutz-Richtlinie verhindert werden.

Gleiches gilt für die Abrechnung. Durch die Zulässigkeit der Speicherung der Rufnummer des angerufenen Teilnehmers seitens der Telekommunikationsorganisationen für die Dauer der Abrechnung bis zum Ablauf der gesetzlichen Frist möglicher Anfechtungen der Gebührenrechnung entstehen unterschiedlich umfangreiche Datensammlungen mit Kommunikationsprofilen über Monate bis Jahre, je nach den Fristen- und Speicherungsregelungen in den Mitgliedstaaten. In Deutschland z.B. dürfen die Abrechnungsdaten z.Z. nur bis zu achtzig Tagen nach Versendung der Entgeltrechnung gespeichert werden. Auch dies bedeutet wiederum für die europaweite Abrechnung, z.B. beim Roaming im Mobilfunk zwischen verschiedenen Netzbetreibern und Diensteanbietern, daß dieselben Abrechnungsdaten eines Teilnehmers, der in Frankreich telefoniert hat, in Frankreich noch zwei Jahre gespeichert sein dürfen, während sie in Deutschland nach achtzig Tagen gelöscht werden müssen. Das Harmonisierungsziel wird verfehlt, wenn den Mitgliedstaaten nicht auch Vorgaben hinsichtlich der Mittel gemacht werden.

Deutlich wird dies auch bei den Merkmalen Rufnummernanzeige und Lauthören. Auf die ursprüngliche Vorgabe einer technischen Gestaltung des Systems wird verzichtet und stattdessen eine Einwilligungslösung vorgeschrieben. Es ist zweifelhaft, ob die erforderlichen Einwilligungen in der Kommunikationspraxis geeignet sind, den angestrebten Schutz zu erreichen. Hinzu kommt, daß im Prinzip jeder Mitgliedstaat hier eine eigene Lösung anstreben kann, die ein EU-Bürger je nach Mitgliedstaat, in dem er gerade telefoniert, zu beachten hätte. Auf die Chance zu einer einheitlichen europaweiten nutzerfreundlichen, technischen Lösung wurde im geänderten Entwurf verzichtet. Geblieben ist lediglich die technische Anforderung, daß die Rufnummernanzeige im Einzelfall unterdrückbar sein muß und daß der einzelne die Entgegennahme von Anrufen auf diejenigen beschränken können muß, die sich durch Anzeige der Rufnummer identifizieren.

Herabgesetzt werden in dem geänderten Entwurf die Anforderungen an die Datensicherheit bei den Telekommunikationsorganisationen. Auf der Strecke zwischen der letzten Vermittlungseinrichtung und dem Teilnehmer muß keine Verschlüsselung angeboten werden [304]. Gerade dieser Abschnitt des Netzes birgt ein hohes Abhörrisiko, weil hier gezielter abgehört werden kann. Verschlüsselungstechnik von Endgerät zu Endgerät wird nur dann sinnvoll, wenn sie flächendeckend und standardisiert wie im GSM eingesetzt wird. Entgegen der Begründung der Kommission gibt es technische Lösungen [305]. Gerade hier läge eine Harmonisierungsaufgabe der Gemeinschaft im Bereich der Datensicherheit. Angesichts der Entwicklung zu Multibetreibernetzen ist es unverständlich, daß auf eine Zielvorgabe zur Datensicherheit und zum Zugriffsschutz verzichtet wird, zumal die Anforderung des ursprünglichen Entwurfes, daß Telekommunikationsorganisationen einen dem Stand der Technik entsprechenden, angemessenen Schutz der personenbezogenen Daten gegen unbefugten Zugriff und unbefugte Verwendung gewährleisten [306], selbstverständlich sein sollte. Technische und organisatorische Maßnahmen werden angesichts der erkennbaren Entwicklung zu Multibetreibernetzen zur Gewährleistung des Fernmeldegeheimnisses immer bedeutsamer. Hier bedürfte es bereichsspezifischer Zielvorgaben. Der Beschluß des Rates über die Sicherheit von Informationssystemen und das gleichlautende Grünbuch sind lediglich eine Basis für den geplanten Aktionsplan. Der bislang unverbindliche Diskussionsstand auf dem Gebiet der Informationssicherheit [307] in Netzen macht es umso erforderlicher das allgemeine Zielvorgaben in bereichsspezifische Richtlinien aufgenommen werden. Derartige Zielvorgaben wäre durch den Harmonisierungsauftrag des Gemeinschaftsrechts gedeckt, ohne gegen das Subsidaritätsprinzip zu verstoßen.

---

[304]Vgl. Rihaczek, S. 491.

[305]Ebenda.

[306]Art. 8 a.F.

[307]Vgl. EG-Kommission: Grünbuch über die Sicherheit von Informationssystemen, S. 1 ff.

Im geänderten Entwurf sind die spezifischen Regelungen zu Mailboxen, Videotex und TEMEX-Diensten entfallen. Bereits bestehende nationale Datenschutzregelungen in den Mitgliedstaaten zu Telekommunikationsdiensten (siehe nächstes Kap.) haben in den geänderten Vorschlag keinen Eingang gefunden. Angesichts der Entwicklung der Telekommunikationsnetze hin zu Multimediaanwendungen [308] wird hier absehbar ein Bedarf nach spezifischen Regelungen entstehen [309]. Der Europarat hat 1989 eine Studie des "Committee of experts on data protection" herausgebracht, in der drei Telekommunikationsdienste (Fernwirk- und Fernmeßdienste, Bildschirmtextdienste und Mailbox-Dienste) im Bereich der Mitgliedstaaten unter Datenschutzgesichtspunkten des Europarates untersucht werden. Die Studie kommt zu dem Schluß, daß die Europäische Datenschutzkonvention und das traditionelle Post- und Fernmeldegeheimnis (Art. 8 EMRK) keinen ausreichenden Schutz der Privatsphäre bei Telekommunikationsdiensten bieten, sondern daß bereichsspezifische Datenschutzregelungen für Telekommunikationsdienste erforderlich sind [310].

Angesichts der europaweiten Verfolgung von Straftaten und Zusammenarbeit der Sicherheitsbehörden bedarf es bei Abhörmaßnahmen und der Mitteilung von Verbindungsdaten an Strafverfolgungsbehörden zur Verhinderung und Verfolgung von Straftaten im nationalen Recht eines präzisen europaweit harmonisierten Kataloges der Straftaten, bei denen derartige Ermittlungsmaßnahmen zulässig sind. Die Gemeinschaft besitzt keine Kompetenz zur Harmonisierung im Bereich des Strafrechts und des staatlichen Eingriffs in das Fernmeldegeheimnis [311], so daß sie nicht mehr regeln kann als in Art. 12 Abs. 1 vorgeschlagen. In der Sache wäre es erforderlich. Der Europäische

---

[308] siehe das für 1995 angekündigte Grünbuch der Kommission zur Zukunft der Telekommunikationsinfrastruktur und der Kabelfernsehnetze.

[309] Vgl. Kubicek, CR 94, S. 695 (700); Roßnagel / Bizer: Multimediadienste und Datenschutz, Stuttgart 1995.

[310] Europarat: New technologies: a challenge to privacy protection, S. 29.

[311] Vgl. Schengener Abkommen v. 1985 und Schengener Zusatzabkommen v. 19.6.1990; ABLEG C 191/1 v. 29.7.92, S. 61 ff.

Gerichtshof für Menschenrechte hat einige Verletzungen des Art. 8 EMRK durch die Mitgliedstaaten festgestellt [312].

Durch die Verallgemeinerung bzw. Herausnahme wesentlicher, ursprünglich konkreter, Anforderungen mangelt es dem geänderten Vorschlag an orientierenden Vorgaben. Die hier angewandte Methode der Umsetzung des Subsidiaritätsprinzips legitimiert die unterschiedliche Wege der Mitgliedstaaten geradezu, so daß das Ziel der Harmonisierung durch unterschiedliche Detailregelungen der Mitgliedstaaten verfehlt wird. Die Subsidiaritätsklausel läßt zwar gerade Maßnahmen auf Gemeinschaftsebene zu, wenn die bezweckten Wirkungen in den Mitgliedstaaten nicht ausreichen und diese auf Gemeinschaftsebene besser erreicht werden können. Aber die jetzt angewandte Praxis läuft darauf hinaus, die Konkretisierung einer sehr groben Rahmenvorgabe dem nationalen Gesetzgeber zu überlassen. Erst wenn durch die nationale Gesetzgebung die Ziele nicht erreicht werden, könnten wieder gemeinschaftsrechtliche Maßnahmen zum Zuge kommen. In einem sich so dynamisch technisch und ökonomisch entwickelnden Bereich wie der Telekommunikation, der sinnvoll nur europaweit und international betrachtet werden kann, ist ein derartiger Prozeß viel zu langsam. Währenddessen sind die Schutzrechte für die Betroffenen in den Mitgliedstaaten unterschiedlich, unübersichtlich und es bestehen durch die Heterogenität Schutzlücken.

Gleiches gilt für die allgemeine Datenschutzrichtlinie. In dem geänderten Vorschlag für eine Richtlinie des Rates v. 15.10.1992 war noch vorgesehen, daß unabhängig davon, wo Daten im Hoheitsgebiet der Gemeinschaft verarbeitet werden, das Recht des Mitgliedsstaates anzuwenden ist, in dem der Verantwortliche ansässig ist [313]. Damit hätte ein Verantwortlicher in allen Filialen auch in anderen Mitgliedstaaten die Maßnahmen seines Sitzlandes treffen können. Über die Umsetzung der EG-Datenschutzrichtlinie in den Mitgliedstaaten wäre ein gleicher Schutzstandard gewährleistet gewesen. Eine derartige Regelung hätte mit hoher

---

[312]Urteil Malone v. 2.8.1984, EuGRZ 85, S. 20; Urteil Silver v. 23.3.1983, EuGRZ 84, S. 150; Urteil Klass v. 6.9.1978, EuGRZ 79, 284.

[313]Art. 4 Abs 1 a) KOM (92) 422 endg. - SYN 287 v. 15.10.1992.

Wahrscheinlichkeit zu einer besseren Vollzugsqualität geführt. Diese Durchbrechung des Territorialprinzips zugunsten einheitlicher Anforderungen für europaweit Tätige wurde wieder auch unter dem Gesichtspunkt der Subsidarität im Sinne des traditionellen Territorialprinzips aufgegeben [314].

Die europaweit tätigen Telekommunikationsdiensteanbieter haben unterschiedliche Anforderungen organisatorisch und technisch in den Mitgliedstaaten zu berücksichtigen, was nicht zuletzt zu Rechtsunsicherheit und erheblichen Vollzugsdefiziten führen wird. Dies führt für die europaweit tätigen Telekommunikationsdiensteanbieter zu einen erheblichen Mehraufwand, der gerade durch die Harmonisierung verhindert werden sollte.

Es muß befürchtet werden, daß der geänderte Vorschlag der Telekommunikationdatenschutz-Richtlinie das Harmonisierungsziel in wesentlichen Punkten verfehlt. Durch die Verallgemeinerung bzw. Herausnahme wesentlicher, ursprünglich konkreter, Anforderungen mangelt es dem geänderten Vorschlag an orientierenden Vorgaben. Die hier angewandte Methode der Umsetzung des Subsidaritätsprinzips legitimiert die unterschiedliche Wege der Mitgliedstaaten geradezu, so daß Hindernisse für einen gemeinsamen Telekommunikationsmarkt, bestehen bleiben. Sowohl für den Schutz europaweit tätiger Teilnehmer als auch für die europaweit tätigen Telekommunikationsdiensteanbieter hätte diese Entwicklung erhebliche Nachteile.

---

[314] Art. 4 Abs 1 a) Entwurf des Gemeinsamen Standpunktes des Rates vom 20.12.1995 im Hinblick auf den Erlaß der Richtlinie 94/.../EG des Europäischen Parlaments und des Rates zum Schutz natürlicher Personen bei der Verarbeitung personenbezogener Daten und zum freien Datenverkehr.

IV. Fernmeldegeheimnis, Datenschutz und Regulierung in West-Europa, den USA und Japan

1. Belgien

Das Post- und Briefgeheimnis ist in der belgischen Verfassung geschützt (Art. 22). Das Fernmeldegeheimnis ist nicht spezifisch formuliert. Ein allgemeines Datenschutzrecht wurde 1992 verabschiedet [315]. Der Datenschutz bei einzelnen Anwendungen, wie der Fernwartung von Telefonanlagen wird vertraglich geregelt [316].

Nach dem Reformgesetzentwurf zur Telekommunikation [317] soll die RTT durch ein öffentliches Unternehmen namens Belgacom abgelöst werden. Hauptaktionär bleibt der belgische Staat. Nach seiner gesetzlichen Aufgabenstellung darf sich Belgacom in jeder Weise geschäftlich betätigen, solange ein mittel- oder unmittelbarer Bezug zur Telekommunikation besteht. Dieses Unternehmen bleibt trotz formaler Selbständigkeit eng an das PTT-Ministerium angebunden [318].

---

[315] Loi relative à la Protection de la Vie à l'Egard des Traitement de Données à Caractère Personnel du 8 décembre 1992. Dem Parlament war bereits 1976 ein erster Gesetzentwurf vorgelegt worden; vgl. Deheyn, EG-Magazin 10 / 90, S. 15.

[316] Europarat: New technologies: a challenge to privacy protection, S.14.

[317] Loi relative aux Télécommunications et la Création de Belgacom / Wet betreffende de Telecommunicatie en de Oprichting van Belgacom".

[318] Gebhardt: Aktueller Stand und Entwicklungstendenzen in der Telekommunikationsregulierung der Mitgliedstaaten der Europäischen Gemeinschaft unter Berücksichtigung der Gemeinschaftspolitik, 1990, S. 2 (5).

Belgacom erhält ein weitgehendes Monopol durch eine ausschließliche Konzession für die Bereitstellung der öffentlichen Telekommunikation. Diese Konzession erstreckt sich auf:

1)   Aufbau, Betrieb und Unterhaltung der Infrastruktur einschließlich der Bereitstellung von Mietleitungen;

2)   Übertragungsdienste;

3)   Telegraphie- und öffentliche Telefoneinrichtungen und

4)   Telekommunikationsdienstleistungen für soziale oder humanitäre Zwecke.

Für private Telekommunikationsdienste, die im Wettbewerb angeboten werden, bleibt wenig Raum, da nur Dienstleistungen, die nicht unter die vorgenannten Kategorien fallen, von jedermann als sogenannte nicht-reservierte Dienste angeboten werden können. Aber auch diese Möglichkeit steht nur unter dem Vorbehalt, daß Belgacom die Mietleitungen bereitstellt und nicht in größerem Umfang Sprach-, Text- oder Datenverkehr abgewickelt wird. Telekommunikationsdiensteanbieter bedürfen einer Genehmigung.

Ebenfalls sehr beschränkt bleibt die Liberalisierung des Endgerätemarktes, so daß es sehr fraglich erscheint, inwieweit dieses Gesetz gemeinschaftsrechtlich Bestand haben wird [319].

In Belgien werden generell die Ferngespräche und die internationalen Gespräche auf der Fernmelderechnung mit der Zielnummer des Angerufenen ausgewiesen.

2.   **Dänemark**

Das Post-, Telegramm- und Fernsprechgeheimnis wird in der dänischen Verfassung zusammen mit der Unversehrtheit der Wohnung geschützt (§ 72). Dieses Recht darf durch die Polizei aufgrund eines gerichtlichen Beschlusses, der die Länge und den Grund des Abhörens festzustellen hat, eingeschränkt werden. Der Bruch des Fernmeldegeheimnisses durch die bei den staatlich anerkannten Telekommunikationsorganisationen Beschäftigten ist strafrechtlich sanktioniert.

---

[319]Ebenda, S. 6 ff.

In Dänemark wurden 1978 zwei Datenschutzgesetze verabschiedet. Ein Gesetz über Behördenregister [320] und ein Gesetz über private Register [321]. Bereichsspezifische Regelungen zum Telekommunikationsdatenschutz gibt es nicht.

Nach dem dänischen Fernmelderecht ist die Erbringung von Fernmeldediensten [322] eine öffentliche Aufgabe, die der Staat aufgrund eines ausschließlichen Rechts zu erfüllen hat. Allerdings dürfen Dritten Konzessionen erteilt werden. Eine solche Konzession halten drei regionale Telefongesellschaften. Die Telefongesellschaft von Kopenhagen (KTAS) und die Telefongesellschaft von Jütland (Jydsk Telefon) sind GmbHs mit staatlicher Mehrheitsbeteiligung, die Telefongesellschaft von Fünen (Fyns Telefon) ist eine kommunale Genossenschaft.

1987 ist eine Neustrukturierung des Telekommunikationswesens vorgenommen worden mit dem Ziel, die ordnungspolitischen und betrieblichen Aufgaben zu trennen. Es sind zwei staatliche Unternehmen gegründet worden: die Telecom Dänemark und die Telecom Südjütland. Die Telecom Dänemark ist für die internationalen Telekommunikationsdienstleistungen sowie für die Seefunkdienste, die Telegramme für Phonotelex und Rundfunk zuständig. Die Telecom Südjütland wickelt den regionalen Telefonverkehr in Südjütland ab. Sie ist 1990 in eine GmbH umgewandelt worden. KTAS, Jydsk Telefon und Fyns Telefon haben ausschließliche Konzessionen zur Erbringung des Telefondienstes, der Datenkommunikation, des öffentlichen Funkrufes, des Mobilfunks, der Textkommunikation und des Videotex-Dienstes. Diese fünf Telekommunikationsorganisationen dürfen außerhalb ihrer ausschließlichen Rechte kommerziell tätig sein. Die private Dansk Mobil Telefon hat 1991 die Lizenz

---

[320]The Danish Public Authorithies Register Act (Consolidated) Consolidation Act No. 621 of 2 October 1987 with amendments following from Section 11 of Act No. 192 of 29 March 1989 and Act No. 346 of June 1991.

[321]The Danish Private Registers Etc. Act (Consolidated) Act No. 293 of 8 June 1978 as amended by Act No. 383 of 10 June 1987.

[322]Telegraphen- und Telefongesetz von 1897.

für den Betrieb eines GSM-Mobiltelefonnetzes "Sonofon" erhalten [323].

Die Regulierung und Konzessionsvergabe und die Festlegung der Spezifikationen und technischen Normen für die Endgeräte erfolgten durch die Generaldirektion für Post und Telegraphie. Eine Aufsichtsbehörde für Telekommunikation ist für die Funkfrequenzverwaltung, die Zulassung von Teilnehmern im Nordischen Mobilfunknetz und die Zulassung von Endgeräten zuständig.

Die Endgerätemonopole sind aufgehoben. Der Teilnehmer ist für eine Zulassung der Endgeräte vor der Anschließung verantwortlich. Alle Basistelekommunikationsdienste werden nur aufgrund ausschließlicher Rechte von den Telekommunikationsorganisationen erbracht. Die Erbringung von Mehrwert-, Text- und Datendiensten auf der Grundlage von Basistelekommunikationsdiensten, wie leitungs- und paketvermittelte Datennetze, Mietleitungen oder Text-, Telex- oder Datenwählnetze sind frei [324].

Die automatische Speicherung der Verbindungsdaten durch Private, auch betriebsintern, ist grundsätzlich nicht erlaubt. Für die Speicherung ist eine vorherige Genehmigung durch die Datenschutzbehörde erforderlich. In Fällen eines überwiegenden öffentlichen oder privaten Interesses wird sie gewährt. Die Speicherung der Verbindungsdaten ist zulässig aufgrund spezifischer Gesetze und durch die Telekommunikationsorganisationen für ihre Zwecke, Gebührenabrechnung und technische Überprüfungen. Vorkehrungen, wie eine Rufnummernverkürzung, gibt es nicht [325].

Die dänische Datenschutzbehörde hatte die Frage der Rufnummernanzeige zu prüfen und ist der Auffassung, daß die bloße Anzeige der Rufnummer nicht gegen die Datenschutz-

---

[323] FAZ, v. 6.7.92.

[324] Gebhardt: Aktueller Stand und Entwicklungstendenzen in der Telekommunikationsregulierung, S. 8 ff.

[325] Commission of the European Communities - Directorate XIII: Obstacles for the Implementation of the ENS in the View of Protection of Personal Data and Privacy - Report for the ENS Planning Exercise, Brüssel 1991, Annex 1.1.

gesetze verstößt. Eine Speicherung der Rufnummernanzeige fiele unter das Gesetz über private Register. Die Zusammenführung der Rufnummer mit anderen Informationen über eine bestimmte Person darf nur im Rahmen der üblichen Geschäftstätigkeit eines Unternehmens erfolgen. Die Speicherung durch öffentliche Stellen fiele unter das Gesetz über Behörden-Register. Sie wäre nur zulässig, wenn sie für die Erfüllung einer öffentlichen Aufgabe eindeutig erforderlich ist [326].

Beide Datenschutzgesetze enthalten Bestimmungen zum grenzüberschreitenden Datenverkehr, die die Umgehung dänischer Datenschutzbestimmungen verhindern sollen.

Die grenzüberschreitende Übermittlung, sei es auf Datenträgern oder durch Datenfernübertragung, von sensiblen personenbezogenen Daten, wie Rasse, Hautfarbe, politische Ansichten, sexuelles Verhalten, Vorstrafen, Gesundheit, soziale Probleme, Suchtkrankheiten, dürfen nur mit Erlaubnis der Datenschutzkommission erfolgen. Auch Dateien von Auskunfteien, wie Kreditauskunft, Adreßbuchverlage usw., dürfen nur mit Genehmigung der Datenschutzkommission ins Ausland übermittelt werden, wenn der Schutz des Betroffenen dort auch gewährleistet ist. Die Übermittlung wissenschaftlicher Daten im privaten Bereich ist erlaubt, wenn die Daten entweder nicht personenbezogen oder anonymisiert sind und nur für statistische Zwecke verwendet werden.

Regelungen zum grenzüberschreitenden Datenverkehr im öffentlichen Bereich gibt es nicht. Hier sind die generellen Regelungen des Amtsgeheimnisses anzuwenden. Die Datenübermittlung ist zulässig aufgrund eines Gesetzes oder aufgrund von Verpflichtungen aus internationalen Verträgen [327].

3.   Frankreich

Im "Code des Postes et Télécommunications" ist das Brief und Fernmeldegeheimnis verankert (Art. L 41 und L 42). Geschützt

---

[326]Ebenda.

[327]Ebenda, Part 1. S. 7.

wird sowohl der Inhalt als auch die Tatsache der Nachricht selbst. Normadressaten sind die Beschäftigten der FRANCE TELECOM und der privaten Telekommunikationsbetreiber. Nach der Liberalisierung wurde die Anwendung des Fernmeldegeheimnisses ausdrücklich auf die Beschäftigten der privaten Telekommunikationsbetreiber ausgedehnt. Ein Verstoß ist strafrechtlich sanktioniert.

Der Schutz des Privatlebens im französischen Recht (la vie privée) ist in hohem Maße Rechtsprechungsrecht. Er ist nicht verfassungsrechtlich, sondern zivilrechtlich etabliert. Strafrechtlich sanktioniert ist wie im deutschen Recht das unerlaubte Mithören, Aufzeichnen und Übermitteln von privaten Gesprächen mit einem technischen Hilfsmittel oder Bildern. 1991 wurde ein neues Abhörgesetz verabschiedet, das staatliche Abhöraktionen einschränken soll. Abhöraktionen sind nur noch erlaubt, wenn ein großes öffentliches Interesse besteht, z.B: bei der Verfolgung von Straftaten im Bereich Spionage, Terrorismus oder organisiertes Verbrechen. Die neue Regelung legt die Dauer von Abhöraktionen fest und schreibt vor, daß die Aufzeichnungen nach einem bestimmten Zeitraum vernichtet werden müssen.

Mit dem Kommunikationsfreiheitsgesetz [328] wurde 1986 das Geheimnis der Dienste- und Programmwahl geschützt [329]. Für audiovisuelle Kommunikationsdienste, das sind Dienste, die mittels eines Verfahrens der Telekommunikation für die Öffentlichkeit oder bestimmte Benutzergruppen Zeichen, Signale, Schriftstücke, Bilder, Töne oder Nachrichten jeder Art bereitstellen, ist eine Registrierung erforderlich, und ein Direktor muß als Verantwortlicher für den gesetzeskonformen Umgang mit den Teilnehmerdaten benannt werden. Der Diensteanbieter muß nachweisen, daß er seinen Dienst gem. des Datenschutzgesetzes bei der französischen Datenschutzkommission (Comitée National Informatique et Liberté - CNIL) angemeldet hat.

---

[328] Loi relative à la Liberté de Communication.

[329] Geändert durch ein weiteres Gesetz von 1989.

Das Datenschutzgesetz von 1978 [330] ist die Hauptgewährleistung für den Schutz der Privatsphäre in der Telekommunikation in Frankreich. Dieses Gesetz schützt personenbezogene Daten sowohl in manuellen als auch in automatisierten Dateien. Alle automatisierten Dateien müssen bei der französischen Datenschutzkommission registriert werden.

Die Datenschutzkommission, die aus siebzehn von unterschiedlichen staatlichen Organisationen zu wählenden Mitgliedern besteht, ist unabhängig. Sie bearbeitet Beschwerden, kann kriminelle Praktiken bei der Datenverarbeitung untersuchen, Überprüfungen vor Ort vornehmen und Klage erheben. In der Regel versucht sie, Vereinbarungen mit den Datenverarbeitern zu treffen. Sie hat Bürger, öffentliche Stellen und Institutionen zu beraten und zu informieren und gibt einen Jahresbericht heraus. Ein starkes Gestaltungsmittel besitzt die Kommission über das Genehmigungserfordernis der Verarbeitung personenbezogener Daten im öffentlichen Bereich, wenn für die Datenverarbeitung keine Rechtsgrundlage vorhanden ist, die die Datenverarbeitung ausdrücklich zuläßt. Angesichts der Fülle der Genehmigungsanträge hat die CNIL ein vereinfachtes typisiertes Genehmigungsverfahren eingeführt. Im privaten Bereich bedarf es lediglich einer vorherigen Anmeldung bei der Kommission. Die CNIL kann Datensicherungsregeln allgemeinverbindlich festlegen.

FRANCE TELECOM muß bei automatischer Datenverarbeitung die Datenschutzkommission konsultieren. Die CNIL interveniert systematisch und versucht in pragmatischer Weise, jeden Telekommunikationsdienst an die gesetzlichen Anforderungen anzupassen. Es gibt eine ständige Beratung zwischen der CNIL und FRANCE TELECOM. Die starke Stellung der CNIL hat sehr früh zu Abstimmungen über das Vorgehen im Telekommunikationssektor geführt.

Bereits 1982 legte die CNIL folgende Bedingungen zum Einzelgebührennachweis [331] fest:

---

[330]Loi relative à l'Informatique, aux Fichiers et aux Libertés v. 6.1.1978.

[331]No. 82-104 v. 6.7.1982.

- Der Einzelgebührennachweis darf nur dazu dienen, dem Teilnehmer die Überprüfung seiner Gebührenrechnung zu ermöglichen. Jeder andere Gebrauch ist unrechtmäßig.

- Die zulässig gespeicherten Daten beschränken sich auf den Namen und die Adresse des Rechnungsempfängers, das Datum der Rechnung, die Zeit des Anrufes, die angerufene Nummer und die Gebühr.

- Die Daten dürfen nur dem beantragenden Teilnehmer oder festgestellten Nutzer übermittelt werden.

- Die Rufnummer des angerufenen Teilnehmers muß auf der Rechnung um die letzten vier Ziffern gekürzt werden.

- Allerdings darf der Teilnehmer die gesamte Nummer bei seiner lokalen Abrechnungsstelle einsehen, um einzelne Positionen zu überprüfen. Er erhält keine komplette Liste aller angerufenen Nummern, sondern kann nur die beanstandeten Positionen einsehen.

- Die Daten dürfen nur für die Zeit einer möglichen Gebührenstreitigkeit gespeichert werden. FRANCE TELECOM kann die Rechnungsstellung zwei Jahre betreiben, der Teilnehmer kann die Rechnung innerhalb von sechs Monaten anfechten.

Anläßlich von Betriebsversuchen mit dem ISDN und einem Glasfasernetz verfügte die CNIL, daß die Rufnummernidentifizierung durch den anrufenden Teilnehmer von Fall zu Fall aktivierbar und abschaltbar sein muß [332]. Diese Möglichkeit verlangte die CNIL auch für Teilnehmer mit analogen Anschlüssen [333].

1985 verfügte die CNIL [334], daß automatische Anrufprogramme nur für öffentliche Interessen, wie Katastrophen oder Stromabschaltungen, zulässig sind. Darüber hinaus sind automatische Anrufprogramme nur bei vorheriger, schriftlicher Zustimmung

---

[332]Gebhardt, JbDBP 1987, S. 243 (267).

[333]Sie hat hier für einen Betriebsversuch eine Ausnahme für ein Jahr spätestens bis zum 1.1.1992 zugelassen.

[334]No. 85-74 of 10.12.1985.

des Teilnehmers und detaillierten Festlegungen über Häufigkeit und Zeit der Anrufe zulässig [335].

Aus demselben Grund verlangte die CNIL Vorkehrungen bei der Verwendung von Teilnehmerlisten für gewerbliche Zwecke. Die Teilnehmer müssen deutlich darauf hingewiesen werden, daß sie ein Recht haben, die Unterlassung der Verwendung ihrer Teilnehmerdaten für gewerbliche Zwecke zu verlangen. In diesem Fall werden sie in die sogenannten "orangenen Listen" aufgenommen und erscheinen nicht mehr im Telefon-, Telefax-, Telex- oder Minitelverzeichnis. Hierzu erließ der Minister 1989 eine Verordnung [336], die dieses Recht gesetzlich absichert.

Eine vergleichbare "gelbe Liste" ist durch das Gesetz für Handelsunternehmen v. 31.12.1989 für Telefax und Telex vorgesehen.

Das gleiche Problem besteht bei Mailbox-Diensten. Bei der Einführung des elektronischen Mailbox-Dienstes "MESTEL" und "Minicom" verlangte die CNIL folgende Datenschutz- und Datensicherheitsmaßnahmen. Jeder Teilnehmer hat:

- das Recht, gebührenfrei eine Unterlassung der Aufnahme in das Teilnehmerverzeichnis zu verlangen;

- das Recht, Massensendungen mit Werbemitteilungen zu verhindern;

- die Möglichkeit, Sendungen abzulehnen, bei denen sich der Teilnehmer nicht identifiziert;

- eine Möglichkeit, persönliche Passwörter mit mindestens sechs Stellen, die durch ihn gewählt werden können, zu wählen;

- eine Möglichkeit zum Abbruch der Verbindung bei böswilligen Zugangsversuchen;

- die Möglichkeit, jederzeit Tag und Uhrzeit des Zugriffs zu den letzten beiden Meldungen feststellen zu können, um zu

---

[335]Vgl. Goyens: The Relationship between Consumer Protection and Data Protection, in: Kubicek: Daten- und Verbraucherschutz bei Telekommunikationsdienstleistungen in der EG, 1993, S. 96 ff.

[336]89-738 v. 12.10.1989.

überprüfen, daß kein illegaler Zugang zu der Mailbox stattgefunden hat.

Bei den Glasfasernetzversuchen in Biarritz untersagte die CNIL die Datenspeicherung über Art und Ausmaß der Nutzung der Telekommunikationsdienste für die Zeit des Betriebsversuches.

Mit der Einführung des Minitel kam in Frankreich, angestoßen durch die Verbraucherverbände, eine Diskussion über die Speicherung der Nutzerdaten von Telekommunikationsdiensten durch FRANCE TELECOM oder die Diensteanbieter selbst auf. Beim ersten Minitel wurde aufgrund der Kritik der CNIL der Identifikationsspeicher für das elektronische Teilnehmerverzeichnis zurückgezogen. In Vorschriften wurde niedergelegt, daß Datenschutzanforderungen in die Systemspezifikationen aufgenommen werden müssen, und daß die Meinung der CNIL bereits bei der Gestaltung oder bei dem Betriebsversuch eingeholt wird. Im Fall des Videotex-Service wurden außerdem zur Sicherstellung des Datenschutzes geringe Gebühren für den Zugang zum Teilnehmerverzeichnis eingeführt.

Die CNIL hat auch bei der Installation von privaten Nebenstellenanlagen eingegriffen. Nach dem Datenschutzgesetz müssen auch diese bei der CNIL registriert werden, was aber in den meisten Fällen nicht passiert [337]. Die Kommission erließ unverbindliche Empfehlungen für ein Minimum an Schutzvorkehrungen. Sie empfahl [338], vor der Installation eines solchen Systems die Betriebsräte zu konsultieren, da die Nebenstellenanlagen von den Unternehmen dazu verwandt wurden, die Arbeitnehmer und die gewerkschaftlichen Aktivitäten zu überwachen. Nach der Empfehlung der CNIL muß der Betriebsrat auch über die technischen Details des Gebrauchs einer solchen Anlage informiert werden. Die Daten dürfen nur für Zwecke der Gebührenabrechnung verwendet werden. Tatsächlich hat 1990 das Pariser Obergericht auf dieser Basis einer Bank verboten, eine neue automatische Telefonanlage zu installieren [339].

---

[337] Frayssinet: Telecommunication and privacy in France, Manuskript, 1991, S. 29.

[338] Entscheidung 84-31 v. 18.9.1984.

[339] Frayssinet, S. 28.

Bei den Telefonkarten gibt es in Frankreich ein besonderes System. Neben der anonymen Telefonkarte als Debitkarte können in Frankreich auch Microship-Karten als Kreditkarte, die eine direkte Gebührenabbuchung vom Konto erlauben, verwendet werden. Diese Karten werden von den Banken vertrieben. FRANCE TELECOM besitzt die Nummer der Karte und weiß nur, wo die Rechnungseinheiten geladen wurden. Der Karteninhaber kann nur von der Bank identifiziert werden. Die Bank weiß weder, wo die Karte benutzt wurde, noch, welche Nummer damit angerufen wurde, und FRANCE TELECOM weiß nicht, wer damit angerufen hat [340].

Mit dem 1990 neugefaßten Telekommunikationsgesetz [341] wurde FRANCE TELECOM in ein öffentlich-rechtliches Unternehmen umgewandelt und vom Ministerium (Ministère des Postes, des Télécommunications et de l´Éspace - PTE) getrennt, das jetzt [342] Aufsichts- und Regulierungsbehörde ist [343]. Faktisch gibt es noch ein Monopol von FRANCE TELECOM mit ihren sieben Gesellschaften unter dem Dach einer Holding, deren Anteile FRANCE TELECOM zu 99 % hält [344]. Lediglich für das Funktelefon sind bislang mit der "Société Francaise du Radiotéléphone" und für den Videokonferenzdienst mit "Genesys" andere Anbieter zugelassen worden.

4. Griechenland

In der griechischen Verfassung wird das Brief- und Kommunikationsgeheimnis (Art. 19) geschützt. Griechenland besitzt weder verfassungs- noch datenschutzrechtliche Schutznormen. Eine

---

[340]Vgl. Gebhardt, Telecommunications Journal, Vol. 57, 1990, S. 37 (39).

[341]Relative à l´organisation du service public de la poste et des télécommunications v. 2.7.1990.

[342]Seit 1.1.1991.

[343]Vgl. Doll / Heun / Lohmann, CR 92, S. 363 ff.,416 ff., 492 ff., 561 ff., 622 ff.

[344]Vgl. Gebhardt: Aktueller Stand und Entwicklungstendenzen in der Telekommunikationsregulierung der Mitgliedstaaten, S. 14 ff.; Blaise: Rundfunk- und Fernmeldepolitik in Frankreich, in: Scherer: Nationale und europäische Perspektiven der Telekommunikation, 1987, S. 69 ff.

Deregulierung des Telekommunikationsbereiches, der im vollständigen Monopol der hellenistischen Telekommunikationsorganisation (OTE S.A.) ist, ist noch in der Planungsphase [345]. Der
EuGH hat eine Pflichtverletzung des EG-Vertrages durch
Griechenland festgestellt, weil Griechenland nicht innerhalb der
vorgeschriebenen Frist die erforderlichen Voraussetzungen für
die Einführung des offenen Netzzugangs bei Mietleitungen geschaffen hat [346].

5. Großbritannien

Das britische Verfassungsrecht kennt kein fixiertes Grundrecht
auf "Privacy". Das Recht auf "Privacy" in Großbritannien findet
Anknüpfungspunkte im "Case Law", wonach vertrauliche
Informationen im Geschäftsverkehr und aus dem Privatleben
Schutz genießen.

Der Telecommunication Act von 1984 enthält Bestimmungen zur
Wahrung des Fernmeldegeheimnisses und zur Strafbarkeit von
Manipulationen durch Beschäftigte bei Telekommunikations-
unternehmen. Danach machen sich alle mit Telekommunikationssystemen Beschäftigte strafbar, wenn sie die
Nachrichteninhalte, die mittels des Systems übertragen werden,
außerhalb ihrer Aufgaben verändern oder beeinträchtigen.
Ebenso macht sich strafbar, wer für sich oder Dritte vorsätzlich
Nachrichteninhalte abfängt. Dies gilt auch für die Mitteilung von
Gebühren- und Nutzerdaten an Dritte. Die Offenbarung von Informationen, die die Privatsphäre oder spezielle Geschäfts-
interessen berühren und im Schutzbereich des Telecommunication Act liegen, ist verboten. Dieser Schutz endet
allerdings mit dem Tod des Betroffenen oder dem Ende des in
Frage stehenden Geschäftes. Ausgenommen davon sind Informationen im Rahmen strafrechtlicher Ermittlungsverfahren.

Aufgrund eines Urteils des Europäischen Gerichtshofes für Menschenrechte, der 1984 feststellte, daß eine Abhörmaßnahme der

---

[345]Gebhardt: Aktueller Stand und Entwicklungstendenzen in der Telekommunikationsregulierung der Mitgliedstaaten, S. 26.

[346] EuGH, ABLEG C 268/1 v. 14.10.95.

britischen Polizei gegen Art. 8 EMRK verstieß [347], wurde mit dem Telecommunication Act 1985 auch das Abhören gesetzlich geregelt. Danach ist das Abhören im Interesse der nationalen Sicherheit, zum Zweck der Verhütung und der Verfolgung schwerer Verbrechen und des Schutzes der britischen Wirtschaft zulässig [348]. Weiterhin sind Abhörmaßnahmen zum Zweck der Bereitstellung von Telekommunikationsdiensten und der Lizenzierung und der Störungsbeseitigung zulässig, falls die abhörende Person glaubwürdig darlegen kann, daß der Anrufer oder der Anrufende zugestimmt hat.

1984 wurde ebenfalls ein Datenschutzgesetz verabschiedet, das alle Personen betrifft, die personenbezogene Daten automatisch verarbeiten. Jede personenbezogene Daten speichernde Stelle muß ihre Aktivitäten mit der Beschreibung der gespeicherten Daten, mit der Angabe des Zwecks, der Quellen und der Länder, in die sie möglicherweise übermittelt werden, bei dem Datenschutz-Registrar registrieren lassen. Mit der Registrierung verpflichtet sich die datenspeichernde Stelle zur Einhaltung von acht Datenschutzprinzipien [349]. Der Registrar kann die Vollstreckung der Datenschutzprinzipien durch Verwaltungsakte mit Fristsetzung er-

---

[347]Urteil Malone v. 2.8.1984, EuGRZ 85, S.20.

[348]1990 hatte das Innenministerium in 539 Fällen eine gerichtliche Verfügung erwirkt. Die Operationen auf Antrag des Außenministeriums sind dagegen geheim, taz v. 15.6.91.

[349]Daten dürfen/müssen:

- nur fair und gesetzlich erhoben und verarbeitet werden;
- nur für einen oder mehrere spezifizierte und gesetzliche Zwecke gespeichert werden;
- nur in Übereinstimmung mit der angegebenen Registrierung genutzt und offenbart werden;
- für den Zweck erforderlich und verhältnismäßig sein;
- richtig sein;
- nicht länger für den Zweck, für den sie gespeichert worden sind, gebraucht werden;
- für eine Überprüfung durch die Betroffenen verfügbar sein;
- müssen durch entsprechende Verfahren gegen unberechtigten Zugriff, un berechtigte Veränderung, Bekanntgabe, Zerstörung und Verlust oder Zerstörung durch einen Unfall gesichert sein.

zwingen. Seine schärfste Sanktionsmöglichkeit ist die Deregistrierung. Damit wird dem Betreiber untersagt, weiterhin Daten zu verarbeiten. Ebenso kann der Registrar aus Gründen des Datenschutzes die Übermittlung von personenbezogenen Daten in das Ausland verbieten oder durch Auflagen beschränken. Er kann gerichtliche Durchsuchungen und Beschlagnahmungen, insbesondere zur Durchsetzung der Registrierung, beantragen.

Darüber hinaus bearbeitet der Registrar Beschwerden, gibt Informationen zum Datenschutz heraus, informiert einmal im Jahr das Parlament und regt die Wirtschaftsverbände und datenverarbeitenden Stellen an, Verhaltensregeln zu erarbeiten, sogenannte "Codes of Practice". Ein Beispiel dafür ist der "Code of Conduct" der British Computer Society. Darin heißt es: "Vertrauliche Daten von Auftraggebern oder Kunden dürfen nicht preisgegeben werden" [350].

Die Betroffenen besitzen ein Zugangs- und Berichtigungsrecht, das durch den Registrar vollstreckt wird und gebührenpflichtig ist. Beim Auskunftsrecht muß der Betroffene die entsprechenden Dateien spezifizieren, über die er Auskunft vom Registrar erhalten will.

Die Betreiber haften für falsche und verloren gegangene Daten sowie für unberechtigten Zugriff.

Durch den Telecommunication Act von 1981 wurde das Post Office in zwei Unternehmen British TELECOM (BT) und Post Office, aufgeteilt. Gleichzeitig lizenzierte das Wirtschaftsministerium einen privaten Netzbetreiber (Mercury) als Konkurrent zu British TELECOM. Mit dem Telecommunication Act von 1984 wurde eine eingeschränkt [351] unabhängige Regulierungsbehörde, das Office of Telecommunication (OFTEL), eingerichtet. Das OFTEL ist für die Vergabe und Überwachung einer Vielzahl von Lizenzen im Telekommunikationssektor von Universaldiensten, wie sie von BT und Mercury angeboten wer-

---

[350]Jenny: Data Privacy and Security, 1985, S. 189.

[351]OFTEL darf bei seiner Tätigkeit nur in Übereinstimmung mit der Ermächtigung oder mit Zustimmung des Wirtschaftsministers tätig werden (Telecommunications Act, Sec. 7 (1).

den, bis zu lokalen Breitbandkabel- und Nebenstellenanlagen zuständig. U. a. ist der Generaldirektor für Telekommunikation des OFTEL dafür zuständig "relevante Organisationen" zu veranlassen, daß sie Richtlinien (Codes of Practise) für die Wahrung der Interessen der Verbraucher, Käufer und Nutzer von Telekommunikationsnetzen, -geräten und -diensten an ihre Mitarbeiter herausgeben. Hierunter fällt auch der Datenschutz [352].

Die Normung, Standardisierung und Zulassung werden ebenfalls verselbständigt. Das unabhängige British Standard Institute (BSI) erhält die Zuständigkeit für die Normung und Standardisierung. Die Zulassung erfolgt durch das British Approvals Board for Telecommunications (BABT) [353].

Alle Lizenzen enthalten Vorschriften über die Wahrung der Vertraulichkeit der übermittelten Nachrichten. Durch diese Lizenzierungsbestimmungen sollen entsprechende Codes of Practice erreicht werden. Nach den Richtlinien von BT und Mercury dürfen Kundeninformationen nur mit vorheriger Zustimmung und anschließender Benachrichtigung des Kunden weitergegeben werden. Informationen von Kunden im Zusammenhang mit ihrem Antrag auf Nutzung eines Telekommunikationsdienstes oder der Prüfung von Telekommunikationseinrichtungen dürfen ohne Zustimmung des Kunden nur für betriebliche Zwecke weitergegeben werden. Der Empfänger muß darauf hingewiesen werden, daß diese Informationen der Vertraulichkeit unterliegen. Jeder, der vertrauliche Daten erhebt und speichert, muß dafür sorgen, daß sie vertraulich bleiben.

Ebenso ist BT zur Selbstbindung durch Codes of Practice bei Mehrwertdiensten verpflichtet. Mehrwertdienste darf BT aufgrund einer gesonderten Lizenz erbringen. In der Lizenz ist nur das Recht der Teilnehmer vorgeschrieben, nicht in das Teilnehmerverzeichnis eingetragen zu werden. Auch für den Auskunftsdienst respektiert BT diesen Wunsch der Teilnehmer.

---

[352]Vgl. Arzt u.a. , S. 43; Commission of the European Communities - Directorate XIII: Obstacles for the Implementation of the ENS, Annex 1.3.

[353]Heuermann u.a., JbDBP 1986, S. 165 (168).

BT bietet Einzelgebührennachweise an. Alle Anrufe, die mehr als 45 p kosten, werden mit der Nummer des Angerufenen, der Dauer und den angefallenen Gebühren einzeln ausgewiesen. Nicht aufgeführt werden die Rufnummern von Wohltätigkeitsorganisationen, wie den Samaritern oder den anonymen Alkoholikern, um die erforderliche Vertraulichkeit dieser Anrufe zu wahren.

Das OFTEL und die Datenschutzbehörde haben die Einführung des Einzelgebührennachweises unter dem Gesichtspunkt des Verbraucherschutzes befürwortet. Sie wehrten sich vehement gegen eine Verkürzung der B-Rufnummer, wie sie in dem ersten Entwurf der Telekommunikationsdatenschutz-Richtlinie der EG vorgesehen war. Das OFTEL sieht die Problematik von Beratungsinstitutionen, die auf Vertraulichkeit angewiesen sind, und bereitet einen Vorschlag vor, diesen Diensten kostenfreie 800er Nummern zu geben [354].

Eine besondere Dienstleistung, die Chatlines [355] führte zu Problemen. Sie - häufig für Sex-Telefonate benutzt - waren so beliebt, daß sie bei vielen Teilnehmern zu erheblichen Gebührensteigerungen führten, die sie häufig nicht alleine verursacht zu haben glaubten. Arbeitnehmer nutzen ihre Diensttelefone und Kinder die Telefone ihrer Eltern für diese Dienste. Dies veranlaßte den Generaldirektor des OFTEL, Nachbesserungen der BT-Lizenz zu empfehlen, die erhebliche Auswirkungen auf den Datenschutz hätten. BT soll als Dienstleistung, um diesen Problemen Herr zu werden, einen Einzelgebührennachweis, die Sperrung bestimmter Nummern und ein Warnsystem anbieten, das vor hohem Gebührenaufkommen warnt. Wo der Einzelgebührennachweis von BT angeboten wird, werden Informationsdienste und Chatlines, soweit sie ein Gebührenminimum überschreiten, getrennt aufgeführt, um leichter identifizierbar zu sein.

---

[354]Garbe: Datenspuren in digitalisierten Telekommunikationsnetzen - Ein Vergleich der Datenschutzregelungen in europäischen Ländern am Fall ISDN., 1992, S. 66 f.

[355]Das Zusammenschalten von zwei oder mehr Teilnehmern unter einer bestimmten Rufnummer. Dieser Dienst ermöglicht anonymes Telefonieren.

Ein solches Warnsystem, das ab einer bestimmten Gebührenhöhe den Nutzer abschaltet, gibt es bereits beim Videotex-System "Prestel", um der unberechtigten Nutzung mit fremden Passwörtern entgegenzuwirken. Der Nutzer erhält erst wieder Zugang, wenn die rechtmäßige Verwendung des Passwortes geklärt ist [356].

Als weitere Konsequenz wurde ein Code of practice zur Überwachung des Inhalts der Chatlines eingeführt. Danach werden die Chatlines sowohl kontinuierlich von einem Menschen überwacht als auch mit Zeit und Datum aufgezeichnet und sechs Monate aufbewahrt. In der Werbung für diese Dienste werden alle Nutzer eines solchen Dienstes auf die kontinuierliche Überwachung aufmerksam gemacht.

BT hat eine Reihe von technischen und organisatorischen Datensicherungsmaßnahmen vorgesehen, die durch einen speziellen Sicherheitsdienst (Network Systems and Security) gewährleistet werden sollen. Dieser hat u.a. die Aufgabe, alle neuen Telekommunikationssysteme auf ihre Verträglichkeit mit den gesetzlichen Datenschutzanforderungen hin zu überprüfen und Mindestanforderungen für Datensicherheit und Datenschutz zu entwickeln.

1987 wurde vom OFTEL eine neue allgemeine Betriebslizenz für Mehrwert- und Datenübertragungsdienste (Value Added and Data Service Licence) veröffentlicht. In dieser allgemeinen Lizenz wird definiert, was Mehrwertdienste im Sinne der Lizenz sind und welche technischen und organisatorischen Bedingungen die Diensteanbieter erfüllen müssen. Für die Einrichtung eines Mehrwertdienstes ist keine Genehmigung erforderlich. Mehrwertdienste anbietende Unternehmen, die als Major Service Provider einzustufen sind, d.h. mindestens eine Million £ Umsatz im Mehrwertdienstegeschäft oder 50 Millionen £ Gesamtumsatz machen, müssen sich beim OFTEL registrieren lassen [357].

---

[356] Gebhardt: Rechtsgrundlagen des Datenschutzes sowie Datenschutz im Fernmeldewesen der Länder Schweiz, Frankreich, Niederlande, Großbritannien, Schweden, USA und Japan, S. 279.

[357] Vgl. Arzt, Bach, Schüler u.a., S. 58; Long: Telecommunications - Law and Practice, 1988.

Für Mehrwertdienste wurden 1987 vom OFTEL Mustervorschriften zum Datenschutz der Kunden von Diensteanbietern veröffentlicht. Diese Vorschriften werden teilweise vom OFTEL auch in die Lizenzerteilungen übernommen. Art. 5 der Mustervorschrift verbietet grundsätzlich den Diensteanbietern die Weiterverbreitung von Informationen über ihre Kunden ohne deren Zustimmung.

Die Value Added and Data Service Licence ist 1989 durch eine neue Sammellizenz (Branch Systems General Licence), die für fast alle Betreiber von Privatnetzen und für private Diensteanbieter gilt, ersetzt worden. Sie ermöglicht eine weitere Marktöffnung, indem Mietleitungen in jeder beliebigen Weise genutzt werden können, soweit das öffentliche Wählnetz nicht beeinträchtigt wird. Sie enthält eine Bestimmung, die zum Schutz der "Privacy" der Kunden unerbetene Werbeanrufe und Faxmitteilungen unterbinden soll [358].

Dagegen ist die Verwendung von Computern zu Telemarketing-Zwecken außerhalb von Telekommunikationsdiensten, wie zur Auswertung von Teilnehmerverzeichnissen oder -nummern im Rahmen der Rufnummernidentifizierung, zulässig, soweit dies entsprechend beim Registrar gemeldet ist. Der Betroffene kann dies nicht unterbinden und sich nicht von den Listen streichen lassen, um dem Telemarketing oder der Zusendung von Werbematerial aus dem Wege zu gehen.

6. Irland

Irland kennt wie Großbritannien kein verfassungsrechtlich gewährleistetes Fernmeldegeheimnis. Spezifische Bestimmungen zum Datenschutz in der Telekommunikation existieren nicht [359].

1988 wurde ein Datenschutzgesetz verabschiedet [360]. Es entspricht mit einigen maßgeblichen Ausnahmen dem britischen

---

[358]Gebhardt: Aktueller Stand und Entwicklungstendenzen in der Telekommunikationsregulierung der Mitgliedstaaten, S. 59.

[359]Europarat: New technologies: a challenge to privacy protection, S.20.

[360]Data Protection Act 1987.

Modell. Im Gegensatz zum britischen Datenschutzgesetz unterscheidet es bestimmte Datenkategorien und sieht keine Massenregistrierung, sondern eine selektive Registrierung vor. Registriert werden muß die Datenverarbeitung durch Behörden, die Datenverarbeitung von sogenannten "sensiblen" Daten, wie rassische Herkunft, politische Meinung, religiöse oder weltanschauliche Ansichten, Gesundheit und sexuelle Verhaltensweisen oder Straftaten, und die geschäftliche Verarbeitung personenbezogener Daten vergleichbar der Datenverarbeitung im Auftrag im deutschen Recht. Der Datenschutz-Inspektor hat mehr Kompetenzen. Er überwacht die Gesetzmäßigkeit der Datenverarbeitung, besitzt ein Beanstandungsrecht und kann die Einhaltung gesetzlicher Anforderungen erzwingen.

Aufgrund des Gesetzes über Post- und Telekommunikationsdienste wurde 1983 Telecom Eirean (TE) als vollständig staatliches Unternehmen gegründet. Es besitzt das ausschließliche Recht zur Bereitstellung von Fernmeldeinlandsdiensten. Das Endgerätemonopol wurde aufgehoben.

Für die Regulierung ist das Kommunikationsministerium zuständig. Es läßt Endgeräte zu und nimmt Frequenzzuweisungen vor. Telekommunikationsdienste, neben denen von TE, können sowohl von diesem selbst als auch vom Kommunikationsministerium zugelassen werden. Lehnt TE den Antrag auf Bereitstellung eines Telekommunikationsdienstes ab, kann sich der Antragsteller an das Kommunikationsministerium wenden [361].

7.   Italien

In Italien ist das "Geheimnis des Schriftverkehrs sowie jeder Art von Kommunikation" verfassungsrechtlich (Art. 15) geschützt.

---

[361] Gebhardt: Aktueller Stand und Entwicklungstendenzen in der Telekommunikationsregulierung der Mitgliedstaaten, S. 28 f.

Es gibt bislang weder ein Datenschutzgesetz noch spezifische gesetzliche Bestimmungen zum Telekommunikationsdatenschutz [362].

Eine Strukturreform des Fernmeldewesens entsprechend der Vorgaben der EG ist in Italien bisher nicht erfolgt. Mehrere Gesetzentwürfe dazu liegen vor [363]. Z. Z. wird die Fernmelde- und Telekommunikationsversorgung von unterschiedlichen Unternehmen wahrgenommen, die teilweise direkt dem Ministerium für Post und Telekommunikation unterstellt sind, teilweise als Aktiengesellschaften geführt werden, an denen das Ministerium für Post und Telekommunikation die Mehrheit hält. Telekommunikationsdienste werden von diesen Unternehmen aufgrund von ausschließlichen Lizenzen erbracht [364]. 1994 hat die italienische Regierung eine GSM-Mobilfunklizenz an ein privates Konsortium (Omnitel Pronto Italia) vergeben, nachdem die Kommission die italienische Regierung aufgefordert hatte, das Monopol der Telecom Italia in diesem Bereich zu beenden. 1995 erließ die Kommission eine Entscheidung, wettbewerbsverzerrende Maßnahmen bei dieser Lizenzvergabe zu beenden [365].

Das größte Unternehmen des Telekommunikationsbereiches ist die Telekom Italia (ehemals SIP). Diese Betriebsgesellschaft für den Inlandstelefonverkehr installiert alle Teilnehmeranschlüsse im Bereich der Telekommunikation im In- und Ausland mit Ausnahme des Telex- und Telegrammdienstes. Sie betreibt alle örtlichen Telefonnetze, den Großteil der Fernverbindungsnetze, den größten Teil der Datennetze und neuen Dienste [366]. Die Telekom Italia hat folgende Datenschutzpraxis: Die Teilnehmerdaten werden vertraulich behandelt und dürfen nicht an Dritte

---

[362]Commission of the European Communities - Directorate XIII: Obstacles for the Implementation of the ENS, Annex 1.5.

[363]Gebhardt: Aktueller Stand und Entwicklungstendenzen in der Telekommunikationsregulierung der Mitgliedstaaten, S. 33.

[364]Im einzelnen ebenda, S. 29 ff.

[365] Vgl. Entscheidung der Kommission v. 4.10.1995, 95/489/EG - ABLEG. L 280/49, v. 23.11.95.

[366]Ebenda.

übermittelt werden. Ausgenommen davon sind die Telefonverzeichnisse und die Branchentelefonbücher, die auch in elektronischer Form zur Verfügung stehen. Eine Nutzung dieser Daten für Marketing-Zwecke ist erlaubt.

Die Telefonrechnung enthält nur die Zeiteinheiten, die in der zuständigen lokalen Vermittlungsstelle gespeichert werden. Auf Antrag und erhält man gebührenpflichtig einen Einzelgebührennachweis, auf dem die Telefongespräche nach der angerufenen Nummer, dem Tag, Zeit, Dauer und Gebühren spezifiziert sind. Mobilfunkteilnehmer erhalten grundsätzlich einen Einzelgebührennachweis. Diese Daten bleiben für zwei Monate gespeichert und werden auf Microfische übertragen, die in der Regel fünf Jahre aufbewahrt werden. Löschungsregelungen existieren nicht. Im Videotexsystem und Mailboxsystem "Teleo" ist im Rahmen von Maßnahmen zur Datensicherheit auch eine Speicherung von Zugriffen vorgesehen.

8. Luxemburg

Das Brief- und Postgeheimnis wird durch Art. 28 in der luxemburgischen Verfassung gewährleistet. Bereichsspezifische Regelungen für die Telekommunikation gibt es nicht.

Seit 1979 besitzt Luxemburg ein Datenschutzgesetz, das sowohl die Daten natürlicher als auch juristischer Personen schützt. Alle Dateien im öffentlichen und privaten Bereich müssen registriert werden und erhalten eine befristete Betriebserlaubnis für höchstens zehn Jahre. Dateien mit personenbezogenen Daten im öffentlichen Bereich bedürfen einer spezifischen gesetzlichen Grundlage oder Verwaltungsanordnung. Bei der Übermittlung personenbezogener Daten an Dritte muß der Betroffene benachrichtigt werden. Die Datenarten, die regelmäßig übermittelt werden, müssen in das nationale Register eingetragen werden.

Die Kontrolle und Entscheidung über die Betriebsgenehmigungen liegen bei dem zuständigen Minister. Er wird durch eine ehrenamtlich tätige Datenschutzkommission unterstützt.

Durch das 1992 verabschiedete Telekommunikationsgesetz wurde die Post und Fernmeldeverwaltung in ein öffentliches Unternehmen umgewandelt, das finanziell und administrativ unabhängig ist. Der Telekommunikationssektor in Luxemburg entspricht noch nicht dem EG-Recht. Der EUGH hat in einem Urteil v. 15.6.1995 festgestellt, daß Luxemburg gegen die Richtlinie zur Einführung des offenen Netzzugangs bei Mietleitungen verstoßen hat und noch nicht entsprechende ONP-Bedingungen eingeführt hat [367]. Das ISDN wurde erst 1993 eingeführt.

9. Niederlande

In den Niederlanden wird "Privacy" durch Art. 10 und das Telefon- und Telegrafengeheimnis durch Art. 13 der niederländischen Verfassung geschützt. Außerdem wenden niederländische Gerichte häufig Art. 8 EMRK an, da das niederländische Verfassungsrecht keine gerichtliche Überprüfung von Parlamentsgesetzen an der Verfassung erlaubt. Für unmittelbar bindende völkerrechtliche Verträge wie die Europäischen Menschenrechtskonvention oder den EU-Vertrag gilt dies nicht, so daß sich der Bürger in den Niederlanden auf dieses analoge Recht stützen kann [368].

Art.10 enthält den Auftrag an den Gesetzgeber, "Privacy" als Bürgerrecht durch entsprechende Gesetze zu gewährleisten. Entsprechend wurde 1988 ein Datenschutzgesetz (Wet persoonsregistraties - WPR) verabschiedet, das seit Juli 1989 in Kraft ist [369]. Es geht vom Grundsatz der kontrollierten Selbstregulierung aus. Personenbezogene Dateien müssen bei der Datenschutzaufsichtsbehörde (Registratiekamer) angemeldet werden. Das Datenschutzgesetz enthält allgemeine Datenschutzregelungen, die im Privaten von repräsentativen Organisationen für bestimmte Sektoren bereichsspezifisch durch Verhaltensregeln konkretisiert werden sollen. Derartige Verhaltensregeln können auf Antrag durch die Aufsichtsbehörde im Rahmen eines gesetzlich fixierten Verfahrens zertifiziert werden. Das Datenschutzzertifikat besagt, daß die geprüfte Verhaltensregelung mit

---

[367] Urteil v. 15.6.1995 - Rs. C-220/94, in CR 95, S. 691.

[368] Vgl.: Altes: Privacy issues in telecommunications in the Netherlands, 1991, S. 4.; Holvast u.a.: Privacy Gids. Handboek voor geregstreerden, 1990.

[369] Gesetzblatt 1988, 665.

dem Datenschutzrecht und den Erfordernissen zum Schutz der Persönlichkeitssphäre der Betroffenen übereinstimmt, der Normbereich präzise beschrieben ist, der Antragsteller für diesen Bereich repräsentativ ist und alle relevanten Interessengruppen bei der Erarbeitung beteiligt wurden. Das Datenschutzzertifikat wird nur befristet für maximal fünf Jahre vergeben. Wenn eine ausreichende Selbstregulierung nicht erreicht wird, können nach Ablauf von drei Jahren nach Inkrafttreten des Datenschutzgesetzes bereichsspezifische Verwaltungsverordnungen verabschiedet werden. Zum Schutz personenbezogener Daten über Religion, Lebensphilosophie, Rasse, politische Überzeugungen, Sexualleben und persönliche Informationen aus dem medizinischen und psychologischen Bereich sowie über Strafurteile enthält das Gesetz eine Verpflichtung zu bereichsspezifischen Regelungen. Im öffentlichen Bereich müssen Dienstanweisungen und Verwaltungsordnungen erlassen werden, deren Regelungsinhalt gesetzlich festgelegt ist. Die Datenschutzkontrolle erfolgt durch eine gesonderte Aufsichtsbehörde, die dem Justizminister unterstellt ist. Sie hat Kontroll- und Informations-, aber keine Anordnungsrechte.

Seit dem 1.1.1989 ist das Gesetz zur Reform der niederländischen PTT (Wet op de telecommunicatievoorzieningen - WTV) in Kraft. Die PTT wurde in eine private Aktiengesellschaft mit dem Namen "PTT Nederland N.V." umgewandelt, an der der Staat mindestens 51 % der Anteile hält. Unter dem Dach dieser Holding wurden zwei getrennte selbständige Tochtergesellschaften für Post- und Fernmeldedienste (PTT Telecommunicatie B.V.) gebildet.

Die PTT Telecommunicatie B.V. (PTT Telecommunicatie) erhielt die Konzession zur Errichtung, zur Instandhaltung und zum Alleinbetrieb der Netzinfrastruktur sowie zur Bereitstellung von Pflichtleistungen. Diese umfassen den Telefondienst, das Telex, die Telegraphie und die Datenübertragung. Bei den Endgeräten und bei Mehrwertdiensten mußte die PTT ihr Monopol aufgeben. Die Datendienste, die die PTT Telecommunicatie als Pflichtleistungen betreiben darf, sind allerdings sehr unscharf gegenüber Mehrwertdiensten abgegrenzt [370]. Im Mobilfunk wurden Lizenzen an private Mobilfunkanbieter vergeben.

Die ordnungspolitischen Aufgaben und die Aufsicht liegen beim Minister für Verkehr und öffentliche Aufgaben. Er kann durch Verordnung die Ziele des WTV konkretisieren. Der Minister hat eine allgemeine Richtlinie zur Telekommunikation erlassen, die auch Fragen der Sicherheit, der Vertraulichkeit und des Persönlichkeitsschutzes regelt [371].

In Art. 3 dieser Richtlinie wird die PTT Telecommunicatie verpflichtet, bei ihrer Tätigkeit das verfassungsrechtliche Fernmeldegeheimnis zu wahren. Sie hat bei ihrer Tätigkeit den Persönlichkeitsschutz sicherzustellen und ihn, wenn es bei der Verarbeitung von Informationen erforderlich ist, den Nutzern dieser Dienste in vertraglichen Gewährleistungen zu garantieren. Weiterhin hat sie den Persönlichkeitsschutz der Nutzer als Bestandteil der arbeitsvertraglichen Verpflichtungen mit ihren Beschäftigten und gegenüber Dritten, die Dienstleistungen im Rahmen der Wartung und des Betriebs des Telekommunikationsnetzes und der -dienste erbringen, sicherzustellen. Hintergrund dieser Regelungen ist, daß sich im niederländischen Verfassungsrecht die Grundrechte nur auf das Verhältnis zwischen Staat und Bürger beziehen [372]. Entsprechend wird in der Einführung zum WTV die Anwendung der Strafrechtsbestimmungen zum Bruch des Post- und Fernmeldegeheimnisses in Art. 374 und 375 des niederländischen Strafgesetzbuches auf die Beschäftigten der privatisierten PTT erstreckt, die nicht mehr Beamte sind.

Die allgemeinen Geschäftsbedingungen der PTT Telecommunicatie wurden mit zwei Verbraucherorganisationen ausgehandelt. Sie beinhalten u. a. Fragen der Haftung und des Gebrauchs nicht

---

[370]Gebhardt: Aktueller Stand und Entwicklungstendenzen in der Telekommunikationsregulierung der Mitgliedstaaten, S. 42.

[371]Besluit Algemene Richtlijnen Telecommunicatie, Stb. 1988, 252.

[372]Der höchste niederländische Gerichtshof "Hoge Raad" hat dieses Prinzip in seiner Rechtsprechung etwas gelockert, indem Verfassungsprinzipien unter bestimmten Umständen auch zwischen Privaten anwendbar sind, siehe Altes, S. 3 f.

eingetragener Telefonnummern. Nicht im Telefonverzeichnis aufgeführte Telefonnummern dürfen nicht weitergegeben werden [373]. Die Vertraulichkeit der Nutzerdaten im Videotex-Dienst "Viditel" wird durch Bestimmungen im Viditel-Vertrag sichergestellt [374]. Entsprechend bearbeitet die Schiedskommission für Beschwerden im Bereich des Telefondienstes auch Datenschutzbeschwerden [375].

Ansonsten unterliegt die PTT Telecommunicatie den Bestimmungen des Datenschutzgesetzes für Private. Danach dürfen Dateien mit personenbezogenen Daten nur eingerichtet werden, wenn sie für spezifische Zwecke im Rahmen der Aufgaben der speichernden Stelle relevant sind. Diese Zwecke dürfen nicht sittenwidrig sein. Eine derartige Datei darf nur personenbezogene Daten enthalten, die für die Zwecke, für die die Datei eingerichtet wurde, erforderlich sind. Sie dürfen nicht für andere Zwecke verwendet werden. Die speichernde Stelle hat organisatorisch sicherzustellen, daß die personenbezogenen Daten nur von berechtigten Mitarbeitern, die diese für ihre Arbeit brauchen, genutzt werden. Weiterhin müssen die Daten richtig und vollständig sein und dürfen nicht außerhalb des Zwecks der Datei an Dritte weitergegeben werden, es sei denn aufgrund gesetzlicher Bestimmungen oder der Einwilligung des Betroffenen.

Bei geschäftlicher Datenverarbeitung für fremde Zwecke enthält das niederländische Datenschutzgesetz besondere Bestimmungen. Diese Daten müssen insbesondere auf ihre Korrektheit überprüft werden. Sie dürfen an Dritte nur auf ein Ersuchen übermittelt werden, in welchem der Zweck, für den die Daten verwendet werden sollen, angegeben werden muß. Die Übermittlung ist nicht zulässig, wenn:

- der Zweck der weiteren Verwendung gesetzes- oder sittenwidrig ist;

- die Nutzung der Daten nicht mit dem Zweck übereinstimmt, für den sie angefordert worden sind;

---

[373] Art. 21 der allgemeinen Geschäftsbedingungen, Ausnahmen siehe unten.

[374] Europarat: New technologies: a challenge to privacy protection, S. 21.

[375] Garbe, S. 38.

- die Übermittlung unverhältnismäßig zu den schutzwürdigen Interessen des Betroffenen ist.

Ansonsten dürfen Daten, die zur Kommunikation erforderlich sind, wie Name, Adresse, Postleitzahl, Telefonnummer usw., frei an Dritte übermittelt werden. Die PTT Telecommunicatie darf die Daten ihrer Teilnehmer, die für ihre Tätigkeit nötig sind, wie Adresse, Telefonnummern und Informationen über die Nutzung der Dienste, wie die angerufene Nummer, Gebühren, Daten der Rechnungsstellung, Zahlung, Zahlungsmodalitäten usw., speichern.

Im Rahmen ihres Auskunftsdienstes teilt die PTT Telecommunicatie regelmäßig keine Adressen mit. Über Videotex können sie allerdings abgerufen werden. Nicht im Telefonverzeichnis aufgeführte Nummern dürfen nur in Übereinstimmung mit dem Datenschutzgesetz übermittelt werden:

- für Zwecke der Dateien der PTT Telecommunicatie;

- aufgrund eines Gesetzes;

- bei Einwilligung des Betroffenen;

- für wissenschaftliche oder statistische Zwecke;

- aus dringenden oder wichtigen Gründen.

Eine Übermittlung aus den letzten beiden Gründen ist nur zulässig, wenn nicht schutzwürdige Belange des Betroffenen überwiegen.

Die Übermittlung sogenannter "nicht-sensibler" Daten, die für Kommunikationszwecke gebraucht werden, wie Namen und Adressen, durch die PTT Telecommunicatie verstößt nicht gegen das Datenschutzgesetz. Selbst die Übermittlung dieser Daten für Marketing-Zwecke ist zulässig, solange es sich um nicht-sensible Daten handelt, da es nicht das Hauptgeschäft der PTT Telecommunicatie ist, diese Daten für fremde Zwecke zu verarbeiten [376].

Soweit die Vermittlungsstellen digitalisiert sind, werden die Verbindungsdaten gespeichert. Diese Daten werden zunächst mit den Gebührendaten vier Monate im Online-Zugriff ge-

---

[376]Altes, S. 12.

speichert [377]. Vier Monate nach Versenden der Entgeltrechnung werden die Daten gelöscht.

Es werden drei verschiedene Rechnungstypen angeboten:

1. Gesamtkosten aller Anrufe;

2. Gesamtkosten pro Kategorie (Ortsgespräche, Ferngespräche, Auslandsgespräche, gebührenpflichtige Ansage, Auskunfts- und andere Sprachdienste, Gespräche mit Mobiltelefon, Sterndienste, Verschiedene)

3. Einzelentgeltnachweise je nach gewünschter Kategorie gegen ein zusätzliches Entgelt.

Bei Beschwerden kann der Kunde auch zu einem späteren Zeitpunkt bis spätestens vier Monate nach Versenden der Entgeltrechnung einen Einzelentgeltnachweis fordern.

Jeder Teilnehmer der PTT Telecommunicatie hat das Recht seine Rufnummer zu maskieren, so daß sie nicht auf dem Einzelentgeltnachweis von anderen ausgedruckt wird. Diese Option besteht nicht für Notrufe, Ansage-, Auskunfts- und anderen Sprachdienste, der Durchwahlnummern bei Nebenstellenanlagen und ausländischen Nummern [378].

Eine Anrufanzeige ist gesetzlich zulässig. Die PTT Telecommunicatie will Rufnummernunterdrückung im Einzelfall ermöglichen [379].

In den Niederlanden bestehen wie in Großbritannien Probleme mit den sex- und Chatlines, die als sogenannte 06-Nummern angeboten werden. Im Gegensatz zu Großbritannien werden sie nicht inhaltlich überwacht. Aufgrund erheblicher Gebührenrechnungen und Reklamationen infolge dieser Dienste führte die PTT Telecommunicatie einen Warndienst ein. Wenn die Gebühren von Teilnehmern eine bestimmte Höhe überschritten, wurden diesen Telefonrechnungen abweichend vom regulären zweimo-

---

[377] Garbe, S. 41; van Hoogstraaten: ISDN en Privacy, 1992.

[378] Nugter: Einzelgebührennachweis in den Niederlanden, in: Kubicek u.a.: Jahrbuch der Telekommunikation und Gesellschaft, Band 2, 1994, S. 254 ff.

[379] Ebenda, S. 42.

natlichen Rhythmus zugesandt. In einigen Telefonbezirken wurde nur eine Warnung verschickt. In anderen Bezirken drohte PTT Telecommunicatie mit der Unterbrechung der Verbindungen. Viele Teilnehmer fühlten sich in ihren Persönlichkeitsrechten verletzt. Dies führte zu erheblichen Protesten, so daß dieses Warnsystem nach wenigen Monaten wieder abgeschafft werden mußte [380].

Einige moderne computergesteuerte Vermittlungsstellen ermöglichen die Speicherung bestimmter Nummern. Dieses sogenannte "teure Gespräche" System wird benutzt, um 06-Nummern und internationale Nummern ab einer bestimmten Grenze aufgelaufener Gebühreneinheiten zu speichern. Die Grenze der Gebühreneinheiten variiert von Bezirk zu Bezirk.

Eine Besonderheit kennt das niederländische Recht für die internationale Datenverarbeitung. Danach findet das niederländische Datenschutzgesetz auch Anwendung auf personenbezogene Dateien im Ausland einer in den Niederlanden ansässigen speichernden Stelle, soweit dort personenbezogene Daten von in den Niederlanden wohnhaften Personen gespeichert werden. Nach Anhörung der Aufsichtsbehörde kann der zuständige Minister speichernde Stellen, die Datensammlungen im Ausland unterhalten, von den Vorschriften dieses Gesetzes befreien, wenn in dem betreffenden Land gleichwertige Datenschutzvorschriften gelten [381].

10. Norwegen

Nach dem norwegischen Datenschutzgesetz reguliert der Dateninspektor im Einzelfall, in welcher Form Daten gespeichert und verarbeitet werden. Für die Datenverarbeitung ist eine Lizenz erforderlich. Der Dateninspektor darf Datenverarbeitungen untersagen oder auf andere, weniger stark in Persönlichkeits-

---

[380] Altes, S. 18 ff.

[381] Zu EG-rechtlichen Problemen dieser Regelung vgl. Nugter: Transborder Flow of Personal Data within the EC. A comparative analysis of the privacy statutes of the Federal Republic of Germany, the United Kingdom and the Netherlands and their impact of the private sektor, 1990.

rechte eindringende Lösungen verweisen. Bei der Übermittlung bestimmter sensibler Daten im Inland wie ins Ausland bedarf es einer Genehmigung durch den Dateninspektor [382].

Bestimmte umfangreiche Personenregister, z.B. über die Bücherausleihe in Büchereien oder Mitgliedschaften in Organisationen, bedürfen keiner Lizenzierung. Es gibt ebenfalls spezielle Regelungen für Kreditinformationen, Direktmarketing und Telemarketing. Einen bereichsspezifischen Telekommunikationsdatenschutz gibt es nicht.

Seit 1994 verfügt Norwegen in fast jeder Großstadt über ISDN-Netze. Bis 1996 soll das ISDN-Netz flächendeckend ausgebaut werden.

11. Österreich

Das Fernmeldegeheimnis wird in Österreich durch Art 10 a [383] Staatsgrundgesetz (StGG) geschützt. Im Gegensatz zum deutschen Fernmeldegeheimnis wird verfassungsrechtlich nur der Nachrichteninhalt und nicht die Tatsache und die Umstände des Fernmeldeverkehrs verfassungsrechtlich geschützt [384]. Seine Verletzung wird durch § 119 StGB [385] sanktioniert. Der Datenschutz ist als Grundrecht in § 1 des österreichischen Datenschutzgesetzes (DSG) [386] ausgestaltet. Zudem besitzt das Datenschutzgrundrecht

---

[382]Commission of the European Communities - Directorate XIII: Obstacles for the Implementation of the ENS, S. 10 f.; Europarat: New technologies: a challenge to privacy protection, S. 21.

[383]BGBL Nr. 8/1974; Henseley: Absicherung der Kommunikationsfreiheit durch Datenschutz und Fernmeldegeheimnis, in: Korinek / Stampfl-Blaha: Beiträge zum Telekommunikationsrecht. Grundlagen und aktuelle Probleme des österreichischen und internationalen Telekommunikationsrechts, 1989, S. 159 ff.; Duschanak: Datenschutz im Fernmeldeverkehr, ebenda S. 175 ff.; Sebestyen, Istvan / Sint, Peter: Grenzüberschreitender Datenfluß und Österreich, 1986, S. 65.

[384]Vgl. Hensely, S. 162.

[385]BGBl. Nr. 60/1974.

[386]BGBl. Nr. 565/1978 i.d.F. Nr. 314/1981, 577/1982, 370/1986.

unmittelbare Drittwirkung [387] und schützt nicht nur natürliche, sondern auch juristische Personen.

Das Telekommunikationsrecht wurde 1993, orientiert an den Richtlinien der EG und der Liberalisierung der EG-Mitgliedstaaten, neu gefaßt [388]. Österreich hält an dem Fernmeldebegriff fest und führt nicht den Begriff der Telekommunikation ein. Der behördliche hoheitliche und der Dienstleistungsbereich wurden funktional und organisatorisch getrennt. Die hoheitlichen Aufgaben liegen bei der Fernmeldebehörde. Diese umfassen das Bundeministerium für öffentliche Wirtschaft und Verkehr als oberste Fernmeldebehörde, die ihm unterstehenden Fernmeldebüros und das Zulassungsbüro. Die Post- und Telegraphenverwaltung (PTV) wird zu einem Dienstleistungsunternehmen verselbständigt, allerdings mit dem Monopol für das öffentliche Festnetz sowie der Bereitstellung reservierter Dienste. Die Rechtsbeziehungen zwischen der PTV einerseits und den Kunden dieses Unternehmens andererseits sind privatrechtlich.

Die Errichtung und der Betrieb von Fernmeldeanlagen unterliegt grundsätzlich einem Genehmigungsverfahren (Bewilligung). Davon ausgenommen sind Fernmeldeanlagen, die nicht mit anderen Fernmeldeanlagen, insbesondere dem öffentlichen Netz verbunden werden, die innerhalb eines Grundstückes betrieben werden, die ausschließlich der inneren Kommunikation einer Behörde, der Eisenbahnen, eines Bergbaubetriebes, der Stromversorgungsunternehmen, Schiffen, Luftfahrzeugen oder anderen Verkehrsmitteln dienen. Die Genehmigung kann Bedin-

---

[387]Vgl. auch Entscheidung des VfGH v. 10.12.1989, G 138-241/88, V 209-212/88, in: JBL 90, S. 440 ff.

[388] Fernmeldegesetz 1993, BGBL 1993/908 idF. BGBL 1994/505. Vgl. Kratzer / Stratil: Fernmeldegesetz 1993, 1995; Trettenbrein, EuR 91, S. 80 ff.; Bundeswirtschaftskammer, EuR 91, S. 91 ff. Stampfl-Blaha: Der verfassungsrechtliche Rahmen des Telekommunikationsrechts, in: Korinek / Stampfl-Blaha, S. 53 ff.; Rauch: Hintergründe und Entwicklung in der EG und deren mögliche Auswirkungen auf Österreich und sein Fernmelderecht, ebenda, S. 343 ff.; Sindelka: Notwendigkeiten und Möglichkeiten der Entwicklung des Telekommunikationsrechts in Österreich, ebenda, S. 377 ff.

gungen und Auflagen enthalten. Die Zulassung von Endgeräten u. des Netzzugangs entspricht den einschlägigen EU-Richtlinien.

Telekommunikationsdienste (Fernmeldedienste), die unter Verwendung des öffentlichen oder eines bewilligten Fernmeldenetzes erbracht werden, sind grundsätzlich nur anzeigepflichtig. Die Aufsichtsbehörde kann nachträglich die Änderung oder Einstellung des Betriebes verfügen, wenn dies zu Erhaltung des ungestörten Betriebes des öffentlichen Fernmeldenetzes erforderlich ist.

Bestimmte Fernmeldedienste wie der Sprach-Telefondienst bleiben reservierte Dienste. Reservierte Dienste werden grundsätzlich von der PTV erbracht. Im öffentlichen Interesse kann der Bundesminister für öffentliche Wirtschaft und Verkehr auch Konzessionen für reservierte Dienste an Dritte geben. Die Vergabe von Konzessionen an Dritte kann dann erfolgen, wenn die PTV die Telekommunikationsbedürfnisse der Bevölkerung und der Wirtschaft im Bereich reservierter Dienste nicht hinreichend befriedigt. Der Konzessionär ist verpflichtet die Konzessionsauflagen zu erfüllen.

Das Fernmeldegesetz 1993 (FG 1993) enthält Geheimhaltungspflichten für alle Beschäftigten, die im Rahmen der Erbringung öffentlicher Fernmeldedienste Fernemeldeanlagen bedienen, instand halten oder beaufsichtigen. Ebenso geheimzuhalten sind Nachrichten, die mit einer Funkanlage empfangen werden, die für diese Funkanlage nicht bestimmt waren. Diese beiden Geheimnisverpflichtungen gehen über das verfassungsrechtliche Fernmeldegeheimnis hinaus, da sie auch die Geheimhaltung der Tatsache und der näheren Umstände des Fernmeldegeheimnisses umfassen [389].

Das FG 1993 enhält weiterhin bereichsspezifischen Datenschutzregelungen für die Telekommunikation (§§ 28 - 35). Dort sind die Datenkategorien Bestandsdaten (Stammdaten), Verbindungsdaten (Vermittlungsdaten) und Inhaltsdaten geregelt. Diese Daten dürfen nur für Zwecke der Besorgung eines Fernmeldedienstes ermittelt, verarbeitet und übermittelt werden. Eine Übermittlung

---

[389] § 4; Vgl. Henseley, S. 164 f.

dieser Daten an Dritte im Sinne des Datenschutzgesetzes darf nur aufgrund vorheriger schriftlicher Zustimmung des Betroffenen erfolgen. Die Zustimmung gilt nur dann als erteilt, wenn sie ausdrücklich als Antwort auf ein Ersuchen des Betreibers gegeben wurde. Die Erbringung von Telekommunikationsdienstleistungen darf von einer derartigen Zustimmung nicht abhängig gemacht werden.

Der Betreiber hat die Informationspflicht, den Teilnehmer darüber zu informieren, welche personenbezogenen Daten er ermitteln und verarbeiten wird, auf welcher Rechtsgrundlage und für welche Zwecke dies erfolgt und für wie lange die Daten gespeichert werden. Diese Information muß in geeigneter Form, z.B. im Rahmen allgemeiner Geschäftsbedingungen, spätestens bei Beginn der Rechtsbeziehungen erfolgen.

Die Bestandsdaten (Stammdaten) dürfen für den Abschluß, Durchführung, Änderung oder Beendigung des Vertrages mit dem Teilnehmer, Berechung der Entgelte und Erstellung von Teilnehmerverzeichnissen verwendet werden. Mit Beendigung des Vertragsverhältnisses mit dem Teilnehmer müssen die Bestandsdaten gelöscht werden, soweit nicht noch die Beitreibung von Entgelten, die Bearbeitung von Beschwerden oder sonstige gesetzliche Verpflichtungen eine längere Speicherung erfordern.

Die Verbindungsdaten (Vermittlungsdaten) dürfen grundsätzlich nicht gespeichert werden und sind vom Betreiber nach Beendigung der Verbindung unverzüglich zu löschen. Ausgenommen ist die Verarbeitung der Verbindungsdaten zur Berechnung der Entgelte. Dabei ist der Umfang der Verbindungsdaten auf das unbedingt notwendige Minimum zu beschränken. Die Rufnummer des Angerufenen darf nur verkürzt gespeichert werden. Dies gilt auch für den Einzelentgeltnachweis. Es dürfen nur Einzelentgeltnachweise mit gekürzter Zielrufnummer angeboten werden. Die Daten des Einzeentgeltnachweises sind spätestens drei Jahre nach Erstellung des Nachweises zu löschen. Eine Auswertung nach angerufenen Teilnehmernummern ist mit Ausnahme von staatsanwaltschaftlichen Ermittlung untersagt.

In das Teilnehmerverzeichnis dürfen Familienname, Vorname, akademischer Grad, Adresse und Rufnummer aufgenommen werden. Der Teilnehmer hat das Recht auf Nichteintragung. Eine Bearbeitungsgebühr für die Nichteintragung ist zulässig. Die im Teilnehmerverzeichnis enthaltenen Daten dürfen vom Betreiber nur für Zwecke der Benutzung des Fernmeldedienstes verwendet und ausgewertet werden. Diese Verzeichnisse dürfen ausdrücklich nicht dafür verwendet werden, um elektronische Profile von Teilnehmern zu erstellen oder diese Teilnehmer nach Kategorien zu ordnen. Der Betreiber hat durch geeignete technische Maßnahmen sicherzustellen, daß elektronische Teilnehmerverzeichnisse nicht kopiert werden können.

Eine Fangschaltung darf nur für zukünftige Anrufe auf schriftlichen Antrag eines Teilnehmers durchgeführt werden, wenn dieser Verstöße gegen die öffentliche Sicherheit und Ordnung, die Sittlichkeit, grobe Belästigungen, Bedrohungen oder Straftaten durch einen anderen Teilnehmer glaubhaft macht. Nach Einrichtung der Fangschaltung muß der Teilnehmer dem Betreiber Datum und Uhrzeit der mißbräuchlichen Verwendung melden. Der Betreiber ist nicht verpflichtet, technische Einrichtungen zur Durchführung einer Fangschaltung vorzuhalten.

Für BTX. sind technische Vorkehrungen getroffen worden, daß der Anbieter von BTX-Seiten die Daten des Abrufenden nicht erhält, solange dieser keine Bestellungen aufgibt oder Daten im Rahmen von Spielen oder Tests übermittelt. Das Inkasso wird von der PTV betrieben [390].

Über die bereichsspezifischen Regelungen hinaus finden auf die PTV die Datenschutzbestimmungen für den öffentlichen Bereich Anwendung. Allerdings können durch Rechtsverordnung gem. § 4 Abs. 2 DSG Rechtsträger von der Anwendung der Datenschutzbestimmungen für den öffentlichen Bereich ausgenommen werden, wenn dies im Hinblick auf den Umfang der von ihnen

---

[390] vgl. Duschanek: Rechtliche Grundfragen des Bildschirmtext-Betriebes, in: Korinek / Stampfl-Blaha, S. 278. Die Feststellung im Bericht des Europarates, daß der österreichische Videotex teilweise in einer anonymisierten Form organisiert sei, so daß die Speicherung personenbezogener Daten vermieden werde, bezieht sich lediglich auf die Verbindungsdatenspeicherung durch die Post und nicht durch den BTX-Seiten-Anbieter. Vgl. Europarat: New technologies: a challenge to privacy protection, S. 19.

in Formen des Privatrechts ausgeübten Tätigkeit geboten erscheint und schutzwürdige Interessen des Betroffenen nicht entgegenstehen. Der VfGH [391] hat festgestellt, daß die Datenverarbeitung, soweit sie in privatrechtlichen Formen erfolgt, unabhängig von ihrem Umfang an der Gesamttätigkeit, den Bestimmungen zum privaten Datenschutz unterworfen werden kann.

Die Datenschutzkommission hat unmittelbar exekutive Kompetenzen. Sie kann aufgrund von Beschwerden oder amtswegigen Verfahren unmittelbar Verwaltungsbehörden durch Bescheide verpflichten. Bei Eintragungsmängeln in das Datenverarbeitungsregister kann sie privaten Datenverarbeitern die Eintragung ins Datenverarbeitungsregister ablehnen und die Weiterführung der Datenverarbeitung untersagen.

Weitreichende Kompetenzen hat die Datenschutzkommission beim grenzüberschreitenden Datenverkehr. Die grenzüberschreitende Datenübermittlung in Staaten, die einen dem österreichischen Datenschutz gleichwertigen Schutz haben, ist genehmigungsfrei. Ob die Gleichwertigkeit gegeben ist, wird durch Rechtsverordnung nach Anhörung der Datenschutzkommission durch den Bundeskanzler festgestellt. Ebenso können durch Rechtsverordnung Standardübermittlungen nach Anhörung der Datenschutzkommission für genehmigungsfrei erklärt werden. Grenzüberschreitende Datenübermittlungen sind ebenfalls genehmigungsfrei, wenn die Datenübermittlungen aufgrund gesetzlicher oder völkerrechtlicher Bestimmungen oder auf schriftliches Ersuchen hin erfolgen oder in Österreich veröffentlicht werden durften.

Alle übrigen Datenübermittlungen bedürfen einer Genehmigung der Datenschutzkommission und sind in das Datenverarbeitungsregister aufzunehmen.

In allen Fällen muß das Niveau der österreichischen Datenschutzbestimmungen in bezug auf Erhebung und Übermittlung gegeben sein. Die Empfänger müssen schriftlich oder vertraglich die Einhaltung der Pflichten von Dienstleistern nach § 19 DSG

---

[391]Entscheidung des VfGH v. 6.12.1988, B 1550-1554/88, EuR 1/89, S. 33 ff.

zusagen. Diese Pflichten umfassen eine strenge Zweckbindung, ein Verbot der Weiterverarbeitung durch Dritte ohne Auftrag oder Kenntnis des Auftraggebers - in letzterem Fall besteht ein Untersagungsrecht des Übermittelnden - , Datensicherungsmaßnahmen, die Erfüllung der Auskunfts-, Berichtigungs- und Löschungspflichten, die Rückgabe aller Daten und Unterlagen bei Beendigung einer Dienstleistung. Die Datenschutzkommission hat für die Datenübermittlung in das Ausland einen entsprechenden Mustervertrag erarbeitet [392].

12. **Portugal**

In der portugiesischen Verfassung ist die Vertraulichkeit privater Kommunikationsmittel durch Art. 34 Abs. 1. und das informationelle Selbstbestimmungsrecht durch Art. 35 geschützt.

Ein Datenschutzgesetz wurde 1991 verabschiedet [393]. Die Nationale Kommission für den Schutz automatisierter personenbezogener Daten hat u.a. die Aufgabe, Richtlinien für die Gewährleistung der Sicherheit von Daten sowohl bei der Speicherung als auch der Verarbeitung in Telekommunikationsnetzen festzulegen (Art. 8 Abs. 1 e). Bei Abschluß der Recherchen zu dieser Arbeit war noch keine Telekommunikationsrichtlinie bekannt. Das portugiesische Datenschutzgesetz enthält ein generelles Verbot der Verarbeitung von personenbezogenen Daten, die sich auf philosophische oder politische Überzeugungen, Religion, Privatleben, Rassenherkunft, strafbare Handlungen und Verurteilungen, Gesundheit, Eigentum und Vermögenswerte beziehen. Die ausnahmsweise Verarbeitung derartiger Daten bedarf einer Genehmigung der Datenschutzkommission. Alle übrigen personenbezogenen Dateien müssen der Kommission gemeldet werden. Allerdings sind von der Anwendung des Gesetzes alle personenbezogenen Dateien, die u.a. der persönlichen oder privaten Verwendung, die der Verwaltung von Löhnen und Gehältern oder anderen laufenden Verwal-

---

[392]Dohr, EuR 3/86, S. 6.

[393]Lei da Protecção de Dados Pessoais face à Informática, Lei n° 10/91, 12 de Abril de 1991.

tungsverfahren und der Rechnungsstellung für gelieferte Güter oder Dienstleistungen dienen oder unter Verantwortung des Nachrichtendienstes stehen, von dem Anwendungsbereich des Gesetzes ausgenommen.

1989 wurden die Regulierungsfunktionen für den Telekommunikationsbereich auf das Instituto das Communiçacões (ICP) übertragen. Das Institut untersteht dem Ministerium für öffentliche Arbeiten, Verkehr und Kommunikation.

Telekommunikationsdienste werden von drei Unternehmen bereitgestellt. Die Correios e Telecommuniçacões de Portugal (CTT) ist als staatliches Unternehmen zuständig für die Bereitstellung und den Betrieb von öffentlichen Telekommunikationsdiensten - sowohl national als auch international für Europa und den Mittelmeerraum. Die Telefones de Lisboa e Porto (TLP) betreibt nur den Telefondienst in Lissabon und Porto. 1989 wurde diese staatliche Gesellschaft in eine Aktiengesellschaft umgewandelt, an der der Staat 51 % der Anteile hält. Die Companhia Portuguesa Radio Marconi (CPRM) besitzt eine Konzession für die Bereitstellung internationaler Telekommunikationsdienstleistungen außerhalb Europas sowie beweglicher Seefunkdienste, Satelliten- und Seekabelsysteme. Der Staat hält 52% der Kapitalanteile dieser privaten Gesellschaft, die ihre Konzession bereits seit 1929 besitzt [394]. Das Regierungsprogramm sieht eine Privatisierung dieser Gesellschaften bis zu 49 % vor.

Das Telekommunikationsrahmengesetz von 1989 sieht vorbehaltlich der Ausführungsverordnungen vor, daß das Netz und die Basisdienste Fernsprechen, Telex und Datenübertragungsdienste ausschließlich von öffentlichen Telekommunikationsorganisationen betrieben werden dürfen. Sogenannte Komplementärdienste, d.h. Dienste, für die eine Infrastruktur zusätzlich zu den öffentlichen Netzen geschaffen wird, können von jeder juristischen Person angeboten werden. Mehrwertdienste, die ausschließlich die Basis- und Komplementärdienste nutzen und keine selbständige Infrastruktur besitzen, können von jeder na-

---

[394]Fangmann u.a.: Handbuch für Post und Telekommunikation
Poststrukturgesetz, 1990, S. 401; Gebhardt: Aktueller Stand u.
Entwicklungstendenzen in der Telekommunikationsregulierung, S. 44.

türlichen und juristischen Person angeboten werden. Das Endgerätemonopol der CTT und TPL für den ersten Fern-
sprechapparat besteht weiter [395].

13. Schweden

Das Brief-, Post- und Telefongeheimnis ist verfassungsrechtlich
geschützt (§ 3). Als erstem europäischem Land trat in Schweden
1973 ein umfassendes Datenschutzgesetz in Kraft. Anfangs
bestand für alle Dateien mit personenbezogenen oder personenbeziehbaren Daten eine Genehmigungspflicht. Diese wurde
durch eine Novellierung des Datenschutzgesetzes 1982 zu einem
Lizenzierungsverfahren vereinfacht. Dateien, die besonders
sensible Daten enthalten oder durch Zusammenführung mehrerer
Dateien entstanden sind, bedürfen weiterhin einer Genehmigung
durch die Datenschutzinspektion. Sie kann Auflagen erteilen, hat
Aufsichtsrechte und ist Beschwerdeinstanz. Als äußerste Sanktionsmöglichkeit kann die Datenschutzinspektion einer
speichernden Stelle die Verarbeitung personenbezogener Daten
untersagen. Allerdings können die Verwaltungsakte der Datenschutzinspektion durch Regierungsbeschluß aufgehoben werden.
Die grenzüberschreitende Datenübermittlung in Staaten, die nicht
die Datenschutzkonvention des Europarates unterzeichnet haben,
bedarf einer vorherigen Genehmigung [396].

Das schwedische Datenschutzrecht soll mit den europäischen Datenschutzregelungen harmonisiert werden. So soll das Lizen-
zierungssystem abgeschafft und bereichsspezifische Regelungen
eingeführt werden.

Bereichsspezifischen Regelungen zum Datenschutz in der Telekommunikation gibt es bislang in Schweden nicht. Die
Datenverarbeitung der Telekommunikationsgesellschaft Televerket fällt als Datenverarbeitung im Auftrag Dritter unter das

---

[395]Ebenda, S. 45.

[396]Vgl. Commission of the European Communities - Directorate XIII: Obstacles
for the Implementation of the ENS, S. 11 f.; Sebestyen, S. 72.

schwedische Datenschutzgesetz (§ 17 Abs. 2) [397]. Alle Dateien der Televerket müssen dementsprechend lizenziert sein. Die Datenschutzinspektion kann die Datenverarbeitung der Fernmeldeverwaltung kontrollieren [398].

Die Televerket hat z.Z. folgende Verfahrenspraxis: Die Verbindungsdaten der an digitalisierten Vermittlungsstellen angeschlossenen Kunden werden in der Regel bis zur Absendung der Rechnung gespeichert. Um Kundenbeschwerden über die Rechnung zu überprüfen, Verkehrsplanungen durchzuführen oder belästigende und nötigende Anrufe zu verfolgen, speichert Televerket die Verbindungsdaten im Einzelfall länger. Den Kunden, die an digitalisierte Vermittlungsstellen angeschlossen sind, wird nach Wahl gegen ein zusätzliches Entgelt ein EGN angeboten. Im Mobilfunk wird der EGN standardmäßig angeboten. Zudem kann man einen spezifischen EGN für alle Auslandsgespräche erhalten. 1993 begannen Pilotversuche, bei denen der Kunde z.B. einen EGN mit Ausnahme der Ortsgespräche wählen oder die Speicherung bestimmter Gespräche veranlassen kann [399].

Die Anrufanzeige wird im digitalisierten Fernmeldenetz angeboten. In der öffentlichen Debatte ist von Frauen gegen die Rufnummernanzeige Stellung genommen worden, die sich durch ihre Ehemänner bedroht und verfolgt fühlen. Sie können eine Geheimnummer erhalten, die nicht angezeigt wird [400].

Die Anrufweiterschaltung wird im gesamten Netz ohne weitere Auflagen angeboten.

Bei dem BTX-ähnlichen Dienst Datavision, der 1982 eingeführt wurde, ist zusätzlich zu der von der Fernmeldeverwaltung vergebenen vierstelligen PIN ein vom Teilnehmer auszuwählendes

---

[397] Vgl. Gebhardt: Rechtsgrundlagen des Datenschutzes sowie Datenschutz im Fernmeldewesen der Länder Schweiz, Frankreich, Niederlande, Großbritannien, Schweden, USA und Japan, S. 282.

[398] 1980 kontrollierte die Datenschutzinspektion die Datenspeicherung für Abrechnungszwecke in einer Telexvermittlungsstelle, 1985 die Speicherung personenbezogener Daten in einer digitalen Vermittlungsstelle, ebenda.

[399] Garbe, S. 50.

[400] Ebenda, S. 51.

Paßwort möglich. Die Fernmeldeverwaltung macht kein Inkasso für die Anbieter.

Einen Eintrag in das Kundenverzeichnis kann man durch Beantragung einer gebührenpflichtigen Geheimnummer vermeiden. Das Kundenverzeichnis darf von der Televerket sowohl auf Adreßaufklebern nach Rückfrage bei der Datenschutzinspektion als auch auf CD-Rom, falls der Erwerber eine Lizenznummer von der Datenschutzinspektion erworben hat, verkauft werden.

14. Schweiz

Das Post- und Fernmeldegeheimnis wird in der Schweizer Verfassung (Art. 36) gewährleistet. Ein allgemeines Grundrecht auf informationelle Selbstbestimmung kennt die Schweizer Verfassung nicht. Der Datenschutz im privaten Bereich basiert auf den Grundsätzen des allgemeinen Persönlichkeitsrechtes, die im Schweizer Zivilgesetzbuch verankert sind (Art. 28).

1992 wurde ein "Bundesgesetz zum Schutz von Personendaten" (DSG) verabschiedet. Daneben gibt es in verschiedenen Schweizer Kantonen und Gemeinden Datenschutzgesetze. Das DSG schützt sowohl die Daten juristischer als auch natürlicher Personen und unterscheidet nicht zwischen manueller und automatischer Datenverarbeitung. Es sieht eine Meldung aller Datensammlungen im öffentlichen Bereich an den Eidgenössischen Datenschutzbeauftragten vor. Im privaten Bereich müssen Datensammlungen gemeldet werden, wenn schützenswerte personenbezogene Daten, Persönlichkeitsprofile oder personenbezogene Daten zum Zwecke der Übermittlung verarbeitet werden und die betroffene Person davon keine Kenntnis hat. Bei Nicht-Kenntnis durch die betroffene Person muß ebenso die Übermittlung personenbezogener Daten ins Ausland dem Eidgenössischen Datenschutzbeauftragten vorher gemeldet werden. Von der Meldepflicht ausgenommen sind Übermittlungen in Staaten, die über eine gleichwertige Datenschutzgesetzgebung verfügen.

Das Fernmeldegesetz (FMG) v. 7.12.1987 [401], revidiert am 21.6.1991, die Botschaft zum FMG v. 7.12.1987 und die Verordnung über Fernmeldedienste v. 25.3.1992 ordnen den Bereich der Telekommunikation neu und enthalten Telekommunikationsdatenschutzbestimmungen.

Das FMG unterscheidet zwischen Fernmeldenetzen, Grunddiensten und erweiterten Diensten. Die PTT-Betriebe behalten das Monopol für die Errichtung und den Betrieb der Fernmeldenetze und zur Erbringung der Grunddienste. Erweiterte Dienste können von den PTT-Betrieben und Dritten angeboten werden. Der Bundesrat kann für erweiterte Dienste technische und administrative Vorschriften machen. Dritte können in Ausnahmefällen auch Fernmeldenetze errichten und betreiben. Sie brauchen dafür eine Konzession der PTT-Betriebe. Das Endgerätemonopol ist aufgehoben. Lediglich die Zulassung der Endgeräte erfolgt weiterhin durch die PTT-Betriebe [402].

Das Gesetz verpflichtet alle mit "fernmeldedienstlichen Aufgaben Betrauten" zur Geheimhaltung und sanktioniert dies strafrechtlich. Darüber hinaus wird das Fälschen und Unterdrücken und das unbefugte Verwerten von Nachrichten unter Strafe gestellt.

Die Überwachung des Fernmeldeverkehrs ist zulässig zur Verhinderung sowie zur Verfolgung eines Verbrechens oder Vergehens auf schriftliches Gesuch der zuständigen eidgenössischen und kantonalen Justiz- und Polizeibehörden. Diese Behörden müssen unverzüglich eine Genehmigung des zuständigen Richters einholen.

Die Abrechnungsdaten werden für einen Zeitraum von 100 Tagen nach Versand der Entgeltrechnung gespeichert. Die Daten

---

[401] Gebhardt: Rechtsgrundlagen des Datenschutzes sowie Datenschutz im Fernmeldewesen der Länder Schweiz, Frankreich, Niederlande, Großbritannien, Schweden, USA und Japan, S. 260; Müller / Gnesa: Zum heutigen Stand des Telekommunikationsrechts in der Schweiz, in: Korinek / Stampfl-Blaha, S. 287 (292 ff.); Wildhaber, DuD 92, S. 404.

[402] Ebenda, S. 404.

von Kunden, die ihre Rechnung nicht bezahlen, werden weitere 200 Tage in einer gesonderten Datei gespeichert [403].

Die PTT-Betriebe dürfen dem Teilnehmer im EGN neben Zeitpunkt, Dauer und Entgelt der Verbindungen als Zielnummer nur die Vorwahl bekanntgeben (Art. 17 Abs. 3 FMG). Anbieter von erweiterten Diensten sollen dem Teilnehmer, von dessen Anschluß ein Auftrag an diesen Dienst erteilt worden ist, darüber hinaus Auskunft über die Art der Dienstleistung geben.

Art. 13 FMG ermächtigt die Regierung zur Aufstellung der Kriterien für einen Nicht-Eintrag. Er ermächtigt die Regierung ferner, zum Schutz der Persönlichkeit gegen eine Zweckentfremdung der Telefonverzeichnisse Vorkehrungen zu treffen. Nach der Verordnung über Fernmeldedienste (FDV) wird auf den Eintrag nur verzichtet, wenn

- der Teilnehmer glaubhaft macht, daß durch den Eintrag für ihn oder für andere Personen, die mit im gleichen Haushalt leben, unzumutbare Nachteile entstehen würden;

- der Teilnehmer unter der Ortsbezeichnung schon eingetragen ist;

- andere wichtige Gründe es erfordern.

Für den Videotex sollte der Datenschutz durch Entwürfe für Datenschutzvorschriften sichergestellt werden, die vom Justizministeriums erarbeitet wurden. Diese Entwürfe wurden im Hinblick auf den Gesetzentwurf zum Datenschutz vorläufig beiseite gelegt [404]. Dadurch ist die Videotext-Verordnung mit nur einigen rudimentären Datenschutzvorschriften am 1.1.1987 in Kraft getreten [405]. Zur Abrechnung darf erst nach erfolgloser Mahnung des Teilnehmers dem Videotex-Anbieter Name, Adresse und geschuldeter Betrag übermittelt werden.

---

[403]Garbe: Datenspuren in digitalisierten Telekommunikationsnetzen, S. 31.

[404]Gebhardt: The legal basis of data protection and data protection in the field of communications in seven countries, S. 37; Müller / Gnesa, S. 300 ff.

[405]Ebenda; Gebhardt: Rechtsgrundlagen des Datenschutzes sowie Datenschutz im Fernmeldewesen der Länder Schweiz, Frankreich, Niederlande, Großbritannien, Schweden, USA und Japan, S. 260; Europarat: New technologies: a challenge to privacy protection, S. 22.

15. Spanien

Das Post- und Fernmeldegeheimnis sowie das Recht auf Datenschutz sind verfassungsrechtlich gewährleistet. Danach bedarf die Datenverarbeitung einer gesetzlichen Grundlage, die 1992 mit einem Datenschutzgesetz [406] geschaffen wurde.

Die Erstellung, Veränderung und Löschung einer Datei im öffentlichen Bereich bedarf einer Rechtsverordnung. Im nicht-öffentlichen Bereich müssen alle natürlichen und juristischen Personen, die automatisierte Dateien mit personenbezogenen Daten aufbauen wollen, diese zuvor bei der Datenschutzbehörde anmelden. In diesem Abschnitt des Gesetzes sind auch Daten über Dienstleistungen von Abonnenten im Bereich des Fernmeldewesens geregelt (Art. 26). Diese Bestimmung erlaubt die Erstellung von Kundenverzeichnissen im Bereich des Fernmeldewesens und gibt den Betroffenen das Recht, sich nicht in das Verzeichnis aufnehmen zu lassen. Im privaten Bereich können die Verantwortlichen durch bereichsspezifische Abmachungen oder Entscheidungen der Unternehmen Verhaltensrichtlinien erarbeiten, die die Organisationsanforderungen, die Funktionsweisen, die Verfahren, die Sicherheitsnormen in bezug auf Umwelt, Software oder Hardware, die Verpflichtung derjenigen, die mit der Verarbeitung und der Verwendung der personenbezogenen Information beauftragt sind, sowie die Ausübung der Rechte der Betroffenen regeln. Diese Verhaltensrichtlinien müssen im Datenschutzregister angemeldet und eingetragen werden. Der Direktor der Datenschutzbehörde überprüft sie auf Übereinstimmung mit den Grundsätzen und Durchführungsbestimmungen des Datenschutzgesetzes und kann den Beteiligten eine Berichtigung vorschreiben. Es besteht ein Übermittlungsverbot von personenbezogenen Daten an Staaten, in denen das Niveau des Datenschutzes nicht den Anforderungen des Datenschutzgesetzes entspricht. Eine Übermittlung kann nur mit vorheriger Genehmigung der Datenschutzbehörde erfolgen, wenn sich der Empfänger dem spanischen Datenschutzgesetz unterwirft und dafür Garantien gibt.

---

[406] Ley de Regulatión del Tratamiento Automatizado de los Datos de Carácter Personal.

Ende 1987 wurde ein Telekommunikationsgesetz [407] verabschiedet. Danach verbleiben die Telekommunikationsnetze und -dienste noch weitgehend im Monopol der Aktiengesellschaft TELEFONICA ESPANA S.A., in der die spanische Regierung Mehrheitsaktionär (47 %) ist [408].

Die Definition der reservierten Dienste ist im Gesetz sehr weit gefaßt und kann ausgedehnt werden. Demgegenüber ist die Definition der Wettbewerbsdienste sehr eng gefaßt und darf aus sehr unbestimmten Gründen eingeschränkt werden. Die Betreiber von Mehrwertdiensten brauchen für die Nutzung von Wählnetzen eine Genehmigung und für die Nutzung von Mietleitungen eine Lizenz.

16. Vereinigte Staaten

In den Vereinigten Staaten gibt es keinen systematischen Schutz der Persönlichkeitssphäre und der Daten. Der Privacy-Schutz wurde von der Rechtsprechung fallweise entwickelt, ohne daß er als Begriff in der Verfassung auftaucht. Der durch die Rechtsprechung entwickelte Privacy-Schutz umfaßt vier Aspekte:

a) das Recht, alleine gelassen zu werden,

b) den Schutz gegen die Offenbarung unangenehmer privater Fakten,

c) den Schutz der Persönlichkeitsrechte als Besitzrechte,

d) den Schutz gegen Verwaltungsentscheidungen auf der Basis von automatisiert erstellten Persönlichkeitprofilen [409].

Darüber hinaus gibt es eine Vielzahl von Maßnahmegesetzen auf Bundesebene und in den einzelnen Bundesstaaten. Der Privacy Act von 1974 regelt die Datenverarbeitung im öffentlichen Bereich. Das Fernmeldegeheimnis wird durch den Communication

---

[407]Ley de Ordenación de las Telecommunicationes - LOT.

[408]Fangmann: Handbuch für Post und Telekommunikation Poststrukturgesetz, S. 410; vgl. Schnöring: Entwicklungstrends auf den europäischen Telekommunikationsmärkten, 1992, S. 6.

[409]Rigaux: The protection of private life, in: Schaff: Legal and economic aspects of telecommunications, North Holland 1990, S. 663 ff.

Act von 1934 geschützt, welcher das Abhören und Verbreiten von Informationen, die über dieses Medium ausgetauscht werden, untersagt.

1984 wurde der Cable Communication Policy Act verabschiedet. Er sieht u.a. vor:

- daß die Teilnehmer über ihre personenbezogenen Daten, ihre Nutzung und die Länge der Speicherung durch die Kabelgesellschaften informiert werden,

- daß die Teilnehmer in die Datenverarbeitung einwilligen müssen, und

- beschränkt die Weitergabe von Kundeninformationen durch Kabelfirmen.

Eine kritische Studie zu Bürgerrechtsverletzungen durch Abhören, einschließlich der Risiken für die Teilnehmerüberwachung durch ISDN, die das Office of Technology Assessment (OTA) dem Kongreß 1985 vorlegte, hat weitere Gesetzgebungsinitiativen ausgelöst [410].

1986 wurde der Electronic Communications Privacy Act verabschiedet [411]. Dieses Gesetz schützt Nachrichten, die über neue Telekommunikationsdienste wie "Electronic Mail" oder "Telefon-Conferencing" ausgetauscht werden. Es verbietet den Eingriff durch Dritte und erfordert eine vorherige gerichtliche Entscheidung bei staatlichen Abhörmaßnahmen.

Mit dem Computer Fraud and Abuse Act (1986) wird der illegale Zugriff auf Computer zur Entnahme von Informationen straf-

---

[410]Vgl. Gebhardt, Vol. 57, 1990, S. 37 ff. Es gibt eine weitere Studie über die Verletzlichkeit der öffentlichen Telekommunikationsnetze aus dem Gesichtspunkt der nationalen Sicherheit: Growing Vulnerability of the Public Switched Networks: Implications for National Security Emergency Preparedness. A Report Prepared by the Committee on Review of Switching, Synchronization and Network Control in National Security Telecommunications, Board on Engineering and Technical Systems, National Research Council, Washington 1989, Besprechung in: Kubicek: Telekommunikation und Gesellschaft - Kritisches Jahrbuch zur Telekommunikation, 1991, S. 234 ff.

[411]Vgl. Rule: Data Wars: Privacy Protection in Federal Policy, in: Newberg: Directions in Telecommunications Policy, Volume 2, Information policy and economic policy, 1989, S. 7 (20).

rechtlich sanktioniert. Der Computer Matching and Privacy Protection Act (1988) beschränkt den Gebrauch von Computerabgleichdaten durch Bundesbehörden. Der Computer Security Act verpflichtet alle zuständigen Stellen, Sicherheitspläne für öffentliche Computer- und Telekommunikationssysteme aufzustellen, die sensible Informationen verarbeiten oder übermitteln, um Ressourcen und Privacy zu schützen.

Daneben haben auch verschiedene Bundesstaaten spezielle Cable Privacy Statutes oder strafgesetzliche Bestimmungen zum Schutz der Privatheit der Nutzer von Telekommunikationsdiensten verabschiedet. Der Communications Consumer Privacy Act des Staates Illinois oder strafrechtliche Bestimmungen in Kalifornien verbieten es jedem Telekommunikationsanbieter, Fernmeßeinrichtungen zu betreiben, die es ohne Wissen und Einwilligung der Betroffenen erlauben, Vorgänge in der Wohnung einschließlich der Fernsehgewohnheiten zu beobachten oder zu belauschen. Das Bundesrecht und das Gesetz des Staates Illinois sehen nur Schadensersatzregelungen vor, in Kalifornien wird eine widerrechtliche Übermittlung der Daten auch strafrechtlich sanktioniert.

In den Vereinigten Staaten werden die Telekommunikationsnetze und -dienste durch unabhängige Regulierungskommissionen sowohl auf regionaler als auch auf Bundesebene (FCC) überwacht. Aufgabe der Regulierungskommissionen ist der Schutz vor monopolistischen Praktiken privater Telekommunikationsunternehmen. Diese Kommissionen erteilen Lizenzen für neue Anbieter. Sie überwachen die Qualität der Netze und Dienste und befassen sich mit allen möglichen Verbraucherbeschwerden. Sie haben u.a. die Kompetenz, Gebühren und Geschäftsbedingungen festzusetzen, das Management zu überprüfen und Investitionen zu steuern [412]. Immer mehr nehmen sich diese Kommissionen auch Datenschutzfragen an.

Bei diesen Aufsichtsbehörden sind wiederholt Klagen zur Verwendung der Teilnehmerdaten für kommerziell genutzte Telefonlisten eingegangen. Die FCC untersagte den Telefon-

---

[412]Noam: Privacy bei Telekommunikationsdiensten, in: Kubicek: Telekommunikation und Gesellschaft, S. 112 ff.

gesellschaften die Übermittlung der Teilnehmerdaten an ihre Geschäftsabteilungen zur Unterstützung des Marketings ihrer Telekommunikationsdienste und die Übermittlung an Dritte ohne Einwilligung des Teilnehmers [413].

Auch die regionalen Regulierungskommissionen entscheiden über Datenschutzfragen. 1990 war in fünf Bundesstaaten die Rufnummernanzeige ohne Unterdrückungsmöglichkeit zugelassen worden. In fünf anderen Staaten mußte eine Form der Unterdrückung eingeführt werden. In sechs weiteren Staaten lagen Anträge der regionalen Telefongesellschaften auf Zulassung der Rufnummernanzeige vor. In Kalifornien wurde 1991 die Rufnummernanzeige für zwei Jahre unter der Bedingung zugelassen, daß eine fallweise Rufnummernunterdrückung angeboten wird [414]. In Pennsylvania wurde die Zulassungsentscheidung für Rufnummernidentifizierungseinrichtungen durch die zuständige Regulierungsbehörde (Public Utility Commission) gerichtlich aufgehoben, da sie gegen die gesetzlichen Abhörverbote des Bundesstaates verstoße. Zulässig sei die Nutzung einer derartigen Einrichtung nur, wenn alle Beteiligten zustimmten. Konflikte gibt es bei Ferngesprächen zwischen verschiedenen Bundesstaaten. Hier wird in der Regel nach dem Recht des Bundesstaates verfahren, aus dem der Anruf kommt. Die FCC hat bislang kein förmliches Verfahren für eine einheitliche Regelung eingeleitet [415]. Es gibt eine öffentliche Diskussion über die Rufnummernidentifizierung [416]. In den Kongreß sind zwei Gesetzentwürfe eingebracht worden, wonach eine Rufnummernanzeige zulässig sein soll, wenn gleichzeitig

---

[413] Vgl. Gebhardt, Vol 57, 1990, S. 37 ff.

[414] Mohr: Die Telekommunikations-Regulierung in den USA, in: Kubicek u.a.: Jahrbuch der Telekommunikation und Gesellschaft, Band 2, 1994, S. 112 (114).

[415] Vgl. Shultz: Caller ID, ANI & Privacy. A review of the Major Issues Affecting Number Identification Technologies. Report Series No. 4, Telecommunication Reports, 1990; Besprechung in: Kubicek: Telekommunikation und Gesellschaft, S. 237 ff.

[416] Vgl. Shultz: Caller ID, ANI & Privacy. A review of the Major Issues Affecting Number Identification Technologies. Report Series No.4, Telecommunication Reports, New York 1990; Noam, S. 112 ff.

eine kostenlose individuelle Unterdrückungsmöglichkeit vorgesehen wird [417].

Die Regulierungsbehörden sehen zunehmend Privacy-Schutzkonzepte als Bestandteil ihrer Regulierungsaufgabe. Die Public Service Commission des Staates New York hat dazu am 31.1.1990 ein umfassendes Konzept veröffentlicht. Dieses Konzept sieht vielfältige Hard- und Software-Optionen sowie Regulierungskonzepte vor, die denjenigen mit Kosten belastet, der den Status quo des Privacy-Schutzes ändert. Auf der Grundlage dieses Konzeptes beschloß die Kommission Mitte 1990 Privacy-Prinzipien [418].

Diese Prinzipien sehen vor, daß die Maßnahmen zum Privacy-Schutz bei der Einführung neuer Telekommunikationsdienste von den Betreibern gegenüber der Kommission genauso dargestellt werden müssen wie zur Festsetzung neuer Tarife. Die Telekommunikationsdiensteanbieter sollen ihre Kunden auf die Auswirkungen der von ihnen angebotenen Dienste für die Privacy hinweisen und sie zu einem zweckgemäßen Umgang mit den Daten verpflichten.

Die Netze und Dienste sollen einen Standard an Privacy-Schutz bieten. Anbieter und Netzbetreiber, die diesen Standard bei der Einführung neuer Dienste nicht einhalten, sollen zu einer kostenlosen Wiederherstellung des Standards verpflichtet werden können. Der Teilnehmer soll zwischen verschiedenen Stufen des Privacy-Schutzes wählen können, den er dann allerdings auch entsprechend bezahlen muß.

Daten über die Nutzung von Diensten, die über den Teilnehmer bei Anbietern und Netzbetreibern anfallen, dürfen nur für die Abrechnung der Gebühren sowie für die Rechnungsstellung der vom Teilnehmer geforderten Waren und Dienstleistungen verwendet werden. Sie dürfen Dritten nicht zugänglich gemacht und ihr Schutz muß durch entsprechende Datensicherungsmaß-

---

[417]Ebenda.

[418]Ebenda, S. 112 ff.

nahmen gewährleistet werden. Andernfalls stehen den Teilnehmern Schadensersatzansprüche zu [419].

Einen neuen Stellenwert haben die Fragen des Schutzes der Privacy und der Datensicherheit in der Telekommunikation durch die Initiative der Regierung Clinton erhalten, den Ausbau der amerikanischen Computernetze als nationale Aufgabe zur Förderung des wirtschaftlichen Wachstums und zur Schaffung der gesellschaftlichen Infrastruktur für die technologische Führung im 21. Jahrhundert zu betreiben [420]. Aufgrund dieser Regierungsabsicht wurden im Rahmen des High Performance Computing Act (1991) [421] eine Reihe von nationalen Programmen aufgelegt. Eine Aufgabe des beratenden Ausschusses für den Aufbau einer nationalen Informationsinfrastruktur (NII) ist die Prüfung sowohl von Schutz- und Sicherheitsmaßnahmen für Systeme, Netzwerke und Privacy als auch von gesetzlichen Maßnahmen auf diesen Gebieten [422]. Einen wichtigen Stellenwert hat in diesem Rahmen die Bereitstellung geeigneter Verschlüsselungsverfahren [423]. Entsprechend finden sich diese Aufgabenstellungen in den Einzelprogrammen wie dem National Research and Education Network Program (NREN) [424] wieder. Über die Datenschutz- und -sicherheitsfragen - vergleichbar dem Telefonnetz hinaus geht es hier um die Entwicklung von Sicherheitskonzepten in dezentral administrierten offenen logischen Datennetzen wie dem Internet sind. Hier besteht erheblicher technischer, organisatorischer, kultureller und gesetzlicher Gestaltungsbedarf für die Gewährleistung eines vertraulichen Umgangs mit den Informationen in diesen

---

[419]Ebenda.

[420]Clinton / Gore: Technology for America´s Growth: A new Direction to Build Economic Strengh, 1993.

[421]P.L. 102 - 104.

[422]Clinton: Executive Order United States Advisory Council on the National Information Infrastructure, 1993.

[423]The National Information Infrastructure - Agenda for Action, TAB A 5, 1993.

[424]The National Research and Education Network Program - A Report to Congress, 1992.

Netzen [425]. Dieser Gestaltungsbedarf hat in das NII-Programm Eingang gefunden.

17.   Japan

Die japanische Verfassung enthält zusammen mit dem Zensurverbot als Basis für das Fernmeldegeheimnis ein unverletzliches Recht auf Geheimhaltung jeder Art von Information (Art. 21 Abs. 2). Zudem wird das allgemeine Persönlichkeitsrecht geschützt (Art. 13 Abs. 1). Der Schutz konkretisiert sich aber erst durch spezifische Gesetze.

Im Gesetz über drahtgebundene elektronische Fernmeldebetriebe von 1953 Art. 14 i.V.m. Art 9) wird ebenso wie im Funkgesetz von 1950 (Art. 59 i.V.m. Art. 109) und im Telekommunikationsgeschäftsgesetz (Art. 4 Abs. 1 u. Art. 104 Abs. 1) das Fernmeldegeheimnis geschützt und strafrechtlich sanktioniert.

Auf der Ebene des Zentralstaates wurde 1988 ein Datenschutzgesetz beschlossen. Der Geltungsbereich umfaßt nur die öffentliche Verwaltung. Daneben gibt es eine Vielzahl von Datenbestimmungen durch die Gebietskörperschaften, die auch Datenschutzregelungen für den privaten Sektor treffen können [426]. Ende der achtziger Jahre haben 90 % der Präfekturen und 30 % der Städte und Gemeinden Datenschutzregelungen für Private und für den lokalen öffentlichen Sektor wie Wahl-, Sozialversicherungs- und Steuerdateien erlassen [427].

Geschützt sind nach dem zentralen Datenschutzgesetz die Daten natürlicher Personen, die elektronisch verarbeitet werden. Das Gesetz sieht eine Zweckbindung der personenbezogenen Daten vor. Der Betroffene hat Einsichts-, Berichtigungs- und Löschungsrechte. Dateien der öffentlichen Verwaltung müssen beim Premierministerium registriert werden.

---

[425]Vgl. Computer Professionals for Social Responsibility: A public-Interest Vision of the National Information Infrastructure, 1993.

[426]Gebhardt, JbDBP 1987, S. 298.

[427]Gassmann: Geheimnisschutz, Informationsfreiheit und Medien im japanischen Recht 1990, S. 105.

1982 mußte die Nippon Telefone & Telegraph (NTT) ihr Monopol für Endgeräte, für Mehrwertdienste und die Leitungsnutzung aufgeben. Mit dem NTT-Unternehmensgesetz und dem Telekommunikationsgeschäftsgesetz wurde 1985 der japanische Telekommunikationsmarkt weiter liberalisiert. Das NTT-Unternehmens-gesetz ermöglichte die Privatisierung der NTT und legte deren Aufgaben und Pflichten neu fest; das "Telekommunikationsgeschäftsgesetz"-Gesetz ersetzte das Gesetz für die öffentliche Kommunikation von 1953 und hob die darin verankerten Monopole insbesondere im Netzbereich auf.

Die japanische Deregulierungsgesetzgebung unterscheidet zwei Kategorien von Telekommunikationsdiensten:

- Anbieter der Kategorie I sind in der Regel Netzbetreiber, die auf der Basis ihrer eigenen Leitungsnetze Telekommunikationsdienste

  wie Sprach- und Datenübertragung, Telex, Telefax und Mehrwertdienste anbieten.

- Anbieter der Kategorie II sind nicht selbst Eigentümer von Fernmeldeanlagen und Netzen. Sie müssen diese von den Anbietern der Kategorie I mieten.

Die Kategorie II ist nochmals zweigeteilt. Anbieter der Spezialkategorie II können Dienste über umfangreiche und leistungsstarke Netze in Japan selbst oder im Ausland anbieten. Demgegenüber erlaubt die allgemeine Kategorie II nur eine Tätigkeit auf dem japanischen Binnenmarkt in geringerem Umfang [428].

Anbieter der Kategorie I müssen ihre Tätigkeit vom Postministerium genehmigen lassen. Gebührenstruktur, eventuelle Gebührenänderungen und die allgemeinen Geschäftsbedingungen sind Gegenstand des Genehmigungsverfahrens [429].

---

[428]Vgl. Grab, Funkschau, 2/92, v. 10.1.92, S. 44 ff.

[429]In der Kategorie hat die NTT rund 50 Konkurrenten, wovon drei - Daini-Denden Inc. (DDI), Japan Telecom - ein Konsortium um die privatisierte Eisenbahngesellschaft und Teleway Japan - ein Ableger der Autobahngesellschaft führend sind, ebenda, S. 46 f.

Die Anbieter der Spezialkategorie II müssen ihre Tätigkeit vom Post- ministerium lediglich registrieren lassen und ihre Gebühren offenlegen [430]. Bei der allgemeinen Kategorie II ist nur eine Anmeldung der Tätigkeit beim Postministerium vorgeschrieben[431].

Der Minister für Post- und Telekommunikation erließ Vorschriften zur Datensicherheit, insbesondere auch bei Telekommunikationsdiensten. Für den EGN ist eine Rufnummernverkürzung um vier Stellen auf Antrag des Teilnehmers vorgesehen [432]. In diesem Fall kann der Teilnehmer bei der Fernmelderechnungsstelle die vollständigen Verbindungsdaten einsehen und eine Kopie erhalten. Die Gebührendaten werden sechs Monate gespeichert. Dieser Zeitraum entspricht der Einwendungsfrist gegen Fernmelderechnungen. In den Rechnungs- und Vermittlungsstellen sind umfangreiche Datensicherungsmaßnahmen wie beschränkte Zugriffsberechtigungen, Legitimation durch Ausweise, Zugriffsprotokollierung usw. vorgesehen. Es ist nur eine generelle Unterdrückung der Rufnummernanzeige möglich [433].

18.   Zusammenfassende Bewertung

In fast allen mitteleuropäischen EU-Staaten ist der Telekommunikationssektor in den vergangenen Jahren nach ähnlichen Zielvorgaben, gesteuert durch die EG, grundlegend neu strukturiert worden. Die südeuropäischen EU-Staaten müssen die EG-Richtlinien noch in nächster Zeit umsetzen. Bei der Neuordnung der Telekommunikation haben alle EU-Staaten den betrieblichen Teil der Fernmeldeverwaltung mehr oder weniger aus der Staatsverwaltung herausgebrochen, zu Telekom-Unternehmen verselbständigt, die öffentlich-rechtlichen Rechtsbeziehungen gelockert und sie privatrechtlichen Organisationsformen angenähert. Die Erbringung von Telekommunikationsdiensten wurde

---

[430]Rund 24 größere Unternehmen sind hier insbesondere im Bereich internationaler Datenübertragung und Mailbox-Dienste tätig; vgl. ebenda, S. 47.

[431]Hier gibt es rund 700 kleinere Anbieter; vgl. ebenda, S. 47.

[432]Gebhardt, Vol. 57, 1990, S. 37 ff.

[433]Gebhardt, JbDBP 1987, S. 300.

für den Wettbewerb geöffnet. Ein nennenswerter Telekommunikationsdienstemarkt hat sich in Großbritannien, Frankreich, den Niederlanden und Dänemark entwickelt, wo die De- und Regulierung bereits erfolgt ist.

In diesen Staaten gibt es mit Ausnahme von Großbritannien ein verfassungsrechtlich gewährleistetes Fernmeldegeheimnis und Datenschutzgesetze. Das Fernmeldegeheimnis schützt in allen europäischen Staaten nur das Verhältnis Bürger - Staat. Alle Staaten haben sich im internationalen Fernmeldevertrag von Nairobi 1982 verpflichtet, "alle möglichen Maßnahmen zu ergreifen, die mit dem benutzten Fernmeldesystem vereinbar sind, um die Geheimhaltung der internationalen Nachrichten zu gewährleisten"[434].

Mit der privatrechtlichen Verselbständigung der Telecom-Unternehmen greift dieser Schutz in weiten Bereichen nicht mehr. Der Datenschutz ist verfassungsrechtlich in den Niederlanden, Österreich, Spanien und Portugal verankert. In der Umsetzung des Datenschutzgedankens lassen sich in Europa idealtypisch drei Grundmodelle unterscheiden:

- Administrativer Schutz der Betroffenen durch eine starke Datenschutzbehörde, die Genehmigungsfunktionen und direkte Weisungsrechte besitzt (Frankreich, Dänemark, Norwegen, Schweden, Spanien, Portugal).

- Durch eine Datenschutzbehörde kontrollierte Selbstregulierung der Anwender (Großbritannien, Niederlande).

- Bindung der Anwender an abstrakt-generelle, allgemeine und bereichsspezifische Datenschutzgesetze (Deutschland). Nur öffentlichkeitswirksame Kontrolle durch eine Datenschutzbehörde ohne eigene Sanktionsmittel.

Hinzu kommt ein für die Telekommunikation spezifisches Instrument, das vorwiegend in Großbritannien eingesetzt wird:

- Vergabe von Lizenzen mit Datenschutzauflagen.

Gegenüber den europäischen Regelungsmodellen ist der Datenschutz in den Vereinigten Staaten disparater. Einerseits ist er

---

[434]BGBl. II 1985, S. 425.

bereichsspezifisch sehr unsystematisch ausgebildet und differiert andererseits föderalistisch stark von Bundesstaat zu Bundesstaat. Zunehmend scheint auch hier die Lizenzierung zu einem Mittel der Gestaltung des Datenschutzes und der Datensicherheit zu werden.

Die Regelungsgegenstände sind in den Staaten mit einem entwickelten Telekommunikationsdienstemarkt ähnlich:

a)   Schutz der Nachrichteninhalte

In den meisten Staaten wird das Fernmeldegeheimnis auf private Telekommunikationsdienste und gegebenenfalls Netzbetreiber gesetzlich ausgeweitet (Frankreich, Großbritannien, Niederlande, Japan).

b)   Bestands-, Verbindungs-, Betriebs- und Abrechnungsdaten der Kunden und Teilnehmer

Zum Schutz der Teilnehmerdaten werden sehr unterschiedliche Instrumente eingesetzt. In Frankreich gibt es teilweise bereichsspezifische Gesetze, teilweise werden Auflagen in der Genehmigung der Datenverarbeitung durch die CNIL gemacht. In Großbritannien wird auf Lizenzauflagen und die Selbstbindung durch entsprechende "Codes of Practice" gesetzt. In den Niederlanden gibt es ministerielle Richtlinien und AGB, die durch Verbraucherorganisationen mit der PTT Telecommunicatie ausgehandelt wurden. In Dänemark wird wie in den anderen nordeuropäischen Staaten lediglich das allgemeine Datenschutzgesetz angewandt, auf dessen Grundlage die Datenschutzbehörde intervenieren kann. In den Vereinigten Staaten kommt das jeweilige uneinheitliche Case Law auf Bundes- und Landesebene sowie Lizenzauflagen durch die Regulierungsbehörden zur Anwendung.

c)   Datenverarbeitung für Mehrwertdienste

Hier gibt es bislang nur punktuelle Lösungsansätze mit denselben unterschiedlichen Instrumenten wie unter b) aufgeführt.

Materiell sind international ähnliche Regelungsgegenstände und Lösungen erkennbar, wie z.B. Verbindungsdatenverarbeitung, EGN und Rufnummernanzeige. Die Datenverarbeitung für Mehrwertdienste, unter die die Multimediaanwendungen fallen, ist bislang noch kaum Regelungsgegenstand.

Vor dem Hintergrund eines Telekommunikationsmonopols und einer zentralistischen Planung der Telekommunikationstechnologien im Hinblick auf die Frühzeitigkeit der Beteiligung und der Gestaltungswirkung scheint das französische Modell durchaus erfolgreich zu sein. Hier gab es bislang die detailliertesten Regelungen zum Telekommunikationsdatenschutz. Die Vollzugsdefizite bei den Registermeldungen im privaten Bereich in Frankreich zeigen aber auch, daß diese administrative Lösungen in einem deregulierten Telekommunikationssektor nicht mehr hinreichend greifen. Die Wirksamkeit der Codes of Practice und der Lizenzauflagen ist bislang für Großbritannien ebensowenig abzuschätzen wie die Selbstregulierung in den Niederlanden.

V. Telekommunikationsdatenschutz und Regulierung in Deutschland

1. Rechtlicher Rahmen der Telekommunikation

Durch das PostStruktG [435] 1989 ist der Post- und Telekommunikationssektor in der Bundesrepublik grundlegend neu geordnet worden. Die Vorgaben für diese Neuordnung durch die Regierungskommission Fernmeldewesen [436] waren eng an das Grünbuch der EG-Kommission über die Entwicklung des Gemeinsamen Marktes für Telekommunikationsdienstleistungen und Telekommunikationsendgeräte [437] angelehnt. Die Ziele bestanden in einer Neustrukturierung des Post- und Fernmeldewesens, einer Trennung der hoheitlichen und betrieblichen Aufgaben, einer betriebswirtschaftlichen Orientierung der Postunternehmen mit einer entsprechenden privatwirtschaftlichen Unternehmensstruktur und einer weitgehenden Marktöffnung für den Wettbewerb bei gleichzeitiger Beschränkung des Monopols im Telekommunikationssektor. Mit der zweiten Poststrukturreform 1994 wurde durch eine Verfassungsänderung (Art. 87, 143 GG) und das Postneuordnungsgesetz (PTNeuOG) eine Umwandlung der Unternehmen der Deutschen Bundespost in private Aktiengesellschaften vorgenommen. Neben der Ersetzung des Begriffes "Fernmeldewesen" durch "Telekommunikation" in Art. 73 Nr. 7 und Art. 80 Abs. 2 GG wird die "Bundespost" als Gegenstand bundeseigener Verwaltung gestrichen. In Art. 87 f. GG wird die Trennung von hoheitlichen Aufgaben und Telekommunikationsdienstleistungen verfassungsrechtlich festgeschrieben.

---

[435] BGBl. I 1989, S. 1026.

[436] Bericht der Regierungskommission Fernmeldewesen: Neuordnung der Telekommunikation, unter Vorsitz von E. Witte, 1987.

[437] Ratsdok. Nr. 7961/87, BT-Drs. 11/930, S. 76.

Bis Ende 1996 sollen die gesetzlichen Grundlagen der Post-strukturreform III in einem einheitlichen Telekommunikations-gesetz (TKG)[438] geschaffen werden, das das Fernmeldeanlagen-gesetz (FAG) und das Postregulierungsgesetz (PRegG) ablöst. In dem TKG werden die Regulierungsanforderungen der Telekom-munikationsmärkte generell geregelt und mit der Liberalisierung der Sprachkommunikationsdienste die immer noch vorhandene Ausrichtung der Gesetze auf das Fernmeldewesen endgültig aufgegeben [439]. Für das Angebot von Sprachtelefondienst gelten bis zum 31.12.1997 das FAG und das PTRegG weiter [440].

Bereits durch die Poststrukturreform I wurde die Post- und Fernmeldeverwaltung in drei Unternehmen verselbständigt: "Deutsche Bundespost Postdienst", "Deutsche Bundespost Post-bank" und "Deutsche Bundespost TELEKOM". Diese Unter-nehmen mußten ihre Aufgaben selbständig wahrnehmen. Aller-dings waren sie nicht völlig voneinander getrennt. Ein gemein-sames Direktorium war für bestimmte übergreifende Aufgaben der DBP zuständig, zu denen auch ein Finanzausgleich zwischen den Unternehmen gehörte. Mit Wirkung vom 1.1.1995 wurden diese drei Unternehmen in Aktiengesellschaften umge-wandelt [441]. Eine neugegründete Bundesanstalt für Post und Telekommunikation übernimmt für die Aktiengesellschaften die Aufgabe einer Finanzholding [442]. Sie hat die Aktiengesellschaften am Kapitalmarkt einzuführen und die Aktienanteile des Bundes zu verwalten. Bei der Koordinierung von Unternehmensauf-gaben, der Gestaltung des äußeren Erscheinungsbildes der Unter-nehmen und der Ausarbeitung von Führungsgrundsätzen kann sie lediglich noch beratende Funktion wahrnehmen. Daneben übernimmt die Bundesanstalt noch bestimmte personalrechtliche,

---

[438] BRDrs. 80/96

[439] In der weiteren Darstellung werde ich auf den Entwurf des TKG (TKG-E) Bezug nehmen und die Parallelvorschriften in den jeweiligen Gesetzen benennen.

[440] Amtsblatt des BMPT 7/95, S. 526 ff.

[441] § 1 PostUmwG, BGBL I 1994, S. 2339; vgl. Scherer, CR 94, S. 418.

[442] § 1, 3 BAPostG, BGBL I 1994, S. 2325.

tarifvertragliche und soziale Aufgaben. Einfluß auf das operative Geschäft der Aktiengesellschaften darf die Bundesanstalt nicht nehmen. Die Bundesanstalt darf aus den Dividenden einen Verlustausgleich zugunsten der Aktiengesellschaften vornehmen, soweit ein unter marktwirtschaftlichen Bedingungen handelnder Kapitalgeber einen solchen Ausgleich vornehmen würde und dies in Übereinstimmung mit EG-Recht zulässig ist bzw. durch die EG-Kommission genehmigt wird.

Die drei Aktienunternehmen haben unmittelbar keinen öffentlichen Auftrag mehr. Zuvor oblagen allen drei Unternehmen unternehmerische und betriebliche Aufgaben in "Wahrnehmung ihres öffentlichen Auftrages" (§ 1 PostVerfG). Die Deutsche Bundespost TELEKOM hatte gem. § 4 Abs. 1 S. 1 PostVerfG "die Nachfrage von Bürgern, Wirtschaft und Verwaltung nach Leistungen der ... Fernmeldedienste zu decken" und diese "unter Berücksichtigung der Markterfordernisse entsprechend der wirtschaftlichen und technischen Entwicklung zu gestalten". Zum einen mußte die "Deutsche Bundespost TELEKOM" Infrastrukturdienste als Monopol- oder als Pflichtleistung weiterhin als öffentliche Aufgabe im Rahmen der Daseinsvorsorge erbringen (Leistungspflicht), zum anderen konnte sie freie Leistungen im Rahmen ihrer Aufgaben im Wettbewerb erbringen (§ 4 Abs.1 PostVerfG). Für die "Infrastrukturdienste" bestand eine engere Bindung an die Grundsätze der Politik der Bundesrepublik wie der Verkehrs-, Wirtschafts-, Finanz- und Sozialpolitik (§ 2 Abs.1 PostVerwG).

Die Aufgabenbestimmung ergibt sich jetzt aus der Satzung der jeweiligen Aktiengesellschaft. Die Deutsche TELEKOM AG darf sich im gesamten Bereich der Telekommunikation und in den verwandten Bereichen im In- und Ausland betätigen. Damit kann die Deutsche TELEKOM AG, - ein wichtiges Ziel der zweiten Reform [443] - international unternehmerisch frei handeln, wie z.B. Unternehmen im In- und Ausland gründen, erwerben und sich an ihnen beteiligen. Sie kann ihren Betrieb ganz oder teilweise in verbundene Unternehmen ausgliedern. Im Umfang ihrer Tätigkeit

---

[443] Vgl. Begründung zum Gesetzentwurf BRDrs. 115/94, S. 75.

unterliegt die Deutsche TELEKOM AG keiner Beschränkung mehr.

Öffentliche Auflagen sind nur noch dort zu erfüllen, wo die Unternehmen aufgrund ausschließlicher, besonderer Rechte tätig werden oder Pflichtleistungen erbringen. Diese Rechte ergeben sich aus dem FAG bzw. dem PostG. Die Regulierungsziele, die der Überwachung des Bundesministers für Post und Telekommunikation unterliegen, sind im Gesetz über die Regulierung der Telekommunikation und des Postwesens (PTRegG) formuliert. Gesetzliche Regulierungsziele sind:

1. ein flächendeckendes, modernes und preisgünstiges Angebot von Dienstleistungen der Telekommunikation und des Postwesens;

2. die Sicherung der Chancengleichheit ländlicher Räume im Verhältnis zu Verdichtungsräumen im Postwesen unter Beachtung der Tarifeinheit im Raum für Monopol- und Pflichtleistungen;

3. der diskriminierungsfreie Zugang der Nutzer zu diesen Dienstleistungsangeboten;

4. die effektive Verwaltung knapper Ressourcen, insbesondere von Frequenzen und Rufnummern;

5. die Berücksichtigung sozialer Belange;

6. die Gewährleistung eines wirksamen Verbraucher- und Datenschutzes.

Diese Regulierungsziele müssen möglichst mit marktkonformen Mitteln verfolgt werden. Zum Verbraucher- und Datenschutz enthält das PTRegG Rechtsverordnungsermächtigungen (§§ 9 u. 10 PTRegG). Die Leistungsentgelte und die entgeltrelevanten Bestandteile der AGB im Monopolbereich der Telekommunikation und des Postwesens unterliegen der Genehmigung durch den Bundesminister für Post und Telekommunikation. Die Deutsche TELEKOM AG kann auch im Bereich wettbewerblicher Leistungen besonderen Leistungsauflagen (z.B. flächendeckendes Angebot, Tarifeinheit im Raum) unterworfen werden. Diese Pflichtleistungen muß die Deutsche TELEKOM AG aufgrund von Rechtsverordnungen der Bundesregierung, in denen die "wesentlichen Strukturen" und "Entgeltregelungen" festgelegt werden können, erbringen.

Ausschließliche und besondere Rechte sind für die Telekommunikation im FAG gesetzlich festgelegt. Telekommunikationsdienstleistungen werden gem. Art. 87 f GG nicht mehr als Verwaltungsaufgabe des Bundes erbracht, sondern als private Dienstleistung. Lediglich die Regulierung besonderer und ausschließlicher Rechte verbleibt als hoheitliche Tätigkeit beim Bund. Die Betreiberrechte werden grundsätzlich den Nachfolgeunternehmen der DBP TELEKOM und den Wettbewerbern zugewiesen.

Die ausschließlichen Rechte zum Betreiben von Telekommunikationsnetzen (Netzmonopol) und Funkanlagen (§ 1 Abs. 2 FAG) und der öffentlichen Vermittlung von Sprache (Telefondienstmonopol) wird per Gesetz der Deutschen TELEKOM AG übertragen. Diese Übertragung ausschließlicher Rechte ist im Bereich des Netzmonopols bis zum Auslaufen des Netzmonopols befristet. Das Telefondienstmonopol, das nach Beschluß der EU spätestens 1998 aufgehoben werden soll, ist wie das gesamte Gesetz bis zum 31.12.1997 befristet [444]. Der Bundesminister für Post und Telekommunikation kann Änderungen an Inhalt und Umfang dieser Rechte vornehmen und gem. § 2 Abs. 1 FAG im Bereich dieser ausschließlichen Rechte die Befugnis zur Errichtung und zum Betrieb einzelner Fernmeldeanlagen auch an andere verleihen. Die Befugnis muß an Elektrizitätsunternehmen, soweit sie Fernmeldeanlagen für eigene Zwecke betreiben, und für Satellitenfunkanlagen, die der Übertragung kleiner Datenmengen dienen, erteilt werden.

Genehmigungsfrei sind Fernmeldeanlagen,

- die ausschließlich dem inneren Dienst von Behörden und Ländern, der Gemeinden und bestimmter öffentlich-rechtlicher Verbände gewidmet sind;

- die von Transportanstalten auf ihren Linien ausschließlich zu Zwecken ihres Betriebes eingesetzt werden;

---

[444]Vgl. Begründung zum Gesetzentwurf BRDrs. 115/94, S. 110.

- die innerhalb der Grenzen eines Grundstücks oder grundstücksübergreifend bis zu 25 km, soweit die Grundstücke einem Besitzer oder zu einem Betrieb gehören, betrieben werden.

Der Bundesminister für Post und Telekommunikation hat darüber hinaus eine Allgemeinverleihung für Sprachvermittlung (Corporate Networks) innerhalb von Unternehmen und Konzernen erteilt [445]. Sie dürfen keine Sprachvermittlung zwischen Dritten vornehmen.

Im übrigen ist der Markt für den Wettbewerb geöffnet. Nach § 1 Abs. 4 FAG ist jedermann berechtigt, Telekommunikationsdienstleistungen für andere über Fest- und Wählverbindungen, die von der Deutschen TELEKOM AG bereitgestellt werden, zu erbringen. Werden Telekommunikationsdienstleistungen über Fest- und Wählverbindungen der Deutschen TELEKOM AG erbracht, sind diese beim Bundesminister für Post und Telekommunikation lediglich schriftlich anzuzeigen.

Zugelassene Endeinrichtungen darf jedermann errichten und betreiben. Dazu gehören 1994 auch Funkanlagen und Satellitenfunkanlagen, die an das öffentliche Telekommunikationsnetz angeschlossen werden sollen. Endgeräte bedürfen weiterhin einer Zulassung durch das Zentralamt für Zulassungen im Fernmeldewesen bzw. einer entsprechenden Behörde eines EU-Mitgliedstaates. Die grundlegenden Anforderungen und Verfahren der Endgeräterichtlinie und der Richtlinie zur Angleichung der Rechtsvorschriften der Mitgliedstaaten über Telekommunikationsendgeräte einschließlich der gegenseitigen Anerkennung ihrer Konformität sind bereits in das FAG übernommen worden und werden entsprechend in das TKG übernommen.

Die Deutsche TELEKOM AG darf grundsätzlich weiterhin einen finanziellen Ausgleich zwischen den Monopol- und Wettbewerbsdiensten herbeiführen. Er darf nicht die Wettbewerbs-

---

[445]Verfügung: Regulierung von Fernmeldeanlagen, die gem. den §§ 2 und 3 FAG von anderen als der DBP TELEKOM errichtet und betrieben werden dürfen, Amtsblatt des BMPT 13/93, S. 254 ff; TVerleihV, BGBl. I 1995, S. 1434 ff; Mobilfunk-Telekommunikations-Verleihungsverordnung (MTVerleihV) BGBL. I 1995, S. 1446.

möglichkeiten anderer Unternehmen ungerechtfertigt beeinträchtigen. Über das Vorliegen einer ungerechtfertigten Beeinträchtigung entscheidet der Bundesminister für Wirtschaft im Benehmen mit dem Bundesminister für Post und Telekommunikation.

Alle Rechtsbeziehungen zwischen der Deutschen Bundespost TELEKOM und Teilnehmern sind vollständig auf Privatrecht umgestellt worden. Die Möglichkeit der Verwaltungsvollstreckung auf Entgeltforderungen bestand bis zum 31.12.1994. Die Deutsche TELEKOM AG muß ihre Entgeltforderungen im Wege der Zwangsvollstreckung beitreiben.

Der Bundesminister für Post und Telekommunikation übt nur noch die Rechtsaufsicht über die Bundesanstalt für Post und Telekommunikation aus und behält bestimmte dienstrechtliche Zuständigkeiten für die Beamten, die bei Aktiengesellschaften weiterbeschäftigt werden. Bei der Wahrnehmung der Regulierungsaufgaben des Bundesministers für Post und Telekommunikation wirkt ein Regulierungsrat mit, der aus einem Vertreter jedes Landes und einer gleich großen Anzahl von Vertretern des Bundestages besteht.

Die Regulierungsaufsicht haben Beschlußkammern, die aus einem Vorsitzenden und zwei Beisitzern bestehen. Der Vorsitzende und die Beisitzer müssen Beamte auf Lebenszeit mit der Befähigung zum Richteramt sein. Ihnen obliegt die Aufsicht über die Einhaltung der Verpflichtungen, Auflagen und Anordnungen, aber auch über die Einhaltung der Verordnungen über Verbraucher- und Datenschutz. Die Beschlußkammer führt ein rechtsförmig geregeltes Verfahren von Amts wegen oder auf Antrag durch. Beteiligte des Verfahrens sind: der Antragsteller, das Unternehmen, gegen das sich das Verfahren richtet, die Personen und Personenvereinigungen, deren Interessen durch die Entscheidung erheblich berührt werden und die die Beschlußkammern auf ihren Antrag zu dem Verfahren beiladen. Danach können in Verfahren, die den Datenschutz betreffen auch der Bundesbeauftragte für den Datenschutz und die betrieblichen Datenschutzbeauftragten der Netzbetreiber und Diensteanbieter angehört werden, soweit ihre Unternehmen betroffen sind.

Das TKG ist nicht mehr als primär technisches Fernmelderecht konzipiert, sondern als sektorspezifisches Wettbewerbsrecht. Dementsprechend erhalten die Regulierungsziele einen neuen Akzent der Beschränkung auf den wettbewerblichen Rahmen, der Regulierung der Lizenznehmer und der Gewährleistung der grundlegenden Anforderungen. Die gesetzlichen Regulierungsziele sind:

1. die Wahrung der Interessen der Nutzer auf dem Gebiet der Telekommunikation und des Funkwesens sowie die Wahrung des Fernmeldegeheimnisses;

2. die Sicherstellung eines chancengleichen und die Förderung eines funktionsfähigen Wettbewerbs auf den Märkten der Telekommunikation;

3. die Sicherstellung einer flächendeckenden Grundversorgung mit Telekommunikationsdienstleistungen (Universaldienst-leistungen);

4. die Sicherstellung einer effizienten und störungsfreien Nutzung von Frequenzen;

5. die Wahrung der Interessen der öffentlichen Sicherheit.

Neu als Regulierungsziel aufgenommen wird die öffentliche Sicherheit.

Zukünftig ist für die Märkte, die bisher im Bereich des Netz- und Telefondienstmonopols liegen, eine Lizenzpflicht vorgesehen. Damit soll ein flexibles Instrument eingeführt werden, das es ermöglicht, dem Lizenznehmer einzelfallbezogene Verpflichtungen zur Einhaltung grundlegender Anforderungen, wie der Netzsicherheit, der Katastrophen- und Krisenvorsorge, des Schutzes des Fernmeldegeheimnisses, der Sicherstellung einer flächendeckenden Grundversorgung, aufzuerlegen [446]. Die Pflichtleistungen, die bisher der Deutschen TELEKOM AG auferlegt werden konnten, werden ersetzt durch Universaldienstleistungen, die von den Unternehmen übernommen werden müssen. Entstehen einem Unternehmen dadurch Nachteile, müssen diese von der Regulierungsbehörde aus einer

---

[446] Vgl. Begründung zum Gesetzesentwurf, BRDrs. 80/96, S. 34.

Universaldienstabgabe, die alle Lizenznehmer zu leisten haben, ausgeglichen werden [447]. Reguliert werden weiterhin Zusammenschaltungen der Netze, die Nummernverwaltung, die Frequenzordnung, die Benutzung öffentlicher Wege und Plätze, sowie die Zulassung und das Inverkehrbringen von Telekommunikationsendeinrichtungen. Weiterhin enthält das Gesetz im Bereich grundlegender Anforderungen Vorschriften zur Wahrung des Fernmeldegeheimnisses, Regelungen zur Gewährleistung des Datenschutzes, Bestimmungen zur Netzsicherheit und Regelungen zur öffentlichen Sicherheit. Das Gesetz enthält Ermächtigungen zum Erlaß von Kundeschutz-, Datenschutz- und Netzsicherheitsverordnungen.

Bereits die Poststrukturreform I hat eine Regulierungsbehörde hervorgebracht, die nur noch die hoheitlichen Aufgaben wahrnehmen und den Wettbewerb zwischen Telekommunikationsmarktteilnehmern herstellen sollte. Durch die traditionellen Bindungen des Bundesministeriums für Post- und Telekommunikation zur DBP TELEKOM und durch die weitreichenden Eingriffsrechte und Letztentscheidungsrechte des Bundesministers für Post und Telekommunikation als Leiter der Regulierungsbehörde gegenüber dem Vorstand und Aufsichtsrat der DBP TELEKOM war die vom Gesetz gewünschte unabhängige Stellung der Regulierungsbehörde nur schwer zu verwirklichen. Die vorhandenen Rechte des Bundesministers für Post und Telekommunikation führten offensichtlich stärker zur Mitverantwortung der Unternehmensentscheidungen als zum regulierenden Eingriff. Die Unabhängigkeit von den Unternehmensinteressen des Marktmonopolisten im Netzbereich ist aber unbedingte Voraussetzung für eine faire Wettbewerbsregulierung. Mit der Poststrukturreform II, die strukturell eine Trennung zwischen Koordinationsaufgaben im Bereich der ehemaligen Postunternehmen und den Aufsichtsbefugnissen des Bundesministers für Post und Telekommunikation durch die Errichtung einer Bundesanstalt für Post und Telekommunikation Deutsche Bundespost vorsieht, wurde die Unabhängigkeit der Regulierungs-

---

[447] § 16 ff TKG-E, BRDrs. 80/96.

behörde gestärkt [448]. Als Folge der wettbewerbsrechtlichen Ausrichtung wird die Regulierungsbehörde ab 1998 als Bundes-
oberbehörde im Geschäftsbereich des Bundesministers für
Wirtschaft angesiedelt. Bis dahin nimmt das BMPT diese Aufgabe
wahr.

Der Bundesbeauftragte für den Datenschutz soll als zentrale
Instanz anstelle der ansonsten für den nicht-öffentlichen Bereich
zuständigen Aufsichtsbehörden der Länder die Einhaltung der
Datenschutzvorschriften kontrollieren. Abweichend von § 38
BDSG soll der Bundesbeauftragte für den Datenschutz zur
vorbeugenden Initiativkontrolle ohne konkrete Anhaltspunkte für
Rechtsverstöße ermächtigt werden. Der Bundesbeauftragte hat
die Ergebnisse und Beanstandungen seiner Kontrolle an die
Regulierungsbehörde zu richten, die Maßnahmen ergreifen kann.
Die Regulierungsbehörde trägt die Verantwortung für die
Einhaltung des Fernmeldegeheimnisses und für die Eingriffe im
staatlichen Sicherheitsinteresse sowie für die technische
Sicherheit der Telekommunikationsanlagen [449].

2.   Verfassungsrechtlicher Rahmen

2.1   Das Post- und Fernmeldegeheimnis

Das Brief-, Post- und Fernmeldegeheimnis schützt Kommunika-
tionshandlungen. Während die Meinungs- und Informationsfreiheit das Recht des einzelnen schützt, seine Meinung öffentlich
kundzutun und das ISR die Freiheit und die Offenheit des
Meinungs- und Willensbildungsprozesses in der Gesellschaft
sicherstellen soll [450], gewährleistet das Brief-, Post- und Fernmeldegeheimnis ebenfalls die Offenheit des Meinungs- und
Willensbildungsprozesses in der Gesellschaft durch das Recht des
einzelnen, mit Hilfe eines Übermittlers kommunizieren zu

---

[448]Vgl. Gramlich, NJW 94, S. 2785 ff.

[449] Vgl. Begründung zum Gesetzesentwurf, BRDrs. 80/96, S. 57.

[450]BVerfGE 65, 1 (42 f.).

können, ohne mit der Kenntnisnahme Dritter rechnen zu müssen. Das Persönlichkeitsrecht, insbesondere in seiner Ausprägung des Rechts auf informationelle Selbstbestimmung, das Recht auf Meinungs- und Informationsfreiheit sowie das Brief-, Post- und Fernmeldegeheimnis und teilweise das Recht auf Unverletzlichkeit der Wohnung bilden einen mehrschichtigen Schutz, der die Entfaltung freier Kommunikation als Wesenselement einer demokratischen Gesellschaft gewährleisten soll. Diese Grundrechte weisen in ihrer institutionellen Dimension ein gemeinsames Grundziel auf. Sie sollen vor verschiedenen Gefahren der Vermachtung des Kommunikationsprozesses schützen.

Während Art. 5 Abs. 1 GG die Öffentlichkeitswirkung der Kommunikation schützt, gewährleistet Art. 10 GG die Geheimhaltung und Abschottung der Kommunikation. Die Freiheitsräume für diese beiden Handlungsformen der Kommunikation genießen einen besonderen verfassungsrechtlichen Schutz, der konstitutiv für eine demokratische Gesellschaft ist. Dieser in der Verfassung angelegte systematische Zusammenhang des Brief-, Post- und Fernmeldegeheimnisses als ein Kommunikationsgrundrecht mit Bezug zum Demokratieprinzip wurde von Lehre und Rechtsprechung bislang kaum herausgearbeitet, da die Betrachtung von Art. 10 GG auf den Schutz der Privatsphäre reduziert blieb [451]. Art. 10 GG gewährleistet nicht nur die freie Entfaltung der Persönlichkeit durch einen privaten, vor den Augen der Öffentlichkeit verborgenen Austausch von Nachrichten, Gedanken und Meinungen und wahrt damit die Würde des denkenden und freiheitlich handelnden Menschen [452], sondern ermöglicht den Prozeß freier Kommunikation in der Gesellschaft. Die Relevanz dieses Grundrechtes für die demokratische Verfaßtheit der Gesellschaft wird angesichts der Erfahrungen mit seiner Suspendierung im nationalsozialistischen Staat [453] und in der ehemaligen DDR deutlich [454]. Die aktuelle

---

[451] Vgl. Dürig in: Maunz - Dürig, Komm. z. Art. 10 Rdnr. 1.

[452] BVerfGE 67, 157 (171) - Leitsatz; BVerfGE 33, 1 (10 f.).

[453] Der nationalsozialistische Staat beseitigte den grundrechtlichen Schutz des Brief- und Postgeheimnisses mit einer Verordnung des Reichspräsidenten zum

Bewältigung der jüngsten deutschen Vergangenheit führt deutlich vor Augen, welchen Schaden die gesellschaftliche und politische Kultur insgesamt nimmt, wenn für die Kommunikation in der Gesellschaft dieser Freiheitsraum nicht gewährleistet wird.

Das Post- und Fernmeldegeheimnis ist ein klassisches liberales Grund- und Menschenrecht, das die meisten europäischen Verfassungen kennen. Sein Schutzzweck richtet sich gegen den Staat. Dieses Grundrecht wird von der Tatsache geprägt, daß die Staatsverwaltungen in Europa seit dem letzten Jahrhundert den Brief-, Post- und Fernmeldeverkehr über staatseigene Postbetriebe im Interesse der Allgemeinheit überwiegend selbst betrieben [455]. Damit bestand in besonderer Weise das Risiko eines leichten und unauffälligen Zugriffs seitens des Staates, da die Aufgaben der Sicherheit, der Strafverfolgung und der Kommunikationsübermittlung in einer Hand lagen [456]. In dieser Tradition schützt das Post- und Fernmeldegeheimnis die durch die Post über- und vermittelte Kommunikation gegen den Zugriff anderer staatlicher Stellen und gegen den Mißbrauch durch die Post selbst [457].

Die drei Schutzgüter Brief-, Post- und Fernmeldewesen sind der unvollkommene Versuch des Verfassungsgebers, das Spektrum der sich wandelnden nachrichtentechnischen Mittel zu erfassen [458]. Bislang ergab sich aus diesen Schutzgütern in bezug auf den Schutzbereich kaum eine Notwendigkeit zur Differenzierung. Das Brief- und Fernmeldewesen definiert als Schutzgut die jeweilige Übertragungstechnik. Beim Postgeheimnis knüpft die

---

Schutz von Volk und Staat am 28.2.1939 (RGBl. I, 83), vgl. AK- GG - Schuppert - Art. 10 Rz. 5.

[454]Art. 31 der Verfassung der ehemaligen DDR v. 7.10.74 wurde faktisch nicht beachtet; ein Verstoß war nicht strafrechtlich sanktioniert; vgl. Reuter, Neue Justiz 91, S. 383 ff.; OLG Dresden: Beschluß v.22.3.93 - 1 WS 100/92 -, RDtZ 93, 287.

[455]Vgl. RGZ 83, 24; LAG Köln, Wiechert / Schmidt, 2.08.1, Nr. 8, S. 15. Vgl. die historische Entwicklung des Post- u. Fernmeldewesens bei Eidenmüller, DÖV 85, S. 522.

[456]Vgl. BVerfGE 85, 386 (396).

[457]Ebenda; BVerfGE 67, 157, (172).

[458]Vgl. BVerfGE 46, 120 ff.

Definition des Schutzbereiches an die Benutzung der Verkehrs-anstalt Post an [459]. Diese Bezugspunkte des Grundrechtes bildeten historisch eine organisatorische Einheit. Mit der Reichsverfassung von 1871 wurde das Postwesen privaten Trägern, denen es z.T. zur Ausübung übertragen war, wieder genommen. Die Beförderung von Personen, Gütern und Nachrichten wurde zur Staatsaufgabe, die durch die Verkehrsanstalt Post als Anstalt des Staates reichseinheitlich wahrgenommen wurde [460]. Diese organisatorische Einheit ist Bezugspunkt des Post- und Fernmeldegeheimnisses. Zwar schützt das Brief-, Post- und Fernmeldegeheimnis die Vertraulichkeit der Übermittlung auch dort gegenüber der öffentlichen Gewalt, wo sie nicht durch die Post vorgenommen wird, unter den Bedingungen des Postmonopols war dieser Bereich aber so marginal, daß die drei Schutzgüter regelmäßig zusammenfielen.

Das Grundrecht des Post-, Brief- und Fernmeldegeheimnisses schützt den gesamten durch die Post vermittelten Daten- und Informationsaustausch unmittelbar. Im Verkehr zwischen Privaten entfaltet das Post- und Fernmeldegeheimnis nur mittelbare Drittwirkung [461]. Das BVerfG lehnt in ständiger Rechtsprechung [462] eine unmittelbare Drittwirkung für Grundrechte generell ab. Auch das BAG, das zu einer extensiveren Auslegung der Drittwirkung von Grundrechten neigt [463], hat sie für Art. 10 GG

---

[459] AK- GG - Schuppert - Art. 10 Rz. 4 u. 17.

[460] Vgl. Art. 48 RV 1871; Lerche / Graf von Pestalozza: Die Deutsche Bundespost als Wettbewerber, 1985, S. 42.

[461] AK - GG - Schuppert - Art. 10 Rz. 22 u. 24 m. w. Nachweisen; Dürig in: Maunz-Dürig, Komm. z. GG., Art. 10 I Rdnr. 27; Fangmann u.a, zu § 14 a Rdnr. 8.; Löwe in: Münch / König, GGK, 4. Aufl. 1992, Rdnr. 8 zu Art. 10; LAG Köln, Wiechert / Schmidt, 2.08.2 ,Nr. 12 , S. 31; BAG, Beschluß v. 27.5.1986, Wiechert / Schmidt, 2.08.2, Nr. 18, S. 66; BayOLGE St Bd. 24 1974, S. 30; LVG Köln, v. 24.11.1959, Archiv PF 1961, S. 52.

[462] BVerfGE 7, 198 (206 ff.); 25, 256 (263); 42, 143 (148); zuletzt BVerfG, NJW 91, S. 2411.

[463] BAG, in: AP zu Art. 3; BAG, AP Nr. 1 zu Art. 6 Abs. 1 GG; BAG, AP Nr. 12 zu § 123 GwO; BAG AP Nr. 2 zu § 134 BGB.

explizit abgelehnt [464]. Die mittelbare Drittwirkung kommt erst bei der Auslegung von Generalklauseln und unbestimmten Rechtsbegriffen durch Gerichte zum Tragen. Eine Drittwirkung des Grundrechtsschutzes aus Art. 10 GG ist nach herrschender Meinung jedenfalls insoweit gegeben, "als Gesetzgeber, Verwaltung und Rechtsprechung aufgerufen sind, alles zu tun, um Verletzungen des Brief- oder Fernmeldegeheimnisses durch Private zu verhindern" [465]. Der Staat hat das Brief-, Post- und Fernmeldegeheimnis nicht nur zu achten, sondern auch zu schützen.

Der Schutz des Post- und Fernmeldegeheimnisses umfaßt sowohl den Inhalt als auch den Übermittlungsvorgang selbst. Informationen über Ort, Zeit, Art und Weise der Postbenutzung, Identität der Teilnehmer und Teilnehmernummern fallen in den Schutzbereich von Art. 10 Abs. 1 GG [466]. Dieser unstreitige [467] Umfang des Schutzbereiches des Post- und Fernmeldegeheimnisses ist bereits im Preußischen Allgemeinen Landrecht angelegt, wonach Postbedienstete nicht nur verpflichtet waren, die "ankommende und abgehende Korrespondenz verschwiegen zu halten", sondern auch "mit wem jemand Briefe wechsele, keinem zu offenbaren" [468].

Damit war der Schutzbereich des Fernmeldegeheimnisses traditionell relativ fest umrissen. Eine Beschränkung dieses Schutzbereiches darf nur aufgrund eines Gesetzes gem. Art. 10 Abs. 2

---

[464]BAG, NJW 87, S. 674.

[465]OLG Koblenz: Urteil v. 7.5.1979, Wiechert / Schmidt, 3.2.1, Nr. 5, S. 28 (32).

[466]Vgl. Pappermann, in: Münch, GG-Komm., Art.10 I Rdnr. 12 ; AK - GG - Schuppert, Art. 10 I Rdnr. 15 ; Dürig in Maunz-Dürig, Komm. z. GG., Art. 10 I Rdnr. 18.

[467]Siehe auch die gesetzliche Konkretisierung des Fernmeldegeheimnisses in § 10 Abs. 1, S. 3 FAG; vgl. BVerfGE 67, 157; BVerwG, NJW 82, S. 840; Hess. VGH, Wiechert / Schmidt, 2.08.2, Nr. 16, S. 42; OVG Münster, OVGE 30, S. 174 ; OVG Bremen, NJW 80, S. 606; OVG Hamburg, Wiechert / Schmidt, 2.08.1; BayOLGE St Bd. 24 1974, S. 30; OlG Köln, NJW 70, 1856 ; LG Kiel, NJW 78, S. 1491; BVerfGE 85, 386 (396).

[468]Vgl. § 204 II 15 ALR, zitiert nach OVG Hamburg, Wiechert / Schmidt, 2.08.1; BVerwGE 6, S. 299, (301).

GG erfolgen. Zweifellos hatte der Verfassungsgeber bei diesem Gesetzesvorbehalt primär den Eingriff der postfremden Exekutive - insbesondere der Sicherheitsbehörden [469] - im Auge, wie er im G - 10 - Gesetzes, den §§ 100 a und 100 b StPO und § 12 FAG seinen Niederschlag gefunden hat.

Umstritten war hingegen die Frage der immanenten Schranken dieses Grundrechts, zu der das BVerfG in seinem sogenannten Fangschaltungs- Beschluß klärend Stellung genommen hat. Die über Jahre gefestigte postrechtliche Rechtsprechung zu den immanenten Schranken von Art. 10 GG ist verfassungswidrig [470]. Die betriebsbedingte Datenerhebung und Speicherung durch die Post selbst unterlag nach dieser Rechtsprechung [471] keinem Gesetzesvorbehalt [472], da sie aufgrund "innerer Begrenzung" nicht vom Schutzbereich des Postgeheimnisses erfaßt sei. Auch insoweit diese Rechtsprechung [473] die Mißbrauchsüberwachung durch die Post nicht durch eine immanente Schranke gedeckt sah, gestand sie der Post ein Überwachungsrecht zur Verhütung von Mißbrauch gewohnheitsrechtlich zu.

Für die Annahme einer immanenten Schranke findet sich im Wortlaut wie in der Systematik von Art. 10 GG kein Anhaltspunkt. Lediglich eine historische Betrachtung führt zu dieser immer so ausgeübten, obrigkeitsstaatlichen Praxis der Post. Derartige Eingriffe in ein Grundrecht, das einem qualifizierten Gesetzesvorbehalt unterliegt, können in einem Rechtsstaat weder auf die althergebrachte betriebliche Praxis noch auf das Gewohnheitsrecht gestützt werden, sondern unterliegen dem Gesetzesvorbehalt. Das BVerfG hat die Annahme immanenter

---

[469] Vgl. BVerfGE 85, 386 (396).

[470] Ebenda.; ebenso OVG Bremen, Urteil v. 28.6.1994 - OVG 1 BA 30/92 = CR 94, S. 700 ff.

[471] BVerwGE 6, 299 ; BVerwG, NJW 84, S.2112; BVerwGE 32,129 (132); BVerwG, NvwZ 91, S. 71; OVG Hamburg, v. 7.2. 1974 Wiechert / Schmidt, 2.08.1, S. 2 u. 2.08.2, S. 20; Hess. VGH, in Wiechert / Schmidt, 2.08.2, Nr. 16, S. 46; VGH Mannheim, NJW 91, 2721; VGH Baden Württemberg, RDV 91, S. 145.

[472] Gegenüber dem Fernmelderecht waren betriebsbedingte Eingriffe in das Briefgeheimnis in § 5 Abs. 2 und 3 PostG gesetzlich geregelt.

[473] LG Kiel, NJW 78, S. 1491; OlG Köln, NJW 70, S. 1856.

Schranken bei besonderen Gewaltverhältnissen, auf die die Exekutive Grundrechtseingriffe, wie z.B. Briefkontrolle gegenüber Strafgefangenen gestützt hatte, abgelehnt [474]. Um so mehr gilt dies für die Überwachung von Teilnehmern aufgrund eines vermuteten Mißbrauches. Folgerichtig stellt das BVerfG in seinem sogenannten Fangschaltungs-Beschluß [475] fest, daß die Lehre von den immanenten Schranken eingriffsorientiert von den staatlichen Maßnahmen zur Mißbrauchsbekämpfung und nicht von dem Schutzbedürfnis des Bürgers ausgehe. Derartige eingriffsorientierte Gesichtspunkte hätten bei der Definition des Schutzbereiches keinen Platz. "Würde der Schutzbereich von Eingriffsbedürfnissen bestimmt, so könnte das Grundrecht den einzelnen auch nicht mehr vor fehlerhafter, mißbräuchlicher oder exzessiver Verwertung von Kommunikationsdaten durch die Post oder andere staatliche Stellen schützen" [476]. Folglich unterliegen alle - auch die betriebsbedingt - bei der Post im Zusammenhang mit der Beförderung oder Übermittlung verarbeiteten Daten dem Schutz von Art. 10 Abs.1 GG. Die Bedürfnisse des Postbetriebes und der Mißbrauchsbekämpfung sind möglicherweise ein rechtfertigender Grund für Grundrechtsbeschränkungen und unterliegen damit den Eingriffsregelungen, d.h. einem Gesetzesvorbehalt.

Daß das BVerfG und ebenso das OVG Bremen [477] sich nach jahrzehntelanger gerichtlicher Praxis jetzt so deutlich zur Verfassungswidrigkeit der Theorie der immanenten Schranken von Art. 10 GG äußert, zeigt das neue Spannungsfeld an, in dem sich Art. 10 GG zu bewähren hat und das eine präzisere Interpretation von Art. 10 GG verlangt als in der Vergangenheit. Bei der Bestimmung der Schutzziele und des Normbereiches müssen die veränderten technischen Bedingungen und die neuartigen Gefährdungen durch die automatische Datenverarbeitung, deren verfassungsrechtliche Konsequenzen das BVerfG im Volks-

---

[474]Vgl. BVerfGE 33, 1 (11f.).

[475]BVerfGE 85, 386 (397 f.).

[476]Ebenda.

[477]Vgl. OVG Bremen, CR 94, S. 700 ff.

zählungsurteil [478] aufgezeigt hat, berücksichtigt werden. In welcher Interdependenz Grundrechtsausübung und Grundrechtseinschränkungen zur technischen Entwicklung stehen, hat das BVerfG bereits in einer Entscheidung zur G - 10 - Kontrolle [479] dargelegt, nach der eine Telefonüberwachung gem. § 3 G 10 zum Zwecke der Nachrichtensammlung dann nicht mehr verfassungsrechtlich zulässig ist, wenn derartige strategische Überwachungen durch den "Einsatz moderner Techniken", z.B. von Satelliten, ebenso oder besser gewonnen werden können.

Angesichts der technischen Gestaltungsmöglichkeiten moderner Fernmelde- und Kommunikationsanlagen und ihrer Entwicklung zu Datenverarbeitungsanlagen kann nicht mehr von quasi naturgegebenen "betriebsbedingten Umständen" ausgegangen werden, die mit der Nutzung der Telekommunikation verbunden sind und die jedem Nutzer gegenwärtig sein können. Mit dem Einsatz von Computern zur Vermittlung von Telefongesprächen und Datenkommunikation können und werden Daten über die Verbindung gespeichert, die über das Verbindungsende hinaus als objektive Daten gespeichert, zentral zusammengeführt und ausgewertet werden können. Diese Möglichkeiten führen zu einer Gefährdung des Schutzgutes von Art. 10 GG, die nicht mehr mit der Kenntnisnahme von Postbediensteten zu vergleichen ist. Betriebsnotwendig werden der Post schon immer Daten über Adressaten und Absender und bei manchen Diensten, wie dem Telegrammdienst, auch Inhalte über die zu befördernden Nachrichten bekannt. Die Kenntnisnahme erfolgt nur durch die Postbediensteten, die einer Verschwiegenheitspflicht unterliegen [480] und in besonderen Fällen von ihrer Schweigeverpflichtung entbunden werden konnten [481]. Infor-

---

[478] BVerfGE 65, 1 (42 f.). In BVerfGE 85, 386 hat das BVerfG diese Bezugnahme auf die technischen Veränderungen noch vermieden, da es rechtsdogmatisch in der Tat für die Urteilsbegründung nicht erforderlich war.

[479] BVerfG 67, 157 (177); vgl. auch Beschl. des BVerfG zur strategischen Überwachung im Zusammenhang mit dem Verbrechensbekämpfungsgesetz, NJW 96, S. 114.

[480] § 10 FAG a.F. u. § 5 PostG.

[481] § 5 Abs. 3 PostG.

mationen darüber, wer mit wem telefoniert oder an wen einen Brief geschrieben hat, waren im Regelfall nicht in objektiver Form verfügbar, zusammenführbar und abrufbar [482]. Die Geheimnisverpflichtung bot hier einen ausreichenden Schutz.

Die weitere Entwicklung der Telekommunikation beruht auf der technisch bedingten Fähigkeit, betriebs- und dienstleistungsbezogene und u. a. auch viele personenbezogene Daten verarbeiten zu können. Die Herausnahme der Datenverarbeitung für betriebliche Zwecke aus dem Schutzbereich des Art. 10 I GG hätte dieses Grundrecht unter einen generellen Vorbehalt der Faktizität der jeweils technisch machbaren Datenverarbeitung gestellt und damit zukünftig gegenüber den daraus resultierenden Risiken wirkungslos werden lassen.

2.2 Verhältnis des Post- und Fernmeldegeheimnisses zu dem Recht auf informationelle Selbstbestimmung

Eine präzisere Festlegung des Schutzbereiches von Art. 10 GG erfordert auch genauere Verortung im Verhältnis zum ISR. Bislang ist selbst die höchstrichterliche Rechtsprechung über dieses Verhältnis lapidar hinweggegangen. Beispielsweise ist die Aussage des BVerwG in seinem Beschluß vom 15. 3. 1984 [483], daß der Schutzbereich von Art. 10 GG durch das Datenschutzrecht nicht erweitert worden ist, schon in der Formulierung verfassungsrechtlich verfehlt. Es kommt nicht auf das Datenschutzrecht, sondern auf das ISR und das Verhältnis dieser beiden Grundrechte zueinander an. Diesen Zusammenhang hat das BVerwG aber nicht weiter ausgeleuchtet [484], sondern es mit dem zitierten apodiktischen Satz bewenden lassen. Das BVerwG

---

[482]Bislang wurden die Verbindungsdaten nur punktuell gespeichert. Eine flächendeckende Ermittlung der Verbindungsdaten war technisch nicht möglich. Die DBP verfügte nur über einige tausend Zählervergleichseinrichtungen, mit denen sie einzelfallbezogen in den oben genannten Fällen die Verbindungsdaten speicherte.

[483]BVerwG, NJW 84, S. 2112.

[484]Siehe Badura, JbDBP 1989, S. 9 (18 ff.).

ignoriert in seiner bisherigen Rechtsprechung [485] zum Fernmeldegeheimnis sowohl die technische Entwicklung mit ihren Risiken der Grundrechtsbeeinträchtigung als auch das Verhältnis zwischen ISR und dem Fernmeldegeheimnis. Zur präzisen Bestimmung des Schutzgutes in Art. 10 GG ist vielmehr auf den systematischen Zusammenhang von Art. 10 Abs. 1, 2 Abs. 1 und 1 Abs. 1 GG abzustellen.

Das Post- und Fernmeldegeheimnis schützt als Grundrecht einen spezifischen Ausschnitt der kommunikativen Freiheitssphäre, der sich teilweise mit dem Schutzbereich allgemeiner Persönlichkeitsrechte und des ISR überschneidet [486].

Neben der Handlungsfreiheit formt sich aus Art. 2 Abs. 1 i.V.m. Art. 1 Abs. 1 GG ein Recht auf Selbstbestimmung des einzelnen über Informationen, die über ihn in seiner sozialen Umwelt vorhanden sind. Dazu gehört das Recht am gesprochenen Wort [487] und das Recht am eigenen Bild [488]. Verfassungsrechtlich wird dem einzelnen grundsätzlich die Selbstbestimmung garantiert:

- darüber, "wer sein Wort aufnehmen soll, sowie ob und vor wem seine auf einen Tonträger aufgenommene Stimme wieder abgespielt werden darf" [489],

- "ob und inwieweit andere sein Lebensbild oder bestimmte Vorgänge aus seinem Leben öffentlich darstellen dürfen" [490] und

- "über die Preisgabe und Verwendung seiner persönlichen Daten." [491]

Dieses Selbstbestimmungsrecht kann im überwiegenden Allgemeininteresse beschränkt werden. Zur Abwägung von Allgemein-

---

[485] BVerwG, NVWZ 91, S. 71.

[486] AK - GG - Schuppert - Art. 10 Rz. 14; Badura, S. 21.

[487] BVerfGE 34, 238 (246).

[488] BGHZE 26,349; 35, 363; BVerfGE 35, 202.

[489] BVerfGE 34, 238 (246).

[490] BVerfGE 35, 202 (220).

[491] BVerfGE 65, 1 (43).

interesse und Persönlichkeitsrecht verwendet das BVerfG in langjähriger Rechtsprechung die sogenannte "Sphärentheorie" [492]. Danach gibt es einen unantastbaren Innenraum der Privat- und Intimsphäre, um den sich weitere Sphären der zunehmenden Gemeinschaftsbezogenheit lagern. Der Eingriff in die Privat- und Intimsphäre bedarf einer Rechtfertigung durch das überwiegende Allgemeininteresse, das umso höher anzusetzen und dichterer rechtlicher Kontrolle zu unterwerfen ist, je stärker der Eingriff in den unantastbaren Innenraum der Intimsphäre vordringt [493]. Der unantastbare Kernbereich privater Lebensgestaltung ist der Einwirkung der öffentlichen Gewalt vollständig entzogen [494].

Den Zusammenhang von Privatsphäre, sozialer und technischer Umwelt hat das BVerfG in seiner Rechtsprechung zum Volkszählungsgesetz neu bestimmt. Es wendet hier die Sphärentheorie nicht an [495]. In der Logik der Sphärentheorie bliebe alles Datengeschehen, das dem Innenraum fern ist, weitgehend einem ver-

---

[492] BGHZE 13, 334 (338); BVerfGE 27,1; AK - GG - Podlech, 2. Aufl. Art. 2 Rdnr. 35.

[493] Vgl. BVerfGE 6, 32 (41); 34, 238 (245).

[494] BVerfGE 6, 32 (41); 6, 389 (433); 27,1 (6); 27, 344 (350); 32, 373 (378); 80, 367 (373). Methodisch geht das BVerfG so vor, daß es zuerst Feststellungen darüber trifft, ob sich der betreffende Sachverhalt in dem unantastbaren Innenraum des Privatsphäre abspielt. In diesem Fall wäre kein staatlicher Eingriff gerechtfertigt. Bezeichnenderweise hat das BVerfG noch in keinem Fall einen unantastbaren Innenraum der Privatsphäre feststellen können. Vielmehr nahm das BVerfG immer eine Abwägung mit dem Allgemeininteresse vor, z.B. in der Tonbandentscheidung und den Tagebuchentscheidungen mit dem öffentlichen Interesse an einer wirksamen Rechtspflege (BVerfGE 18, 146; 34, 238 (249); 80, 367 (376 ff.) 81, 56 (66), in der Lebachentscheidung (BVerfGE 35, 202 (225 ff.) mit dem Informationsinteresse der Öffentlichkeit, in der Mikrozensus-Entscheidung mit dem Interesse an der Planmäßigkeit staatlichen Handelns (BVerfGE 27,1 (7). Der BGH hat bislang einmal die Unterhaltung zwischen Eheleuten in der ehelichen Wohnung dem unantastbaren Bereich der Privatsphäre zugeordnet, in den auch bei überwiegenden Interessen der Allgemeinheit wie dem Bedürfnis nach einer wirksamen Strafverfolgung und Verbrechensbekämpfung nicht eingegriffen werden darf (BGHStE 31, 296 (299); BGHStE 34, 39 (51).

[495] Vgl. Steinmüller, DuD 84, S. 91. Endgültig verabschiedet hat sich das BVerfG allerdings von dieser Theorie nicht wie seinerzeit viele Autoren glaubten. In der zweiten Tagebuchentscheidung BVerfGE 80, 367 wird diese Theorie wieder aktualisiert. Zur Kritik Vgl. Amelung, NJW 90, S. 1753.

fassungsrechtlich gebotenen Schutz entzogen [496]. Von dieser Vorstellung hat sich das Bundesverfassungsgericht unter dem Eindruck automatischer Datenverarbeitungstechnologien deutlich abgesetzt: " Unter den Bedingungen der automatischen Datenverarbeitung gibt es kein belangloses Datum mehr. Inwieweit Informationen sensibel sind, kann hier nicht allein davon abhängen, ob sie intime Vorgänge betreffen. Vielmehr bedarf es zur Feststellung der persönlichkeitsrechtlichen Bedeutung eines Datums der Kenntnis seines Verwendungszusammenhanges [497]. Durch die automatische Datenverarbeitung ist eine neue Gefährdungslage für die Freiheitsrechte entstanden, indem Daten über persönliche und sachliche Verhältnisse der Bürger unbegrenzt gespeichert und in Sekundenschnelle abgerufen werden können. Durch beliebige Verknüpfung können in für den Bürger undurchschaubarer Weise Persönlichkeitsprofile erstellt werden.

Konstitutiv sind Daten als Bestandteil von Kommunikation auf eine soziale Umwelt bezogen. Im "überwiegenden Allgemeininteresse" muß der einzelne eine Einschränkung seines ISR hinnehmen [498]. Der Eingriff im überwiegenden Allgemeininteresse bedarf einer gesetzlichen Grundlage, aus der sich die Voraussetzungen und der Umfang der Beschränkungen klar erkennbar ergeben. Darüber hinaus hat der Gesetzgeber den Grundsatz der Verhältnismäßigkeitzu beachten [499].

Das ISR ist ein Abwehrrecht des einzelnen gegen die unbegrenzte Erhebung, Speicherung, Verwendung und Weitergabe persönlicher Daten. Daraus ergibt sich unmittelbar die verfassungsrechtliche Anforderung einer engen Zweckbindung. Der einzelne kann dieses Selbstbestimmungsrecht über die Verwendung und Preisgabe seiner persönlichen Daten weiterhin nur mit Hilfe spezifischer Verfahrensrechte ausüben, wie dem Auskunfts-, Berichtigungs- und Löschungsrecht. Diese Rechte sind der Kernbestand des ISR als subjektives Recht.

---

[496]Vgl. Mückenberger, KJ 1984, S. 1.

[497]BVerfGE 65, 1 (45).

[498]Ebenda, S. 44.

[499]Ebenda, S. 46.

In Entsprechung zum subjektiven Recht enthält das ISR eine institutionelle Dimension, die auch Schutzpflichten des Gesetzgebers bei Gefährdung dieses Grundrechts beinhaltet. Das ISR hat die Freiheit und die Offenheit des Meinungs- und Willensbildungsprozesses in der Gesellschaft sicherzustellen. Dieser Prozeß ist gefährdet, wenn der Bürger damit rechnen muß, daß abweichende Verhaltensweisen jederzeit notiert und als Information dauerhaft gespeichert, verwendet oder weitergegeben werden [500].

Aus dieser institutionellen Dimension formen sich Anforderungen an die Erforderlichkeit und die Organisation der automatischen Datenverarbeitung [501]. Das BVerfG formuliert hier ansatzweise (nur bezogen auf das Volkszählungsgesetz) verfassungsrechtliche Anforderungen eines Systemdatenschutzes wie: exekutive Gewaltenteilung [502], substantielle Begrenzung der Datenerhebung, Transparenz der Datenverarbeitung und der Verarbeitungsregelungen zum Schutze des einzelnen [503]. Verfassungsrechtlich ist der Gesetzgeber "mehr als früher" verpflichtet, "organisatorische und verfahrensrechtliche Vorkehrungen zu treffen, welche der Gefahr einer Verletzung des Persönlichkeitsrechts entgegenwirken" [504]. Mit diesen vom BVerfG eingeforderten Verfahrens- und Organisationsregelungen [505] sind mehr als die z.B. im BDSG kodifizierten Verfahren oder organisatorischen und

---

[500]Ebenda, S. 43.

[501]Vgl. Mückenberger, S. 17.

[502]Heußner: Zur informationellen Gewaltenteilung, in: Reinermann u.a.: Neue Informationstechniken, Neue Verwaltungsstrukturen, 1988, S. 294.

[503]Zum Systemdatenschutz vgl. Podlech, "Individualdatenschutz - Systemdatenschutz", in: Beiträge zum Sozialrecht, Festgabe für Hans Grüner, Pescha am Starnberger See 1982, S. 541.; Büllesbach: Informationstechnologie und Datenschutz, 1985, S. 128 ff.

[504]BVerfGE 65, 1 (44).

[505]Die Erforderlichkeit grundrechtschützender Verfahren hat das BVerfGE für das ISR (BVerfGE 65, 1 (44)), das Recht auf körperliche Unversehrtheit (Art. 2 Abs.2 GG; BVerfGE 49, 89 (133 ff.); 53, 30 (65); 88,203 (281)), das Versammlungsrecht (Art. 8 GG; BVerfGE 69, 315 (356 ff.)), die Berufsfreiheit (Art. 12 GG), die Gewährleistung des Eigentums (Art. 14) und das Asylrecht (Art. 16) festgestellt.

technischen Maßnahmen gemeint. Wesentliche Fragen des Datenschutzes, wie Erforderlichkeitsprüfung, Transparenz der Datenverarbeitung, verfassungsverträglicher Einsatz und Gestaltung von Datenverarbeitungstechnologien, erfordern weitergehende Verfahren [506].

Inwieweit der Gesetzgeber zu entsprechenden Regelungen von Verfassungswegen gezwungen ist, "hängt von Art, Umfang und denkbaren Verwendungen der erhobenen Daten sowie der Gefahr ihres Mißbrauchs ab" [507]. Das BVerfG macht die Erforderlichkeit von gesetzlichen Regelungen im Grunde von einer Risikobewertung abhängig.

Das BVerfG beschränkt sich aufgrund des Tatbestandes im Volkszählungsurteil auf den finalen Eingriff durch den Staat. Bei Eingriffen durch hoheitlichen Zwang besteht ein genereller Gesetzesvorbehalt. Der Gesetzesvorbehalt des ISR geht über Maßnahmen hoheitlichen Zwanges hinaus. In seiner institutionellen Dimension hat das ISR einen generellen "Schutz- und Ordnungsgehalt" [508] und mittelbare Drittwirkung [509]. Das ISR gewährleistet dem einzelnen, angesichts der sich durch neue Technologien verändernden gesellschaftlichen Strukturen mit der Gefährdung vorhandener sowie der Erschließung neuer kommunikativer Handlungsspielräume, daß die eigenen Möglichkeiten, sein Bild in der sozialen Umwelt selbst zu bestimmen, erhalten bleiben [510].

Sowohl der eingriffsunabhängige Gesetzesvorbehalt als auch die Pflicht zur verfahrensmäßigen Ausgestaltung von Grundrechten, die das BVerfG beim ISR wesentlich auf die Risiken der automatischen Datenverarbeitung stützt, müssen vor dem Hintergrund

---

[506]Vgl. Brinkmann: Rechtliche und politische Kontrolle einer neuen Infrastruktur, in: Beiträge zur juristischen Informatik, Bd. 13, 1986; Roßnagel, KJ 90, S. 267.

[507]BVerfGE 65, 1 (44).

[508]Badura, S. 15. Zum Schutzauftrag vgl. AK-GG- Podlech- Art. 2 I Rz. 48; Scherer: Rechtsprobleme des Datenschutzes bei den neuen Medien, Düsseldorf 1988, S. 26 ff.

[509]Vgl. BVerfG, NJW 91, S. 2411.

[510]Vgl. BVerfGE 35, 79 (114); 39, 1 (41); 49, 89 (142).

des Einsatzes der automatischen Datenverarbeitung in der Nachrichtentechnik für Art. 10 GG konkretisiert werden [511].

Zum Teil ist Art. 10 GG ein Spezialgrundrecht, das dem ISR vorgeht, zum Teil überschneiden sich die beiden Grundrechte, und zum Teil haben sie unterschiedliche Schutzrichtungen.

Für die Datenverarbeitung im Sachbereich des Fernmeldewesens geht Art. 10 GG als Spezialnorm dem ISR vor. Art. 10 GG schützt quasi einen sachbereichsspezifischer Ausschnitt spezifisch gegenüber Dritten. Das OVG Bremen spricht hier zutreffenderweise von dem Fernmeldegeheimnis als "datenschutzrechtlichem Spezialgrundrecht" [512]. Im Unterschied zum ISR schützt das Fernmeldegeheimnis alle auf dem Fernmeldeweg übermittelten Daten und Informationen, seien sie privat oder geschäftlich, von natürlichen oder juristischen Personen, personenbezogen oder nicht personenbezogen. Dieser gegenüber dem ISR umfangreichere Schutz soll vor einem Vertrauensmißbrauch des Übermittlers schützen [513]. Eingriffe in das Fernmeldegeheimnis unterliegen in jedem Fall einem qualifizierten Gesetzesvorbehalt.

Die Bindung des Fernmeldegeheimnisses an die Funktion des Übermittelns hat zur Folge, daß die Tatsache der Kommunikation und die Kommunikationsinhalte der Kommunizierenden durch Art. 10 GG nur gegenüber Dritten geschützt werden. Das Fernmeldegeheimnis gewährt keinen Schutz zwischen den Kommunizierenden [514]. Zwischen den Kommunizierenden gelten die

---

[511] AK - GG - Podlech - Art. 2 I Rz. 54; Roßnagel, KJ 90, S. 270 ff.

[512] Vgl. OVG Bremen, Urteil v. 28.6.1994 - OVG 1 BA 30/92 -, S. 16. = CR 94, S. 700 ff.

[513] BVerfGE 85, 386 (396).

[514] BAG, NJW 87, S. 674. Zur Kritik vgl. Latendorf, CR 87, S. 242. LAG Düsseldorf - Beschluß v. 30.4.1984, Wiechert / Schmidt, 2.08.2, Nr. 15, S. 40; BVerwG, NJW 84, S. 2112; BVerfGE 85, 386 (400).

Anforderungen des ISR [515], konkretisiert z.B. durch das Datenschutzgesetz oder § 201 StGB [516].

Zwischen dem Nutzer von Telekommunikationsdienstleistungen und dem Übermittler kommen in bezug auf die Datenverarbeitung durch den Übermittler sowohl das Fernmeldegeheimnis als auch das ISR zur Anwendung [517]. Hier überschneiden sich in der Praxis das Fernmeldegeheimnis und das ISR. Verfahrensrechtliche und organisatorische Anforderungen wie beispielsweise Löschungs-, Auskunfts- und Berichtigungsrechte werden bisher verfassungsrechtlich meistens aus dem ISR hergeleitet [518], wären aber korrekterweise verfassungsrechtlich nach dem Grundsatz des Vorrangs des Spezialgrundrechtes aus dem Fernmeldegeheimnisses herzuleiten. In der Sache ist das unerheblich, da das Datenschutzrecht sowohl Anforderungen des Fernmeldegeheimnis als auch des ISR konkretisiert. Zur Abgrenzung der beiden Schutzbereiche und des teilweise auch ineinander gestaffelten Schutzes sind zwei grundsätzliche Lösungswege beschreitbar. Zum einen kann man den Schutzbereich von Art. 10 GG sehr restriktiv auslegen und im wesentlichen auf das ISR als Auffanggrundrecht zurückgreifen, zum anderen kann man die verfahrensrechtlichen und organisatorischen Anforderungen, bezogen auf die automatische Datenverarbeitung, für Art. 10 GG herausarbeiten und insoweit das ISR als Auffanggrundrecht verdrängen. Mit der Ablehnung der Theorie der immanenten Schranken in seinem Beschluß vom 25.3.1992 hat das BVerfG zutreffend einer restriktiven Auslegung von Art. 10 GG eine Absage erteilt. Diese Entscheidung ist sachgerecht und entspricht in der Systematik der Grundrechte präzise dem Verhältnis von Spezial- und Auffanggrundrecht [519]. Andernfalls würde das

---

[515]So auch Badura, S. 21; Scherer: Telekommunikationsrecht und Politik, S. 694; ders.: Stellungnahme zur öffentlichen Anhörung des Ausschusses für Post und Telekommunikation zum Datenschutz im ISDN, Frankfurt, den 26.2.91, S. 7.

[516]Durch § 201 StGB wird nur das gesprochene Wort geschützt, nicht gespeicherte Daten.

[517]BVerfGE 85, 386 (400).

[518]Vgl. Badura , S. 9 ff.

[519]Vgl. Schatzschneider, ZRP 81, 130, Alberts, CR 94, S. 492 ff.

Spezialgrundrecht von Art. 10 GG gegenüber den Auffanggrundrechten in Art. 2 und 1 GG verkümmern.

Aufgrund des Tatbestandes hatte das BVerfG keine Veranlassung das Fernmeldegeheimnis insgesamt neu zu ordnen. Angesichts der bereits mehrfach beschriebenen technischen Veränderungen von der Nachrichtentechnik zur Telekommunikation und der ordnungspolitischen Veränderungen, die das Fernmeldegeheimnis seinen traditionellen Bezugspunkt - die Post - verlieren lassen, bedarf es einer stärkeren Ausarbeitung der institutionellen Dimension dieses Grundrechtes, die sich auch begrifflich niederschlagen müßte. Zu Recht spricht Scherer in diesem Zusammenhang von einem verfassungsrechtlich gewährleisteten Telekommunikationsgeheimnis [520]. Es geht um eine Neubestimmung des Fernmeldegeheimnisses vor dem Hintergrund der verfassungsrechtlichen Schutzgüter und der neuen Risiken der Grundrechtsbeeinträchtigung. Diese Neubestimmung wird beeinflußt durch die Elemente des ISR, dessen verfahrensrechtliche Elemente auch für das Telekommunikationsgeheimnis zu präzisieren sind. Dies schärft die Konturen des Spezialgrundrechtes und grenzt damit das Telekommunikationsgeheimnis vom ISR präziser ab.

2.3   Fernmeldegeheimnis und Gesetzesvorbehalt

Im Unterschied zum ISR darf in den Schutzbereich des Fernmeldegeheimnisses nur auf grund eines formellen und materiellen Gesetzes eingegriffen werden. Die Bedeutung des Parlamentsvorbehalt für Eingriffe in Art. 10 GG hat das BVerfG in seinem Beschluß vom 25.3.1992 deutlich herausgestellt: "Wenn das Grundgesetz die Einschränkung von grundrechtlichen Freiheiten und den Ausgleich zwischen kollidierenden Grundrechten dem Parlament vorbehält, so will es damit sichern, daß Entscheidungen von solcher Tragweite aus einem Verfahren hervorgehen, das der Öffentlichkeit Gelegenheit bietet, ihre Auffassungen auszubilden und zu vertreten, und die Volksvertretung anhält, Notwendigkeit und Ausmaß von Grundrechtseingriffen in öffent-

---

[520]Scherer: Rechtsprobleme des Datenschutzes bei den neuen Medien, 1988, S. 25.

licher Debatte zu klären" [521]. Die Datenverarbeitung im Bereich des Fernmeldegeheimnisses durch den Übermittler muß gesetzlich durch das Parlament geregelt werden [522]. Der Parlamentsvorbehalt von Art. 10 Abs. 2 GG bezieht sich nur auf den Eingriff staatlicher Stellen. Die Datenverarbeitung privater Übermittler wird durch den Parlamentsvorbehalt von Art. 10 GG nicht erfaßt.

Auch unabhängig vom Eingriff hat das BVerfG in gefestigter Rechtsprechung [523] in Herausarbeitung der objektiv-rechtlichen und institutionellen Dimension der Grundrechte die Grundrechtsausgestaltung in bestimmtem Umfang dem Zwang zu gesetzlicher Regelung unterworfen. Während sich der rechtsstaatliche Gesetzesvorbehalt unmittelbar aus Art. 10 Abs. 2 GG ergibt [524], ist der erweiterte Gesetzesvorbehalt eine Konsequenz aus dem Demokratie- und Sozialstaatsgebot. Bei dem traditionellen Eingriffsvorbehalt ging es darum, bei Eingriffen in die bürgerliche Freiheitssphäre die Kompetenzen des Parlaments gegenüber der Exekutive zu sichern. Zentrale Bereiche der staatlichen Machtausübung wie z.B. die Militär- und Außenpolitik und die sogenannten "besonderen Gewaltverhältnisse" verblieben der Exekutive. Mit dem Demokratieprinzip sind sämtliche Bereiche staatlichen Handelns grundsätzlich mittel- oder unmittelbar parlamentarischer Legitimation unterworfen. Für einen Exekutivvorbehalt ist verfassungsrechtlich kein Platz mehr [525]. Die Legitimation im demokratischen Verfahren der Gesetzgebung und die Öffentlichkeitswirkung dieses Verfahrens stehen im Vordergrund. Allerdings verbleibt eine Eigenverantwortung der

---

[521]BVerfGE 85, 386 (403).

[522]Vgl. Alke, DuD 89, S. 445 ff.

[523]BVerfGE 7, 198 (205); 50, 290 (337); 57, 295 (320).

[524]Ossenbühl: Vorbehalt des Gesetzes und seine Grenzen, in: Götz / Klein / Starck: Die öffentliche Verwaltung zwischen Gesetzgebung und richterlicher Kontrolle? 1985, S. 9 (19).

[525]Ebenda, S. 33.

Exekutive, die sich aus dem Grundsatz der parlamentarischen Verantwortung ergibt [526].

Hinzu kommt der Sozialstaatsauftrag aus Art. 20 und 28 GG als allgemeiner Auftrag an den Gesetzgeber, eine gerechte Sozialordnung zu gestalten [527]. Ihm liegt ein fundamentaler Wandel des Grundrechtsverständnisses zugrunde. Der Staat wird positiv verpflichtet, auch dann für die Verwirklichung von Grundrechten zu sorgen, wenn kein subjektiver Anspruch des Bürgers darauf besteht. Grundrechte sind nicht länger Abwehrrechte, sondern objektiv-rechtliche Gewährleistungen, die den Gesetzgeber zu einem Handeln verpflichten und die unter Umständen auch seinen Gestaltungsspielraum beschränken können, indem sie ihm Handlungspflichten auferlegen.

Die Festlegung der Bereiche, in welchen Handlungspflichten des Gesetzgebers aufgrund des um den demokratischen und sozialstaatlichen Aspekt erweiterten Gesetzesvorbehaltes bestehen, bedarf einer sorgfältigen Prüfung, da damit immer auch eine Einschränkung des freien politischen Willensbildungsprozesses des Parlaments verbunden ist. Derartige Beschränkungen der Souveränität des Parlaments kennt beispielsweise weder die niederländische noch die britische Verfassung [528]. Eine zu extensive Auslegung solcher Handlungspflichten würde den politischen Prozeß verrechtlichen und damit die Rechtsprechung mehr und mehr zum politisch handelnden Subjekt machen.

Das BVerfG hat zum Zwecke dieser Abgrenzung in einer Vielzahl [529] von Entscheidungen die sogenannte "Wesentlichkeitstheorie" entwickelt. War der Wesentlichkeitsbegriff in dem Facharztbeschluß [530] noch an die Intensität des Eingriffs gebun-

---

[526]Diese hat das BVerfG in der jüngeren Rechtsprechung wieder erweitert, indem es der Exekutive in der Außenpolitik unter Zurückdrängung des Demokratieprinzips wieder einen Exekutivvorbehalt eingeräumt hat (BVerfGE 68,1 ff.).

[527]Vgl. Hesse, EuGRZ 1978, S. 427 (434).

[528]Siehe Kap. IV.

[529]BVerfGE 33,1; 33, 125; 34, 165 (192); 40, 237 (248 f.); 41, 251 (260 f.); 45, 400 (417); 47, 46 (79); 49, 89; 53, 30; 57, 295.

[530]BVerfGE 33, 125.

den, so löste sich das BVerfG mit den sogenannten "Schulrechts-entscheidungen" [531] vollständig von dem Eingriffskriterium. "Wesentlich" wurde vom BVerfG als wesentlich für die Verwirklichung der Grundrechte definiert. Diese Formulierung kehrt in den Entscheidungen des BVerfG immer wieder . In der Kalkar-Entscheidung formuliert das BVerfG die Abkehr vom Eingriffskriterium noch deutlicher. Der Gesetzgeber ist verpflichtet - losgelöst vom Merkmal des Eingriffs -, in grundlegenden normativen Bereichen, zumal im Bereich der Grundrechtsausübung, soweit diese staatlicher Regelung zugänglich sind, alle wesentlichen Entscheidungen selbst zu treffen [532]. Der Versuch der näheren Bestimmung des Wesentlichkeitsbegriffes durch das BVerfG bleibt unscharf und tautologisch: "Wesentlich" bedeutet in "grundrechtsrelevanten Bereichen" "wesentlich für die Verwirklichung der Grundrechte" oder meint alle "wesentlichen Entscheidungen" "in grundlegenden normativen Bereichen". Eine abstrakte Grenzziehung zwischen "wesentlich" und "unwesentlich" muß mißlingen [533]. Insofern handelt es sich auch nicht, wie der Begriff "Wesentlichkeitstheorie" suggeriert, um eine "theoretische Großformel" [534], sondern um eine Argumentationshilfe, die aber für jeden Einzelfall und Grundrechtsbereich argumentativ ausgewiesen werden muß. Resümierend läßt sich auf ein Zitat von Hermann Heller aus dem Jahre 1928 zurückgreifen: "Was zum Vorbehalt des Gesetzes gehört, welche Gegenstände die Gesetzgebung ergreift, das bestimmt nicht die Logik und nicht eine theoretische Formel, sondern Tradition, Zweckmäßigkeit, Machtlage und Rechtsbewußtsein" [535]. Damit ist der Wesentlichkeitsbegriff aber kein "juristisches Niemandsland"

---

[531]BVerfGE 34, 165 (192); 40, 237 (248 f.); 41, 251 (260 f.); 47, 46 (79); 58, 257 (268).

[532]BVerfGE 49, 88 (126).

[533]Vgl. Ossenbühl: Vorbehalt des Gesetzes und seine Grenzen, S. 26.

[534]Papier: Der Vorbehalt des Gesetzes und seine Grenzen, in: Götz / Klein / Starck (Hrsg.): Die öffentliche Verwaltung zwischen Gesetzgebung und richterlicher Kontrolle, 1985, S. 36 ff (67).

[535]Heller, VVDStRL 4, 1928, S. 98 (121).

wie Papier meint [536]. Immerhin bleiben deutlich zu umgrenzende Bereiche des erweiterten Gesetzesvorbehaltes durch das BVerfG festzuhalten:

- Grundrechtsbeeinträchtigungen und Gefährdungen, z.B. durch technische Anlagen, durch den Staat und Dritte lösen Schutzpflichten des Gesetzgebers aus [537].

- Der Gesetzgeber ist verpflichtet, die organisatorisch-institutionellen Voraussetzungen zur Grundrechtsentfaltung in "grundrechtsrelevanten" Bereichen herzustellen [538].

- Der Gesetzgeber ist dort zu Regelungen verpflichtet, wo Grundrechte miteinander kollidieren [539].

Diese Merkmale sind im Bereich des Fernmeldegeheimnisses und des ISR gegeben. Es entstehen, wie bereits dargelegt, durch die Telekommunikation im Bereich der Schutzgüter von Art. 10 GG neue Risiken. Diese Risiken sind grundrechtsrelevant. Durch die wachsende Datenverarbeitung in der Telekommunikation wird eine neue Eingriffs- und Gefährdungsqualität gegenüber der konventionellen in der Regel einzelfallbezogenen Kenntnisnahme durch die Postbediensteten gesetzt. Die Speicherung und Verarbeitung dieser Daten ermöglicht technisch die Erstellung personenbezogener Kommunikationsprofile in vielen Anwendungszusammenhängen. Während relativ das Eingriffsrisiko durch den Staat abnimmt, entsteht eine neue Risikoqualität durch die Vielzahl von Beteiligten, die quasi postalische Funktionen übernehmen. An die Stelle der Gefahr der zentralen Ausforschung der Bürger durch den Staat tritt das Risiko verteilter, partieller, sozial unerwünschter Nutzungen der Telekommunikationsdaten durch viele Beteiligte in unübersichtlichen Telekommunikationsnetzen. Der Umfang dieser Risiken wird durch folgende Faktoren bestimmt:

---

[536]Papier, S. 43.

[537]Vgl. BVerfGE 49, 89 (142); 52, 214 (220).

[538]Vgl. BVerfGE 34, 165 (192 f.); 47, 46 (79); 57, 295, (321).

[539]Vgl. BVerfGE 57, 295, (321).

- die Zunahme und Integration technisch vermittelter Kommunikation in allen Bereichen der Sprach-, Text- und Bildübertragung,

- die Zulassung verschiedener Netzbetreiber im öffentlichen Verkehr,

- die Verarbeitung von zusätzlichen (personenbezogenen) Daten im Rahmen neuer Betriebsmöglichkeiten und neuer Telekommunikationsdienstleistungen durch öffentliche und private Telekommunikationsunternehmen und -diensteanbieter,

- die vielfach erforderlich werdenden Datenübermittlungen zwischen verschiedenen Netz- und Dienstebetreibern,

- neue Telekommunikationsstandards, wie z.B. die Vergabe einer internationalen personenbezogenen Rufnummer, weltweite jedem zugängliche Telekommunikationsverzeichnisse (X.500, Internet), jedem weltweit zugängliche Message Handling Systeme (X.400).

Wann der Gesetzgeber in diesem grundrechtsrelevanten Bereich Regelungen zu treffen hat, obliegt im Grunde einer ständigen Risikobewertung [540]. Der Gesetzgeber muß erst dann aufgrund der grundrechtlichen Schutzpflichten handeln, wenn eine Schutzregelung in diesem Bereich wesentlich für die Verwirklichung der Grundrechte ist. Dies ist dort noch relativ einfach feststellbar, wo Grundrechtskollisionen zu entscheiden sind, z.B. besteht zwischen dem ISR des Anrufenden und des Angerufenen bei einigen Dienstemerkmalen, wie der Anrufanzeige, dem Einzelgebührennachweis, dem Feststellen ankommender Verbindungen, eine Grundrechtskollision, die der Gesetzgeber lösen muß. Schwieriger ist die Identifizierung technischer Risiken, die Schutzpflichten auslösen. Bei der Beantwortung dieser Frage muß auch die institutionelle Dimension von Art. 14 GG beachtet werden, die im Rahmen der Sozialbindung die "freie und selbstverantwortliche Lebensgestaltung" umfaßt [541].

---

[540]Vgl. Roßnagel: Rechtswissenschaftliche Technikfolgenforschung.

[541]Hesse: Grundzüge d. Verfassungsrechtes der Bundesrepublik Deutschland, 1993, S. 181, Rdnr. 442.

Es kann davon ausgegangen werden, daß die Bereitstellung für den öffentlichen Verkehr bestimmter Netze sowie die Erbringung bestimmter Telekommunikationdienstleistungen, die noch bedeutender für die Daseinsvorsorge werden als dies in der Vergangenheit der Fall war, grundrechtsrelevant bleiben. Angesichts der sich entwickelnden heterogenen Telekommunikationsnetz- und -dienstleistungsstruktur wird es schwierig, noch einen Bereich der Daseinsvorsorge sinnvoll zu identifizieren. Mit den traditionellen Rechtsbegriffen wird der zukünftigen Telekommunikationsinfrastruktur nur schwer beizukommen sein. Deshalb sollten auch rechtlich strukturell neue Weichen gestellt werden. Der Gesetzgeber sollte strukturell wirksame Verfahrensregelungen treffen, die die Beteiligten zur Selbstregulierung zwingen.

2.4 Das Post- und Fernmeldegeheimnis unter den Bedingungen der Telekommunikation

Neben der Nachrichtentechnik verändert sich die Ordnung des Fernmeldewesens grundlegend. Hoheitliche und betriebliche Aufgaben sind entsprechend der Vorgaben der EG bereits mit der ersten Poststrukturreform 1989 getrennt worden. Die betrieblichen Aufgaben wurden auf mehrere Unternehmen aufgeteilt [542]. Durch Änderung des Art. 87 GG der Verfassung wird eine privatrechtliche Organisation der Postunternehmen ermöglicht [543] und die Trennung von hoheitlichen und betrieblichen Aufgaben in Art. 87 f Abs. 2 GG mit Verfassungsrang versehen. Durch das Postumwandlungsgesetz werden die Unternehmen der Deutschen Bundespost in die Rechtsform einer Aktiengesellschaft umgewandelt [544]. Diese Unternehmen sind in verschiedenen Formen tätig, die zu Differenzierungen des rechtlichen Charakters

---

[542]Fangmann, RDV 88, S. 53 ff; ders., CR 89, S. 647; Ladeur, Kritische Vierteljahresschrift für Gesetzgebung und Rechtswissenschaft 91, S. 177 ff; Roßnagel / Wedde, DVBL. 88, S. 562; Mayer: Die Bundespost: Wirtschaftsunternehmen oder Leistungsbehörde, 1990; Scherer: Neustrukturierung des Fernmeldewesens: Europäische und nationale Perspektiven, in: Valk: GI 18. Jahrestagung - Vernetzte und komplexe Informatik-Systeme, Hamburg 17. - 19.10. 1988, S.609.

[543]Gesetz zur Änderung des Grundgesetzes BRDrs. 674 / 94.

[544]BRDrs. 677 / 94.

der Dienstleistungen zwingt. Daneben dürfen private Telekommunikationsnetz- und -dienstebetreiber im öffentlichen Verkehr tätig werden.

Von einer Einheit des Brief-, Post- und Fernmeldewesens, das weitgehend deckungsgleich mit der Benutzung der Verkehrsanstalt Post als Anknüpfungspunkt des Geheimnisschutzes ist, kann nicht länger ausgegangen werden. Durch die Trennung der betrieblichen Aufgaben der DBP-Unternehmen müssen die Schutzbereichselemente des Brief-, Post- und Fernmeldegeheimnisses differenziert werden. Die Deutsche Telekom AG ist dem Fernmeldegeheimnis und die Deutsche Post AG dem Briefgeheimnis unterworfen, und die Deutsche Postbank AG unterliegt nur noch dem ISR. Mit der Differenzierung des Post- und Fernmeldewesens differenzieren sich auch die Elemente des Post- und Fernmeldegeheimnisses in Art. 10 GG zu jeweils eigenständigen Schutzbereichen.

Aufgrund der technischen Entwicklung im Bereich des Fernmeldewesens bei gleichzeitiger rechtlicher Neuordnung der Telekommunikationsträgerschaft wird Art.10 GG die Grundlage entzogen. Der Begriff der Fernmeldeanlage differenziert sich. Er ist nicht länger deckungsgleich mit dem Fernmeldewesen und er ist nicht deckungsgleich mit dem Begriff der Telekommunikation.

In der Direktrufentscheidung war das BVerfG von einer einheitlichen Fernmeldeanlage ausgegangen, die "sich nicht auf die Übertragungsleitungen einschließlich des Leitungsabschlusses, also auf den unmittelbaren Netzbereich" [545] beschränkt, sondern die auch diejenigen Einrichtungen, die die Übertragung erst ermöglichen [546], wie "den Sprechapparat ... und die Fernschreibmaschine"... umfaßt [547]. Dieser einheitliche Fernmeldeanlagenbegriff hatte sich historisch in engem Zusammenhang mit dem Fernmeldeanlagenmonopol herausgebildet und wurde

---

[545] Vgl. BVerfGE 46, 120 (144).

[546] BVerfGE 12, 205 (227).

[547] BVerfGE 46, 120 (144).

in der Literatur und Rechtsprechung durchgängig bekräftigt [548]. Der Verfassungsgeber hat das historische Fernmelderecht vorgefunden und in Art. 10, 73 Abs. 1 Nr. 7 und 87 Abs. 1 GG bestätigt [549]. Die Fernmeldeanlage war identisch mit dem historisch gewachsenen Bestand der von der Post angebotenen technischen Einrichtungen. Die Geltung des Fernmeldegeheimnisses für sämtliche Personen, die diese technische Einrichtungen bedienten und beaufsichtigten war eindeutig. Außerhalb der Post betriebene Fernmeldeanlagen waren zu vernachlässigen, so daß von einem fast flächendeckenden Grundrechtschutz gesprochen werden konnte. Für die Restmenge der nicht von der Post betriebenen Fernmeldeanlagen hatte der Gesetzgeber mit § 10 Abs. 2 FAG eine entsprechende Schutzvorschrift erlassen.

Mit der Entwicklung der Telekommunikationstechnik mußte die Vorstellung eines umfassenden einheitlichen Fernmeldeanlagenbegriffs aufgegeben werden. Unterschiedliche Übertragungsnetze und Telekommunikationsdienste haben sich entwickelt, die zur Telekommunikation nutzbaren Endgeräte haben sich vervielfacht. Mit der Digitalisierung, der Definition bestimmter Standards und einheitlicher Schnittstellen wird dieser Prozeß der Differenzierung immer weiter beschleunigt. Die Integration unterschiedlichster Telekommunikationsdienstleistungen in einem Netz wird möglich und qualitativ zunehmend optimiert. Die Kompatibilität verschiedenster Endgeräte wird erhöht. Der sich auf diese Weise um neue Gerätetypen erweiternde und sich auf Computer erstreckende Fernmeldeendgerätebereich sollte und konnte nicht mehr durch die Post monopolisiert werden [550]. Vielmehr nutzt der Teilnehmer die TK-Netze und -Dienstleistungen mit seinen

---

[548]Vgl. RGSt. 19, 55; OLG Celle, Urteil v. 17.7.85, Wiechert / Schmidt, 2.01.1, Nr. 10, S. 61.

[549]Vgl. auch Roßnagel / Wedde, S. 564. Zur historischen Entwicklung und verfassungsrechtlichen Einordnung vgl. Eidenmüller, DÖV 85, S. 522.

[550]Bericht der Regierungskommission Fernmeldewesen 1987; Konzeption der Bundesregierung zur Neuordnung des Telekommunikationsmarktes, März 1988, S. 33 ff; Grünbuch über die Entwicklung des Gemeinsamen Marktes für Telekommunikationsdienstleistung und Telekommunikationsendgeräte, S. 76; Ladeur, Kritische Vierteljahreszeitschrift für Gesetzgebung und Rechtswissenschaft, S. 177 ff.

Geräten, die auf dem Markt zur Verfügung stehen. Insbesondere das Telefax und der PC werden auch in der Massenanwendung zu interessanten Telekommunikationsgeräten. Mit dieser Entwicklung zerfiel die postalisch bisher einheitlich gedachte Fernmeldeanlage unweigerlich in TK-Netze auf der einen Seite und TK-Endgeräte auf der anderen Seite [551]. Mit der zunehmenden Festlegung bestimmter Standards und einheitlicher Schnittstellen zerfällt auch das Netz in Komponenten [552].

Diese technische Entwicklung ermöglicht weitreichende ordnungspolitische Gestaltungsmöglichkeiten, denen die EG-Richtlinien [553], das PostStruktG und das PostNeuOG Rechnung tragen. Die Fernmeldeanlage wird weiter in einzelne Funktionen zerlegt und Endeinrichtungen, Vermittlungseinrichtungen und Übertragungswege unterschiedlichen rechtlichen Anforderungen unterworfen und für neue Akteure geöffnet. Im Monopol der Deutsche Telekom AG verbleiben nur noch kurzfristig die Übertragungswege und das Recht zur Vermittlung von Sprachkommunikation im Festnetz. Mit dieser Ausnahme ist jedermann berechtigt Telekommunikationsdienstleistungen für andere über Fest- und Wählverbindungen, die von der Deutsche Telekom AG bereitgestellt werden, zu erbringen. Im Bereich des Mobil- und Satellitenfunks dürfen weitere Anbieter auf der Basis einer Verleihung auch im Bereich der Sprachkommunikation tätigwerden [554]. Zulässig ist die Sprachvermittlung auch innerhalb von Unternehmen und Konzernen für ihre Unternehmenzwecke auf ihren Telekommunikationsnetzen (Corporate Networks) [555]. Genehmigungsfreie Fernmeldenetze dürfen auf Grundstücken, grund-

---

[551]Vgl. Eidenmüller, DVBL. 87, S. 603 (608); Schatzschneider, MDR 88, S. 529; Ladeur, CR 89, S. 514 (515).

[552]Zur Auswirkung dieser Entwicklung auf den Straftatbestand des § 317 StGB vgl. BGH, CR 94, S. 639 ff. mit Urteilsanmerkung von Berhard Hahn.

[553]90/387/EWG - ABLEG. L 192/1, v. 24.7.90; 88/301/EWG - ABLEG L 131/73, v. 27.5.1988.

[554] MTVerleihV, BGBL. I 1995, S. 1446.

[555]Verfügung: Regulierung von Fernmeldeanlagen, die gem. den §§ 2 und 3 FAG von anderen als der DBP TELEKOM errichtet und betrieben werden dürfen, Amtsblatt des BMPT 13/93, S. 254 ff; TVerleihV, BGBl. I 1995, S. 1434 ff.

stücksübergreifen bis zu 25 km, von Transportanstalten und Elektrizitätswerken sowie als Corporate Networks betrieben werden. Diese schon älteren Bestimmungen des Fernmelderechts werden durch die technische Entwicklung für viele Unternehmen interessant. Damit geht die Fernmeldeanlage zunehmend in einer vernetzten Struktur von Telekommunikationseinrichtungen, die von verschiedenen Akteuren betrieben werden können, auf.

Im deutschen Sprachgebrauch spiegelt der erst in den achziger Jahren übernommene Begriff der Telekommunikation diese Entwicklung wider. Die neue Qualität des Begriffes Telekommunikation erschließt sich nicht aus dem Wortlaut sondern vielmehr historisch aus dem Bezug auf eine bestimmte Phase der Nachrichtenübermittlung in Deutschland. Die griechisch-lateinische Wortbedeutung von Telekommunikation als "Fernverständigung" unterscheidet sich von "Fernmelden" kaum, so daß andere europäische Sprachen diese Differenzierung auch nicht kennen [556]. Die Begriffe "Fernmeldeanlage" und "-wesen" sind in Deutschland postalisch geprägt [557]. "Fernmeldewesen" bezieht sich auch auf eine Organisationsweise. Der Begriff verbindet sich mit einer bestimmten Organisationsform der Bereitstellung dieser Technik durch den Staat und zuerst einmal auch exklusiv für staatliche, insbesondere militärische Zwecke. Demgegenüber stellt Telekommunikation keine postalische Wortprägung mehr dar, sondern ist ein Sammelbegriff für computerunterstützte und computerunterstützende Datenübertragung [558]. Er bezieht sich auf die

---

[556]In Artikel 2 des französischen Telekommunikationsgesetzes wird Telekommunikation definiert als "jede Übertragung, Sendung oder jeder Empfang von Zeichen, Signalen, Schriftstücken, Bildern, Tönen oder Auskünften aller Art über Draht, Optik, Audiovision oder andere elektromagnetischen Systeme" (Loi n 86 - 1067 du 30 septembre 1986, relative à la liberté de communication, Journal Officiel du ler octobre 1986).

[557]Vgl. Eidenmüller, DVBL 87, S. 609. Die Verwendung des Begriffes "Fernmeldedienste" in § 4 Abs 1 PostVerfG im Zusammenhang mit der öffentlichen Aufgabe der Post- und Telekommunikationsdienste in § 1 Abs. 4 FAG im Zusammenhang mit der Berechtigung Privater, TK-Dienstleistungen zu erbringen, weist noch immer diesen Bezug auf. Vom Charakter der Dienstleistungen läßt sich diese Differenzierung nicht begründen.

[558]Die Def. von Eidenmüller, wonach "Telekommunikation als Sammelbezeichnung für alle theoretischen und praktischen Aspekte der Nachrichten-

Gesamtheit von Telekommunikationsanlagen und -geräten, Telekommunikationsnetzen und Telekommunikationsdienstleistungen [559]. Der Telekommunikationsbegriff, der mittlerweile auch Eingang in die Verfassung gefunden hat [560], markiert technisch und institutionell eine qualitative Veränderung [561].

Die digitale und computergesteuerte Übertragungstechnik kann juristisch noch durch den Fernmeldeanlagenbegriff erfaßt werden. Für den Begriff der Fernmeldeanlage ist wesentlich, daß Nachrichten körperlos übermittelt und die ausgesandten Zeichen am Empfangsort wieder erzeugt werden. Eine historische Interpretation [562], gestützt durch die Feststellungen des BVerfG, zeigt, daß der Begriff der Fernmeldeanlage vom Gesetzgeber bewußt für neue, seinerzeit noch nicht bekannte Techniken der Nachrichtenübertragung offengehalten wurde [563]. Er umfaßt "nicht nur die bei Entstehung des Gesetzes bekannten Arten der Nachrichtenübertragung, sondern auch neuartige Übertragungstechniken, sofern es sich um körperlose Übertragung von Nachrichten in der Weise handelt, daß diese am Empfangsort wiedergegeben werden". Erstmals hat das Reichsgericht in seiner Entscheidung im Jahre 1889 den neuen Dienst des "Fernsprechens" unter das "Telegraphenwesen" subsumiert [564] und damit den Grundstein der Offenheit dieses Begriffes für neue technische Entwicklungen gelegt. 1919 hat der Verfassungsgeber der Weimarer Reichsverfassung in Art. 88 WRV und Art. 117 WRV

übertragung verwendet wird", bringt die neue technische Qualität der Telekommunikation nicht zum Ausdruck.

[559]Vgl. Fangmann, EuZW 90, S. 48.

[560]Art. 73 Nr. 7, 87 f GG.

[561]Kubicek: Von der Technikfolgenabschätzung zur Regulierungsforschung, S. 32.

[562]Vgl. RGSt 19, 55 (58).

[563]BVerfGE 46, 120 (143).

[564]Vgl. RGSt 19, 55 (58).

ausdrücklich klargestellt, das diese neue Technik Bestandteil des Post- und Telegraphenwesens bzw. -geheimnisses ist [565].

Im FAG hat der Gesetzgeber an diesem traditionell offenen Fernmeldeanlagenbegriff festgehalten. Der Begriff der Telekommunikationsdienstleistung [566] wird zusätzlich eingeführt. In § 1a Abs.1 FAG wird von "Betreibern von Fernmeldeanlagen, die Telekommunikationsdienstleistungen erbringen," gesprochen, womit die Offenheit des Fernmeldanlagenbegriffs zu Telekommunikationsdienstleistungen deutlich zum Ausdruck gebracht wird. Der Gesetzgeber hat sich zu einer einheitlichen Begrifflichkeit nicht durchringen können [567]. Der Fernmeldebegriff hat sich so gewandelt und differenziert, das er aufgegeben werden sollte. Die Einheitlichkeit der Fernmeldeanlage, an die sich der postalische Begriff knüpft, ist aufgelöst worden in Telekommunikationsnetze, -endgeräte und -dienstleistungen, die jeweils von unterschiedlichen Stellen betrieben und erbracht werden können [568]. Ich werde deshalb im Folgenden soweit nicht ausdrücklich auf das alte Fernmeldegeheimnis bezug genommen wird, vom Telekommunikationsgeheimnis sprechen.

Der Bezug des Geheimnisschutzes aus Art. 10 GG auf den postalischem Begriff der Fernmeldeanlage und des Fernmeldewesens läßt dieses Grundrecht ins Leere laufen. Der Schutzbereich des Post- und Fernmeldegeheimisses erstreckte sich auf die einheitlich gedachte Fernmeldeanlage und ihre einheitliche postalische Verwaltung. Dieser grundrechtlich einheitlich gedachte Schutzbereich wird durch die technischen und damit einhergehenden ordnungspolitischen Veränderungen des Fernmeldewesens auf-

---

[565]Die Bedeutung des Zusatzes "Fernsprechwesen" wird in den Verfassungsmaterialien und in der Literatur nicht erörtert. Vgl etwa Finger: Das Staatsrecht des Deutschen Reichs der Verfassung vom 11.8.1919, S. 499 ff.; Poetzsch-Heffter: Handkommentar der Reichverfassung v. 11.8.1919, 3. Aufl. 1928, Anm. 1 zu Art. 88, S. 355; vgl. Lerche / Graf von Pestalozza, S. 48 m.w.N.

[566]Vgl. die §§ 1 Abs. 4, 1a, 2 a Abs. 1, 14 a, 26 FAG.

[567]In § 4 Abs. 1 PostVerfG wurde als Beschreibung der öffentlichen Aufgabe der DBP-TELEKOM der Begriff "Fernmeldedienste" im Gegensatz zum Begriff "Telekommunikationsdienste" in § 1 Abs. 4 FAG verwendet.

[568]Vgl. auch Fangmann, EuZW, S. 48.

gelöst. Im folgenden Kapitel wird zu untersuchen sein, welche normative Wirksamkeit Art. 10 GG unter diesen veränderten Bedingungen noch entfaltet.

2.5 Grundrechtsbindung der Betreiber von Telekommunikationsnetzen und -diensten

2.5.1 Grundrechtsbindung der Deutschen Telekom AG

Zu untersuchen ist, inwieweit die Deutsche Telekom AG noch einer Grundrechtsbindung unterliegt. Zu einen erbringt die Deutsche Telekom AG Leistungen aufgrund ausschließlicher Rechte oder als Pflichtleistung zum anderen kann sie sich frei im Wettbewerb betätigen.

Das ausschließliche Recht, Übertragungswege einschließlich der zugehörigen Abschlußeinrichtungen sowie Funkanlagen zu errichten (§ 1 Abs 2 FAG) und zu betreiben (Netzmonopol) und ebenso das auschließliche Recht (§ 1 Abs. 4 FAG), Sprache zu vermitteln (Telefondienstmonopol) wird gesetzlich an die Deutsche Telekom AG verliehen.

Pflichtleistungen muß die Deutsche Telekom AG aufgrund von Rechtsverordnungen des Bundesministers für Post und Telekommunikation erbringen, mit denen sie besonderen Leistungsauflagen, wie z.B. flächendeckendes Angebot, Tarifeinheit im Raum, unterworfen werden kann.

Im übrigen kann die Deutsche Telekom sich im gesamten Bereich der Telekommunikation und in verwandten Bereichen des In- und Auslandes betätigen. Ihre Dienstleistungen unterliegen hier freier unternehmerischer Entscheidung [569] im vollen Wettbewerb mit privaten Anbietern.

Alle Rechtsbeziehungen zwischen der Deutschen Telekom AG und Teilnehmern sind privatrechtlicher Natur (§ 9 Abs. 1 FAG).

---

[569]Vgl. Konzeption der Bundesregierung zur Neuordnung des Telekommunikations-Marktes, S. 13.

Durch das PostNeuOG wird die Deutsche Telekom AG dem zweiten Abschnitt des BDSG als öffentliche Stelle solange unterworfen als ihr ein ausschließliches Recht nach dem FAG zusteht [570]. Nach § 12 Abs. 1 BDSG sind öffentlich-rechtliche Unternehmen, die am Wettbewerb teilnehmen, ausdrücklich von den Datenschutzvorschriften für Behörden und öffentliche Stellen ausgenommen und wie nicht-öffentliche Stellen (§ 27 Abs. 1 Nr. 2 BDSG) zu behandeln [571]. Nach dem Willen des Gesetzgebers sind öffentlich-rechtliche Unternehmen im Wettbewerb den Vorschriften des dritten Abschnittes des BDSG zu unterwerfen, um sie nicht im Wettbewerb gegenüber privaten Konkurrenten zu benachteiligen.

Diese Ausgestaltung durch den Gesetzgeber im BDSG trifft keine generelle Aussage über die unmittelbare Bindung solcher Unternehmen an die Grundrechte, zeigt aber, wie der Gesetzgeber in Übereinstimmung mit der mittel- und unmittelbaren Grundrechtsgeltung im BDSG differenziert hat. Öffentliche Stellen dürfen Daten nur verarbeiten, wenn es zur Erfüllung der in der Zuständigkeit der speichernden Stelle liegenden Aufgaben erforderlich ist. Sind die Aufgaben einer öffentlichen Stelle und die dafür erforderliche Datenverarbeitung nicht hinreichend gesetzlich bestimmt, kann der betroffene Bürger unmittelbar einen Verfassungsverstoß geltend machen. Private können hingegen Daten im Rahmen der Erlaubnistatbestände von § 28 BDSG verarbeiten. Sie sind naturgemäß an keinerlei gesetzliche Aufgabenbestimmung gebunden, sondern müssen in erster Linie die Zweckbestimmung im Rahmen ihrer vertraglichen und vertragsähnlichen Beziehungen oder der weiteren gesetzlichen Erlaubnistatbestände beachten, d.h. Private können ihre Aufgabe frei wählen, erst dann setzt eine gesetzliche Bindung ein. Der Gesetzgeber hat mit dieser gesetzlichen Regelung die öffentlich-rechtlichen Unternehmen im Wettbewerb den privaten Unternehmen bewußt gleichgestellt. Auf sie sind die engen Voraussetzungen der Zulässigkeit der Datenverarbeitung im öffentlichen Bereich nicht anwendbar. Die größere Flexibilität

---

[570]Art. 12 Nr. 16.

[571]so auch Peter Badura, S. 19.

öffentlich-rechtlicher Unternehmen durch eine im wesentlichen vertraglich begründete Datenverarbeitung ist gesetzlich gewollt. Der Bürger kann bei der Datenverarbeitung öffentlich-rechtlicher Unternehmen im Wettbewerb nicht unmittelbar Verstöße gegen das ISR geltend machen. Er bleibt auf das Datenschutzgesetz beschränkt.

Fraglich ist, ob diese Differenzierung auch im Geltungsbereich des Fernmeldegeheimnisses möglich ist. Aufgrund des Parlamentsvorbehaltes läßt Art. 10 Abs. 2 GG im Gegensatz zum ISR keinen Raum für eine gesetzliche Gestaltung, die Eingriffe in das Fernmeldegeheimnis auch nur für die Leistungen im Wettbewerb generell einer vertraglichen Regelung zuweist. Die umfassende Bedeutung des Gesetzesvorbehalts in Art. 10 Abs. 2 GG für die Verkehrsanstalt Post hat das BVerfG in seinem Beschluß vom 25.3.1992 deutlich herausgearbeitet und in den Leitsätzen festgehalten [572].

Da sich Art. 10 GG traditionell auf die Verkehrsanstalt Post als ganzes bezieht, bleibt jede Tätigkeit juristischer Personen in der Rechtsnachfolge dieser Verkehrsanstalt - solange sie öffentlich-rechtlich organisiert sind - unmittelbar dem Fernmeldegeheimnis unterworfen. Eine öffentlich-rechtliche Organisationsform bleibt allerdings nur gerechtfertigt , wenn die öffentliche Aufgabenstellung überwiegt. Mit der Auflösung der DBP TELEKOM in ihrer öffentlich-rechtlichen Organisationsform und ihrer Überführung in eine privatrechtliche Aktiengesellschaft entfällt die unmittelbare Grundrechtsbindung aus Art. 10 GG, es sei denn, das Unternehmen wird mit hoheitlichen Befugnissen beliehen. Insoweit das Unternehmen mit hoheitlichen Aufgaben beliehen ist, bleibt eine unmittelbare Grundrechtsbindung bestehen.

Fraglich ist, ob die gesetzliche Übertragung des Netz- und Telefonmonopols die Beleihung mit einer hoheitlichen Aufgabe ist. Der Wortlaut der "Verleihung" in § 1 Abs. 2 und 4 FAG legt dies nahe, ist aber nicht hinreichend. Denn auch an andere Stelle des Gesetze (§ 2 FAG) wird im Zusammenhang mit der Vergabe von Lizenzen der Begriff der Verleihung gebraucht. Der Staat kann

---

[572]BVerfG - Beschluß v. 25.3.92 - 1 BvR 1430/88 - , S. 1.

nur öffentliche Aufgaben im Wege der Beleihung durch private Unternehmen erbringen lassen. Die Wahrnehmung des Netz- und Telefonmonopols als öffentliche Aufgabe ist streitig, nach den EG-Richtlinien zumindest noch befristet mit dem Hinweis auf Aufgaben der staatlichen Daseinsvorsorge zulässig [573].

Nach gefestigter Rechtsprechung [574] besteht die Grundrechtsbindung für den Bereich der Daseinsvorsorge. Danach entscheidet nicht die Rechtsform darüber, ob die öffentliche Hand dem Verwaltungs- oder dem Privatrecht unterworfen ist. Nach dem BGH ist alles, was funktionell zur Daseinsvorsorge gehört, nach den Grundsätzen des öffentlichen Rechts und nicht des privaten Rechts zu beurteilen [575]. In einer anderen Entscheidung [576] heißt es: "Der Staat kann sich, wenn er sich im Bereich der Leistungsverwaltung (zulässigerweise) privatrechtlicher Mittel bedient, dadurch nicht der Grundrechtsbindung entziehen, der er bei Einsatz öffentlich-rechtlicher Mittel ... unterworfen wäre". Naheliegenderweise hat sich diese Rechtsprechung im Bereich der Leistungsverwaltung in der Frage der Anwendung des Gleichheitsgrundsatzes herausgebildet, gilt aber für den Grundrechtseingriff um so mehr.

Der BGH hat in seinen Entscheidungen offengelassen, inwiefern eine Grundrechtsbindung in anderen Bereichen als der Daseinsvorsorge bei privatrechtlichem Handeln des Staates gegeben ist. Neben der Daseinsvorsorge lassen sich noch zwei Komplexe des verwaltungsprivatrechtlichen Handelns öffentlicher Stellen unterscheiden:

- die Fiskalverwaltung, die sogenannte Hilfsgeschäfte der Verwaltung und die mit ihnen verbundene Auftragsvergabe durch die öffentliche Hand umfaßt, und

---

[573]Vgl. 90/388/EWG - ABLEG. L 192/10 v. 24.7.90, S. 12; 94/C48/01 - ABLEG C 48/1 v. 16.2.94.

[574]BGHZ 65, 284 (287).

[575]BGHZ 52, 325 (329); vgl. Forsthoff: Verwaltungsrecht I, 1974, S. 371; vgl. BGH, DB 69, 1790.

[576]BGHZ 65, 284 (287); OVG Lüneburg, NJW 77, 450 (451); AK-GG- Denninger - Art. 1 Abs. 3 Rz. 29.

- die Teilnahme des Staates am wirtschaftlichen Wettbewerb, also jener Bereich, in dem der Staat als "Gleicher unter Gleichen" bei der Erbringung von Leistungen mit anderen Privatrechtssubjekten konkurriert [577].

Hier gehen die Meinungen über die Grundrechtsbindung auseinander " [578]. Hesse geht generell von einer Grundrechtsbindung bei der Erfüllung fiskalischer Aufgaben aus [579]. Danach "darf es kein Reservat staatlichen Wirkens geben, das, weil es sich in Formen des Privatrechts vollzieht, dem Geltungsanspruch der Verfassung nicht untersteht" [580]. Allerdings hat er dabei nur die fiskalischen Hilfsgeschäfte im Auge. Dürig hält generell nur eine mittelbare Grundrechtsbindung für gegeben [581], es sei denn, es besteht "für den Bürger keine oder nur eine unzumutbar schwierige Ausweichmöglichkeit auf gleiche Leistungen Privater" [582]. Die Lehre von der "Fiskalgeltung der Grundrechte" sucht, nach der unmittelbaren und mittelbaren Erfüllung öffentlicher Aufgaben zu differenzieren [583]. Bei der unmittelbaren Erfüllung öffentlicher Aufgaben soll danach die öffentliche Hand an die Grundrechte gebunden sein, bei fiskalischem Handeln im engeren Sinne nicht. Führt aber das fiskalische Handeln zu Handlungen, denen bei Gebrauch öffentlich-rechtlicher Gestaltungsformen Grundrechte entgegenstehen würden, so bliebe auch hier die Grundrechtsbindung bestehen. Denninger geht von einer Grundrechtsbindung prinzipiell auch bei erwerbswirtschaftlicher Betätigung des Staates aus [584]. Inwieweit dies jedoch auch für solche Bereiche gilt, wo der Staat als "Gleicher unter Gleichen"

---

[577]Vgl. Ossenbühl, DÖV 71, S. 513.

[578]AK - GG - Denninger - Art. 1 Abs. 3 Rz. 30.

[579]Hesse: Grundzüge des Verfassungsrechtes der Bundesrepublik Deutschland, S. 145 ff.

[580]Ebenda, S. 146.

[581]Dürig in Maunz - Dürig, Komm. z. GG., Art. 1 III Rdnr. 137.

[582]Ebenda, Rdnr 137.

[583]Vgl. Zeidler, VVDStRL 19 (1961), S. 217; BGHZ 29, 76 (80); 33, 230 (233); 36, 91 (95ff.).

[584]AK-GG- Denninger - Art. 1 Abs. 3 Rz. 30.

mit Privaten konkurriert, läßt er offen. Nach Ossenbühl ist die öffentliche Hand von der unmittelbaren Grundrechtsbindung frei, soweit sie am wirtschaftlichen Wettbewerb teilnimmt. Es wäre ein Widerspruch in sich, "der öffentlichen Hand die Teilnahme am wirtschaftlichen Wettbewerb zu gestatten, ihr aber gleichzeitig die Möglichkeit zu nehmen, sich auf die Regeln des Wettbewerbs einzustellen" [585].

Diese Differenzierung Ossenbühls deckt sich mit den Regelungen im BDSG. Die unmitelbare Grundrechtsbindung bleibt bestehen, soweit die Deutsche Telekom AG als privatrechtliche Aktiengesellschaft die Monopol- und Pflichtleistungen weiterhin als öffentliche Aufgabe der Daseinsvorsorge im Wege der Beleihung wahrnimmt. Insofern ist die Regelung in § 2 Abs. 1 S. 2 BDSG verfassungsrechtlich problematisch, da sie nur auf die ausschließlichen Rechte und nicht auch auf die Pflichtleistungen abstellt. Die Festlegung von Pflichtleistungen gem. § 8 PTReG dient explizit der Sicherstellung der Daseinsvorsorge. Folglich greift auch hier die unmittelbare Grundrechtsbindung mit der Wirkung, daß der zweite Abschnitt des BDSG anzuwenden ist.

Die Leistungen im Wettbewerb unterliegen keiner unmittelbaren Grundrechtsbindung mehr. Wird der staatliche Anspruch, bestimmte Leistungen in der Telekommunikation als öffentliche Aufgabe zu erbringen, völlig aufgegeben, wie es die Politik der EG-Kommission intendiert und mit der Poststrukturreform III ab 1998 vorgesehen ist, dann werden die hoheitlichen Aufgaben auf eine bloße Regulierungsfunktion beschränkt. Eine unmittelbare Grundrechtsbindung bestände nur noch für die verbleibende hoheitliche Tätigkeit der Regulierungsbehörde. Deren Tätigkeit hätte aber keinen unmittelbaren Bezug mehr zum Fernmeldegeheimnis. In seiner unmittelbaren Geltung beschränkt sich das Fernmeldegeheimnis zukünftig auf den unmittelbaren Eingriff staatlicher Behörden. Die umittelbare Geltung des Parlamentsvorbehalt von Art. 10 Abs. 2 GG bezieht sich nur auf den Eingriff staatlicher Stellen. Die Datenverarbeitung privater Übermittler wird durch den Parlamentsvorbehalt von Art. 10 GG nicht erfaßt.

---

[585] Ossenbühl, DÖV 71, S. 520.

Allerdings legen die institutionellen Garantien dieses Grundrechtes an dem Gesetzgeber bestimmte Schutzpflichten auf, die dem in Art. 10 GG verfassungsrechtlich niedergelegten zentralen Prinzip der Vertraulichkeit der Kommunikation auch bei der Nutzung eines privaten Übermittlers jedenfalls mittelbar weiterhin Geltung verschaffen.

2.5.2 Grundrechtsbindung von privaten Telekommunikationsorganisationen und Telekommunikationsdiensteanbietern[586]

Der Bundesminister für Post und Telekommunikation kann gem. § 2 FAG "die Befugnis zur Errichtung und zum Betrieb einzelner Fernmeldeanlagen" sowohl für einzelne Strecken als auch für Bezirke auch an andere als die Deutsche TELEKOM AG verleihen. Derartige Rechte sind bereits an private Unternehmen für den Mobilfunk, den Bündelfunk, Satellitenverbindungen und Satellitensprachübertragung vergeben worden. Zukünftig erteilt die Regulierungsbehörde Lizenzen.

Private Unternehmen werden aufgrund einer Lizenz tätig, die in einem förmlichen Verfahren vergeben wurde. Sie erhalten mit der Lizenz - häufig befristet - eine öffentlich-rechtliche Erlaubnis zum Errichten und Betrieb der jeweils lizenzierten Telekommunikationsnetze.

Es werden keine hoheitlichen Tätigkeiten und öffentliche Aufgaben auf diese Unternehmen übertragen. Die Lizenzen enthalten Nutzungsrechte mit technischen und wettbewerbsrechtlichen Auflagen im öffentlichen Interesse. Die Lizenznehmer dürfen diese Rechte ausschließlich in ihrem eigenen wirtschaft-

---

[586]In der Terminologie des EG-Rechtes sind staatliche und private Einrichtungen, denen ein Mitgliedstaat besondere oder ausschließliche Rechte zur Bereitstellung von öffentlichen Telekommunikationsnetzen und gegebenenfalls zur Erbringung von öffentlichen Telekommunikationsdiensten gewährt, Fernmeldeorganisationen bzw. Telekommunikationsorganisationen (Art. 2 ONP-Richtlinie; Art. 3 des Entwurfes für eine Telekommunikationsdatenschutz-Richtlinie). Mit dieser Definition wird zwischen den regulierten Betreibern und Anbietern von Telekommunikationsnetzen u. -diensten und den Telekommunikationsdiensteanbietern im Wettbewerb unterschieden.

lichen Interesse nutzen. Die Lizenznehmer besitzen ihrerseits ein subjektiv-öffentliches Recht auf eine unbeschränkte Ausübung der Lizenzrechte im Rahmen der gesetzlichen Bestimmungen. Da sie weder öffentlichen Stellen sind noch öffentliche Aufgaben der Daseinsvorsorge übernehmen, unterliegen sie auch keiner unmittelbaren verfassungsrechtlichen Bindung [587].

Nach § 1 Abs. 3 u. 4 FAG bzw. § 4 und 58 TKG-E darf jedermann zugelassene Endeinrichtungen errichten und betreiben bzw. Telekommunikationsdienstleistungen für andere erbringen. Diese gänzlich freien Tätigkeiten unterliegen erst recht keiner unmittelbaren Grundrechtsbindung.

2.6   Datenverarbeitung im Bereich des Post- und Fernmeldegeheimnisses durch Einwilligung

Eine Einwilligung rechtfertigt eine Datenverarbeitung auch im öffentlichen Bereich. Die Rechtsprechung geht davon aus, daß der Betroffene im Einzelfall ebenso auf den Schutz des Fernmeldegeheimnisses verzichten kann [588]. Aber der Teilnehmer kann nur gegenüber der Deutschen TELEKOM AG als Mittler auf das Fernmeldegeheimnis verzichten, nicht mit der Wirkung für Dritte - sprich andere Teilnehmer, wie es die Rechtsprechung bisher überwiegend angenommen hat [589]. Dies schränkt die Möglichkeit des Eingriffs in das Fernmeldegeheimnis aufgrund individueller Einwilligung erheblich ein, da bei der Telekommunikation in der Regel die Kommunikationsdaten von mindestens zwei Teilnehmern betroffen sind. Eine allseitige Einwilligung der Teilnehmer kann im Bereich der durch die Deutsche TELEKOM AG wahrgenommenen ausschließlichen Rechte nicht durch vertragliche Benutzungsverhältnisse ohne gesetzliche Grundlage erreicht werden. Wie im vorgehenden

---

[587]Vgl. Fangmann, RDV 88, S. 60 ff.

[588] BayOLGE St Bd. 24 1974, S. 30, Wiechert / Schmidt, 2.08.2, Nr. 7, S. 22; OlG Köln v. 7.4.1970, Wiechert / Schmidt, 2.08.1, Nr. 2, S. 1 u. 2.08.2, Nr. 5 , S. 10 , Nr. 11, S. 30; OVG Bremen, NJW 1980, S. 606; OLG Hamm, MDR 88, S. 605; BVerfGE 85, 386 (399).

[589]BVerfG 85, 386 (399).

Abschnitt dargestellt, läßt der Parlamentsvorbehalt in Art. 10 Abs. 2 GG keinen Raum für Eingriffe in das Fernmeldegeheimnis aufgrund einer vertraglicher Regelung. Die zu erhebenden und zu verarbeitenden Daten selbst müssen gesetzlich geregelt [590], Einwilligungen gesondert und ausdrücklich erteilt werden. Der Verzicht auf den Schutz des Fernmeldegeheimnisses findet zudem seine Grenze dort, wo ein allgemeiner sozialer Zwang die Entscheidungsmöglichkeit des Betroffenen einengt, z.B. indem er bestimmte Telekommunikationsdienstleistungen nicht erhalten kann und keine Ausweichmöglichkeit besitzt, wenn er nicht einwilligt. Im Bereich der Dienstleistungen, die die Deutsche TELEKOM AG aufgrund ausschließlicher Rechte erbringt, ist von einem derartigen sozialen Benutzungszwang auszugehen, daß eine Einwilligung die Datenerhebung und -verarbeitung nicht zu legitimieren vermag [591]. Sie bedarf im Bereich der Deutschen TELEKOM AG immer einer gesetzlichen Grundlage.

Im Bereich der freien Leistungen, die dem freien Wettbewerb unterliegen, ist die Funktion der Daseinsvorsorge generell nicht gegeben. Die Telekommunikationsnetz- und -diensteanbieter unterliegen keiner unmittelbaren Grundrechtsbindung. Der Betroffene hat regelmäßig Alternativen zu der Inanspruchnahme dieser Leistungen sowohl zwischen Leistungen gleicher Art, die von verschiedenen Anbietern angeboten werden, als auch zu der Leistungsart generell. Insbesondere ist der Betroffene nicht auf staatliche Leistungen angewiesen. Damit ist der soziale Zwang, diese Leistung in Anspruch zu nehmen und den Bedingungen der Leistungserbringung zustimmen zu müssen, erheblich geringer [592]. Der Betroffene ist in der Lage, sich entscheiden zu können. Insofern ist hier die Einwilligung des Betroffenen regelmäßig ausreichend, um die Datenverarbeitung zu legitimieren.

---

[590]Ebenda, S. 23.

[591]BVerfGE 85, 386 (398); OVG Bremen, CR 94, S. 700 ff; vgl. Badura, S. 24.

[592]Vgl. Fangmann, RDV 88, S. 62.

3. Telekommunikationsdatenschutz

3.1 Fernmeldegeheimnis im Telekommunikationsgesetz

Das Fernmeldegeheimnis, bisher in § 10 Abs. 1 FAG geregelt, wird im TKG-E neu gefaßt. Im Unterschied zum FAG stellt die neue Bestimmung nicht mehr auf den Betrieb einer für den öffentlichen Verkehr bestimmten Fernmeldeanlage ab. Zur Wahrung des Fernmeldegeheimnisses ist verpflichtet, wer geschäftsmäßig Telekommunikationsdienste erbringt oder daran mitwirkt. Diese Formulierung trägt der Entwicklung zum Multibetreibernetz angemessen Rechnung, in dem nicht mehr an einen fernmeldetechnischen Sachverhalt angeknüpft wird, sondern auf die Art der Dienstleistung abgestellt wird. Konsequenterweise sollte auch begrifflich das Fernmeldegeheimnis durch „Telekommunikationsgeheimnis" ersetzt werden.

Bereits mit Poststrukturreform I wurde das Fernmeldegeheimnis auf die Beschäftigten bei privaten Betreibern einer Fernmeldeanlage, die für den öffentlichen Verkehr bestimmt ist, erstreckt. § 10 FAG verpflichtete allerdings nur die Betreiber von Fernmeldeanlagen, deren Fernmeldeanlage für den öffentlichen Verkehr bestimmt war. Damit stellte das Fernmeldegeheimnis typischerweise auf Teilnehmerdienste ab, d.h., die Dienstleistung muß zu allgemeinen Bedingungen im Massenverkehr für jedermann angeboten werden. Betreiber von Fernmeldeanlagen, die betrieblichen Zwecken, wie z.B. LAN, Corporate Networks, Betriebsfunk [593], oder privaten Zwecken dienen, waren nicht dem Fernmeldegeheimnis unterworfen. Die Abgrenzung der Übertragungsdienstleistungen, die im öffentlichen und im nicht-öffentlichen Verkehr erbracht werden, ist mit der Öffnung des Telekommunikationsmarktes kaum mehr möglich, z.B. beim Betrieb von Corporate Networks, LAN, MAN durch private Unternehmen, die Dritten zur Nutzung angeboten werden. Mit dem Verzicht auf das Merkmal des öffentlichen Angebots und dem

---

[593] Vgl. OLG Hamburg: Beschluß v. 9.9.75, Wiechert / Schmidt, 3.2.1, Nr. 3, S. 19.

Abstellen auf die Geschäftsmäßigkeit unterliegen z.B. auch Corporate Networks, Nebenstellenanlagen in Hotels, Krankenhäusern, Betrieben und Behörden sowie Clubtelefone [594] aber auch LANs und MANs, die auf Dauer anderen angeboten werden, dem Telekommunikationsgeheimnis. Wegen der Komplexität und Vielfalt denkbarer Konfigurationen bei Telekommunikationsanlagen, die zukünftig bestehen werden, hat der Gesetzgeber bewußt auf eine enumerative Abgrenzung des Schutzbereiches verzichtet. Ebenso hat er den Schutzbereich auf die geschäftsmäßige und nicht nur gewerbliche Erbringung von Telekommunikationsdiensten bezogen. Auch ohne Gewinnerzielungsabsicht erfolgende, auf Dauer angelegte Angebote von Telekommunikationsdiensten verpflichten zur Wahrung des Fernmeldegeheimnisses.

Normadressaten und Verpflichtete sind sowohl die Betreiber von Telekommunikationsanlagen, die Diensteanbieter als auch deren Mitarbeiter.

Das Fernmeldegeheimnis schützt den Inhalt der Telekommunikation und ihre nähere Umstände. Ausdrücklich als nähere Umstände werden im Gesetz erfolglose Verbindungsversuche genannt. Das Fernmeldegeheimnis ist unbefristet über die Beendigung der es begründeden Tätigkeit hinaus zu wahren.

In das TKG-E werden Verhaltensregeln, die die Verpflichteten zu beachten haben, aufgenommen. Den Verpflichteten ist es untersagt, sich selbst oder anderen über das für die Erbringung der Dienstleistung erforderliche Maß hinaus Kenntnis vom Inhalt oder den näheren Umständen der Telekommunikation zu verschaffen. Sodann dürfen die Verpflichteten ihre Kenntnisse über Tatsachen, die dem Fernmeldegeheimnis unterliegen, grundsätzlich nur für die Erbringung von Telekommunikationsdienstleistungen verwenden. Eine Verwendung dieser Kenntnisse für andere Zwecke, insbesondere aber die Weitergabe an Dritte, ist grundsätzlich unzulässig. Nur solche Befugnisnormen rechtfertigen eine Durchbrechung des Fernmeldegeheimnisses, die sich ausdrücklich auf Telekommunikationsvorgänge beziehen.

---

[594] Vgl. Begründung zum Gesetzentwurf , BRDrs. 80/96, S. 53.

Bei Normen, die Auskunftspflichten in allgemeiner Form regeln, hat auch das einfachgesetzliche Fernmeldegeheimnis Vorrang [595]. Dies gilt beispielsweise für das Auskunftsersuchen von Finanzbehörden gem. § 93 AO. Zulässig sind hingegen Auskünfte aufgrund § 100 a/b StPO oder § 12 FAG, die ausdrücklich auf Telekommunikationsdaten abstellen. Ausdrücklich ausgenommen davon ist die Nichtanzeige der Planung der in § 138 StGB aufgezählten Straftaten.

Der Geheimnisschutz bei Funkübermittlungen beschränkt sich auf den Empfang von Nachrichten, die von hoheitlichen Zwecken dienenden Funkanlagen gesendet werden durch private Funkanlagen, ohne für sie bestimmt zu sein. Bislang erstreckte sich der Geheimnisschutz auf den Empfang von Nachrichten, die von einer öffentlichen Zwecken dienenden Fernmeldeanlage übermittelt werden. Der Geheimnisschutz ist durch die Beschränkung auf hoheitliche Zwecke eingeengt worden.

Die Betreiber von Fernmeldeanlagen sind zu technischen und sonstigen geeigneten Maßnahmen zum Schutz des Fernmeldegeheimnisses, personenbezogener Daten, der Telekommunikations- und Datenverarbeitungssysteme gegen unerlaubte Ein- und Zugriffe und äußere Angriffe und Katastrophen gem. § 10 a FAG bzw. § 84 TKG-E verpflichtet. Entsprechend der Regelungen im § 9 BDSG sind auch technische und sonstige Maßnahmen zum Schutz des Fernmeldegeheimnisses und der Telekommunikationsanlagen von Telekommunikationsdienstleistungsbetreibern zu treffen.

Wie bereits § 10 a FAG ermächtigt § 84 Abs. 3 TKG-E den Bundesminister für Post- und Telekommunikation zu einer Rechtsverordnung über Sicherheitsmaßnahmen und -konzepte. § 84 TKG-E ist gegenüber § 10 a FAG verfahrensrechtlich präzisiert worden. Es ist vorgesehen, daß die Regulierungsbehörde im Benehmen mit dem Bundesamt für Sicherheit in der Informationstechnik nach Anhörung von Verbraucherverbänden

---

[595] Vgl. Begründung zum Gesetzentwurf , BRDrs. 80/96, S. 53.

und von Wirtschaftsverbänden der Hersteller und Betreiber von Telekommunikationsanlagen einen Katalog von Sicherheitsanforderungen für das Betreiben von Telekommunikations- und Datenverarbeitungssystemen erstellt, um eine nach dem Stand der Technik angemessene Standardsicherheit zu erreichen. Der Bundesbeauftragte für den Datenschutz muß ebenfalls in das Verfahren einbezogen werden und Gelegenheit zur Stellungnahme bekommen. Danach ist der Katalog im Bundesanzeiger zu veröffentlichen. Die lizenzpflichtigen Betreiber von Telekommunikationsanlagen haben einen Sicherheitsbeauftragten zu benennen und ein Sicherheitskonzept zu erstellen. Das Sicherheitskonzept muß eine Beschreibung der eingesetzten Telekommunikationsanlagen und -dienstleistungen, eine Beschreibung der Gefährdungen und der getroffenen und geplanten Schutzmaßnahmen enthalten. Es ist der Regulierungsbehörde vorzulegen, verbunden mit einer Erklärung, daß die darin aufgezeigten technischen Vorkehrungen und sonstigen Schutzmaßnahmen umgesetzt sind oder bis zu einem bestimmten Zeitpunkt umgesetzt werden. Dabei muß der nach dem Stande der technischen Entwicklung zu fordernde technische und wirtschaftliche Aufwand zur Bedeutung der zu schützenden Rechte und der zu sichernden Anlagen in einem angemessenen Verhältnis stehen. Stellt die Regulierungsbehörde im Sicherheitskonzept oder bei dessen Umsetzung Sicherheitsmängel fest, so kann sie vom Betreiber deren Beseitigung verlangen.

Damit soll über die angemessene Umsetzung der Maßnahmen gem. der Anlage zu § 9 BDSG hinaus, die Umsetzung eines umfassenden Sicherheitskonzeptes erreicht werden.

3.2 Ermächtigungsnormen für bereichsspezifische Datenschutzverordnungen

3.2.1 Datenverarbeitung durch Telekommunikationsdiensteanbieter

Das TKG ermächtigt die Bundesregierung, eine Rechtsverordnung über den Datenschutz für Unternehmen, die Telekommunikationsdienstleistungen erbringen oder an der Erbringung solcher Dienstleistungen mitwirken, zu erlassen. Bis

1998 bleibt § 10 PTRegG als Ermächtigungsgrundlage ebenfalls bestehen. Der Ermächtigungsbereich wird mit dem TKG erweitert, da er sich nicht auf Telekommunikationsunternehmen beschränkt, die der Öffentlichkeit Telekommunikationsdienstleistungen anbieten sondern auch Unternehmen umfaßt, die an der Erbringung von Telekommunikationsleistungen mitwirken.

Die Rechtsverordnung soll in Konkretisierung des Fernmeldegeheimnisses in gleicher Weise die Daten juristischer und natürlicher Personen schützen. Neben den allgemeinen verfassungsrechtlichen Grundsätzen, wie Erforderlichkeit, Verhältnismäßigkeit und Zweckbindung, enthält die Ermächtigungsnorm in Abs. 2 einige spezifische materielle Vorgaben. Danach dürfen Telekommunikationsdienstleister, soweit es für die betriebliche Abwicklung der Telekommunikationsdienstleistungen erforderlich ist, Daten für das Begründen, inhaltliche Ausgestalten und Ändern eines Vertragsverhältnisses (Bestandsdaten) sowie für das Herstellen und Aufrechterhalten einer Telekommunikationsverbindung (Verbindungsdaten) erheben, verarbeiten und nutzen. Diese Daten dürfen für das Ermitteln und den Nachweis der Entgelte einschließlich der auf andere Netzbetreiber und Telekommunikationsdiensteanbieter entfallenden Leistungsanteile verarbeitet werden. Für die Speicherungsdauer sind Höchstfristen festzulegen, die insgesamt die berechtigten Interessen des jeweiligen Unternehmens und der Betroffenen berücksichtigen müssen.

Für den Nachweis ist dem Kunden eine Wahlmöglichkeit hinsichtlich der Speicherdauer und dem Speicherumfang einzuräumen. Der Kunde soll auf schriftlichen Antrag eine Darstellung der Leistungsmerkmale erhalten können, die nicht abschließend in der Ermächtigung aufgezählt sind. Dabei muß in der Rechtsverordnung der Schutz von Mitbenutzern und von Anrufen bei sozialen oder kirchlichen Beratungsstellen, die ganz oder überwiegend anonyme telefonische Beratung anbieten und besonderen Verschwiegenheitspflichten unterliegen, geregelt werden.

Im Rahmen des Betriebes dürfen Telekommunikationsdiensteanbieter Daten für das Erkennen und Beseitigen von Störungen an Fernmeldeanlagen sowie für das Aufklären und Unterbinden von Leistungserschleichungen und sonstiger rechtswidriger

Inanspruchnahme des Telekommunikationsnetzes und seiner Einrichtungen sowie der Telekommunikations- und Informationsdienstleistungen, sofern tatsächliche Anhaltspunkte vorliegen, erheben, verarbeiten und nutzen. Zudem soll in der Rechtsverordnung geregelt werden, wie aus den Gesamtdatenbeständen die Daten ermittelt werden können, die konkrete Indizien für eine mißbräuchliche Inanspruchnahme von Telekommunikationsdienstleistungen enthalten. Soweit es im Einzelfall für die Aufklärung und Unterbindung der genannten Handlungen unerläßlich ist, dürfen auch Nachrichteninhalte erhoben, verarbeitet und genutzt werden. In diesem Fall sind der Bundesminister für Post und Telekommunikation sowie die zuständige Datenschutzkontrollbehörde unverzüglich in Kenntnis zu setzen. Der Betroffene ist zu unterrichten, sobald dies ohne Gefährdung des mit der Maßnahme verfolgten Zweckes möglich ist.

Für das bedarfsgerechte Gestalten von Telekommunikationsdienstleistungen dürfen Daten des Anrufenden nur mit dessen Einwilligung verwendet und müssen Daten des Angerufenen unverzüglich anonymisiert werden.

Im Fall von bedrohenden oder belästigenden Anrufen müssen Verfahren vorgesehen werden, damit bei hinreichender Substantiierung, die in der Ermächtigungsgrundlage konkretisiert ist, dem Betroffenen Auskunft über die Rufnummern, Verbindungen, Verbindungsversuche, Name und Anschrift des in Frage kommenden Anschlußinhabers mitgeteilt werden können. Das Verfahren muß dokumentiert und der betroffene Anschlußinhaber grundsätzlich auch informiert werden.

Grundsätzlich dürfen nur die näheren Umstände der Telekommunikation erhoben, verarbeitet und genutzt werden. Die Erhebung, Verarbeitung und Nutzung von Nachrichteninhalten ist unzulässig. Nachrichteninhalte dürfen dann zur Erbringung von Telekommunikationsdienstleistungen verarbeitet werden, wenn sie unmittelbar Gegenstand oder aus verarbeitungstechnischen Gründen Bestandteil der Dienstleistung sind. Außerhalb der Zweckerfüllung der Dienstleistung dürfen die Nachrichteninhalte nicht verarbeitet werden. Verarbeitungstechnisch erforderlich können z.B. bestimmte normierte Protokolle im Rahmen standardisierter Telekommunikationsdienstleistungen sein, wie sie im Bereich der Message-Handling-Systeme (X.400) zur Übermittlung standardisierter Nachrichtentypen für Geschäftsvorgänge (EDI / EDIFACT), vorgesehen sind. Sie enthalten u.a. Daten, ob die Nachricht zugegangen ist, ob und an wen die Nachricht umgeleitet wurde. Bei diesen Daten handelt es sich nicht um Verbindungsdaten, die abschließend in den Rechtsverordnungen (siehe unten) geregelt sind, sondern um einen verarbeitungstechnischen Bestandteil der Dienstleistung. Diese Daten sind nicht für den eigentlichen Verbindungsaufbau im Netz erforderlich. Sie dienen vielmehr der Abwicklung der Telekommunikationsdienstleistung selbst, indem sie zusätzliche Verfahren und Protokolle zur Überprüfung der ordnungsgemäßen Abwicklung der Dienstleistung bereitstellen.

Betreiber von Telekommunikationsanlagen dürfen zur Durchführung von Umschaltungen und zum Beseitigen von Störungen, soweit dies betrieblich erforderlich ist, sich auf belegte Leitungen aufschalten und mithören. Das Aufschalten muß dem betroffenen Gesprächsteilnehmer durch ein akustisches Signal angezeigt und ausdrücklich mitgeteilt werden.

Die wortgleiche Vorschrift wurde bereits mit dem PTNeuOG als § 10 Abs. 3 in das FAG neu eingefügt. Damit wurde dem erforderlichen Gesetzesvorbehalt auch bei betriebsbedingten Eingriffen in das Fernmeldegeheimnis Genüge getan. Es fehlt allerdings ein Hinweis auf die Einschränkung von Art. 10 Abs. 1 GG im FAG. Das BVerfG hat auf den fehlenden Hinweis gem. Art. 19 Abs. 1 S. 2 GG bei betriebsbedingten Eingriffen im PostVerfG und im FAG ausdrücklich hingewiesen[596]. Das Zitiergebot ist nur insoweit verletzt, als für Telekommunikationsdienstleistungen eine unmittelbare Grundrechtsbindung besteht. Darunter fallen nur noch befristet die Telekommunikationsdienste der Deutschen TELEKOM AG, die aufgrund ausschließlicher Rechte oder als Pflichtleistungen erbracht werden (siehe Kap. V 2.5.1). Auf Telekommunikationsdienste, die keiner unmittelbaren Grundrechtsbindung mehr unterliegen, hat die Verletzung des Zitiergebotes keine Auswirkungen.

---

[596]BVerfGE 85, 386 (390).

Auskunftsdienstleistungen müssen in der Rechtsverordnung geregelt werden. Den Nutzern muß ein Widerspruchsrecht eingeräumt werden. Sie müssen in angemessener Weise darüber informiert werden, daß sie der Weitergabe ihrer Daten widersprechen können. Auskunft darf nur über Daten der Nutzer von Telekommunikationsdienstleistungen erteilt werden, die von diesem Widerspruchsrecht keinen Gebrauch gemacht haben. Ein Widerspruch muß in den Verzeichnissen der Diensteanbieter unverzüglich vermerkt werden und ist von anderen Diensteanbietern und Informationsanbietern zu beachten.

3.2.2 Datenübermittlung an Ermittlungsbehörden

Im TKG-E wird jeder Anbieter von Telekommunikationsdienstleistungen verpflichtet, bestimmte im Gesetz vorgesehene Maßnahmen zu treffen, um Auskunftsersuchen an die Strafverfolgungsbehörden, die Polizei des Bundes und der Länder, den Zolfahndungsämtern und den Verfassungsschutzbehörden des Bundes und der Länder, den militärischen Abschirmdienst und den Bundesnachrichtendienst nachzukommen.

Die Betreiber von Telekommunikationsanlagen werden zu bestimmten technischen Maßnahmen verpflichtet, um die Überwachung und Aufzeichnung der Telekommunikation bei Verfahren nach §§ 100 a/b StPO, § 39 des Außenwirtschaftsgesetzes und dem des G10 - Gesetzes zu ermöglichen.

Weiterhin sind alle Telekommunikationsdiensteanbieter gem. § 12 FAG verpflichtet in Ermittlungsverfahren auf richterlichen Beschluß und bei Gefahr im Verzuge auf staatsanwaltschaftliche Anordnung, Auskunft über den erfolgten Telekommunikationsverkehr zu erteilen.

Bereits bisher konnten die Ermittlungsbehörden Auskunft über Teilnehmer im Wege der Zeugenvernehmung gem. § 161a StPO erhalten. Voraussetzung für eine deratige Auskunft ist ein staatsanwaltschaftliches Ermittlungsverfahren. Die Neuregelung im TKG stellt eine neue Eingriffsqualität dar. Danach werden die Telekommunikationsdiensteanbieter verpflichtet, Kundendateien für Ermittlungsverfahren zu führen, auf die die Ermittlungsbehörden und Bedarfsträger über die Regulierungsbehörde online zugreifen können sollen. In diese Kundendateien für staatsanwaltschaftliche Ermittlungsverfahren sind unverzüglich die Rufnummern und Rufnummernkontingente, die zur weiteren Vermarktung oder sonstigen Nutzung an andere vergeben werden, sowie Name und Anschrift der Inhaber der Rufnummern und Rufnummernkontingente aufzunehmen, auch soweit diese nicht in öffentliche Verzeichnisse eingetragen sind.

Diese aktuellen Kundendateien sind von den Diensteanbietern so verfügbar zu halten, daß die Regulierungsbehörde einzelne Daten oder Datensätze in einem von ihr vorgegebenen Verfahren abrufen kann. Die Diensteanbieter müssen durch organisatorische und technische Verfahren sicherstellen, daß ihnen diese Abrufe nicht zur Kenntnis gelangen. Die Regulierungsbehörde darf die Daten an die ersuchenden Stellen weiterübermitteln. Die Verantwortung für die Zulässigkeit der Übermittlung tragen die Ermitlungsbehörden und Bedarfsträger. Die Regulierungsbehörde prüft die Zulässigkeit der Übermittlung nur, soweit hierzu ein besonderer Anlaß besteht.

Damit müssen zukünftig Private bestimmte Kundendateien präventiv für Ermittlungszwecke und Zwecke des Verfassungsschutzes erzeugen und in Online-Verfahren bereitstellen, ohne den Zugriff auf diese Dateien noch kontrollieren zu können. Es muß ein bundesweiter Gesamtdatenbestand aller Telekommunikationsteilnehmer für eine Behörde zum Direktzugriff bereitgehalten werden. Faktisch wird damit für die Behörden ein aktuelles bundesweites Adressregister zur Verfügung gestellt, in dem fast alle Haushalte erfaßt sind. Diese Dateien sind häufig aktueller als das Einwohnermelderegister. Dies wird über Ermittlungsverfahren mit Telekommunikationsbezug hinaus, den Bedarf nach Zugriffen steigern.

Die Kosten für die Bereitstellung der Dateien, der Abrufverfahren und der technischen und organisatorischen Maßnahmen, um die Abrufe abzuschotten, müssen die Diensteanbieter tragen, während die Regulierungsbehörde für ihr Weiterleiten von Auskunftsersuchen pauschale Kostenerstattungen erhalten soll.

Diese Inanspruchnahme Privater für Ermittlungszwecke und der unmittelbare Durchgriff der Ermittlungsbehörden über die Regulierungsbehörde online auf private Kundendateien ist ein

Novum. Dies stellt einen unverhältnismäßigen Eingriff in das Recht auf informationelle Selbstbestimmung dar. Es ist nicht erkennbar, warum dieser Eingriff zum Schutze öffentlicher Interessen erforderlich ist und das mildere Mittel des Auskunftsersuchens an den jeweiligen Diensteanbieter dem Ermittlungsinteresse nicht in gleicher Weise Rechnung trägt. Angesichts des im europäischen und amerikanischen Vergleichs erheblich höheren Umfangs von Abhörmaßnahmen in Deutschland ist eine weitere Ausweitung und ein umittelbarer Zugriff der Ermittlungsbehörden auf Telekommunikationsdaten nicht mehr verhältnismäßig [597]. Verfassungsrechtlich ist der Gesetzgeber verpflichtet, "organisatorische und verfahrensrechtliche Vorkehrungen zu treffen, welche der Gefahr einer Verletzung des Persönlichkeitsrechts entgegenwirken" [598]. Dazu gehören exekutive Gewaltenteilung [599], substantielle Begrenzung der Datenerhebung, Transparenz der Datenverarbeitung und der Verarbeitungsregelungen zum Schutze des Einzelnen [600]. Die Kontrolle und die rechtliche Verantwortung für die Übermittlung und den Datenabruf muß beim Diensteanbieter bleiben. Andernfalls sind die substanzielle Begrenzung der Datenerhebung, die Transparenz der Datenverarbeitung und die Rechte des Einzelnen nicht mehr zu gewährleisten. Einer unkontrollierten Zweckentfremdung wird Tür und Tor geöffnet.

---

[597] Vgl. BTDrs. 13/555, nur im Bereich der TELEKOM wurden nach § 100 a/b 3686 Abhörverfahren durchgeführt. Statistisch nicht berücksichtigt sind Beschlüsse gegenüber den Mobilfunknetzbetreibern und Service-Providern sowie die Verfahren nach § 12 FAG, die die Größenordnung der Verfahren nach § 100 a/b StPO um ein mehrfaches übersteigen.

[598] BVerfGE 65, 1 (44).

[599] Heußner: Zur informationellen Gewaltenteilung, in: Reinermann u.a.: Neue Informationstechniken, Neue Verwaltungsstrukturen, 1988, S. 294.

[600] Zum Systemdatenschutz vgl. Podlech, "Individualdatenschutz - Systemdatenschutz", in: Beiträge zum Sozialrecht, Festgabe für Hans Grüner, Pescha am Starnberger See 1982, S. 541.; Büllesbach: Informationstechnologie und Datenschutz, 1985, S. 128 ff.; Brinkmann: Rechtliche und politische Kontrolle einer neuen Infrastruktur, in: Beiträge zur juristischen Informatik, Bd. 13, 1986; Roßnagel, KJ 90, S. 267.

Weiterhin unterliegen auch Dritte, die selbst keine Telekommunikationsdienste anbieten, aber z.B. als Händler Rufnummernkontingente zur Verfügung gestellt bekommen der gleichen Verpflichtung zur Führung entsprechender Kundendateien und zur Auskunftserteilung. Sie müssen kein Onlineabrufverfahren bereitstellen. Die Auskünfte sollen im Gegensatz zu den Diensteanbietern entschädigt werden.

Neu gefaßt wird mit dem TKG § 12 FAG, der die Herausgabe von Verbindungsdaten für staatsanwaltschaftliche Ermittlungen vorsieht. Diese Regelung verbleibt vorerst mit einigen wenigen Regelungen, die die ausschließlichen Rechte der Deutschen Telekom AG bis 1998 betreffen, im FAG. Rechtssystematisch gehört diese Regelung in die StPO. Die bestehende Regelung wird um das verfassungsrechtlich erforderliche Zitiergebot der Einschränkung des Art. 10 GG ergänzt. Inhaltlich wird dieser Eingriff nicht weiter eingeschränkt, z.B. auf bestimmte Katalogstraftaten vergleichbar §§ 100 a/b StPO. Ein Zugriff auf die vorhandenen Verbindungsdaten kann somit in jedem Ordnungswidrigkeitenverfahren erfolgen. Diese weite Eingriffsberechtigung in das Fernmeldegeheimnis verstößt verfassungsrechtlich gegen das Verhältnismäßigkeitsgebot. Die Straftatbestände, die einen Eingriff in das Fernmeldegeheimnis zulassen, müssen explizit genannt werden.

Zu den klassischen Abhörtatbeständen in der StPO und neuerlich dem Außenwirtschaftsgesetz, enthält das TKG-E technische Umsetzungsverpflichtungen. Eine derartige Regelung enthält bereits § 10 b FAG. Danach ist die Bundesregierung ermächtigt, durch Rechtsverordnung die technische Umsetzung zu regeln. Von dieser Kompetenz hat die Bundesregierung mit der Fernmeldeverkehr-Überwachungs-Verordnung (FÜV) [601] Gebrauch gemacht. Diese Regelung wird im TKG-E weiter verschärft. Die eingesetzten Abhöreinrichtungen sind im Einvernehmen mit der Regulierungsbehörde technisch zu gestalten und müssen durch die Regulierungsbehörde genehmigt werden. Der Betrieb einer Telekommunikationsanlage darf erst aufgenommen werden, wenn der Betreiber diese Abhöreinrichtungen installiert hat und

---

[601] BGBl. I, S. 722.

dies der Regulierungsbehörde angezeigt hat. Die Betreiber müssen einen Zugang für die Übertragung der im Rahmen einer Überwachungsmaßnahme anfallenden Informationen unverzüglich und vorrangig bereitstellen sowie eine Jahresstatistik über die durchgeführten Überwachungsmaßnahmen führen. Zuwiderhandlungen können als Ordnungswidrigkeit mit einer Geldbuße bis zu zwanzigtausend Deutsche Mark geahndet werden.

Die Kosten für diese Verfahren hat ebenfalls der Betreiber zu tragen. Ausgenommen sind die Nutzungkosten für die Bereitstellung der Informationen bei den Bedarfsträgern, die nach den allgemeinen Tarifen abzurechnen sind. Wie beim Auskunftsverfahren ist es verfassungsrechtlich bedenklich, die Ermittlungskosten im öffentlichen Interesse auf die privaten Telekommunikationsanlagenbetreiber abzuwälzen. Es geht dabei nicht nur um die Erhaltung des Niveaus der Ermittlungstechniken. Vielmehr sehen die Ermittlungsbehörden neue Ermittlungsmöglichkeiten z.B. im Mobilfunknetz durch die Standortfeststellung und befriedigen hier einen wachsenden Bedarf auf Kosten der Telekommunikationsdiensteanbieter.

3.2.3 Parlamentsvorbehalt und Bestimmtheit

Mit § 10 PTRegG und dem TKG existieren zumindest bis 1998 wieder zwei Rechtsverordnungsermächtigungen. Zuvor war durch § 10 PTRegG die verfassungswidrigen Ermächtigungen in § 30 Abs. 2 PostVerfG und § 14 a Abs. 2 FAG ersetzt worden. Diese Rechtsverordnungsermächtigungen waren verfassungswidrig [602], da sie gegen den Parlamentsvorbehalt verstießen.

Grundsätzlich sichert Art. 80 Abs. 1 GG den Vorrang des Parlaments gegenüber der Exekutive und besitzt damit eine zentrale Bedeutung im Gewaltenteilungskonzept des Grundgesetzes [603]. Der parlamentarische Gesetzgeber soll, wie bereits dargelegt, "in grundlegenden normativen Bereichen, zumal im Bereich der Grundrechtsausübung, soweit diese staatlicher Regelung zugäng-

---

[602]BVerfGE 85, 386.

[603]AK - GG - Ramsauer, Art. 80 Rz. 19.

lich ist, alle wesentlichen Entscheidungen selbst treffen" [604]. Darüber hinaus kann der parlamentarische Gesetzgeber diese Kompetenz durch ein Gesetz an die Exekutive delegieren. Er muß dann in dem Gesetz Inhalt, Zweck und Ausmaß der Ermächtigung genau bestimmen [605].

Während Art. 80 Abs. 1 S. 2 GG über die Bestimmtheitsanforderungen im Falle einer Delegation der Parlamentskompetenzen an die Exekutive Auskunft gibt, sagt er nichts darüber, mit welcher Dichte der Gesetzgeber Entscheidungen selbst zu treffen hat und welche Entscheidungen er an die Exekutive delegieren kann [606].

Inwieweit ein Parlamentsgesetz erforderlich ist oder eine Regelung durch Rechtsverordnung erfolgen kann, ergibt sich aus der Schrankenregelung im Grundrecht selbst oder der Wesentlichkeit des Eingriffs [607]. Art. 10 GG darf nur aufgrund eines Gesetzes und damit nur durch ein parlamentarisches Gesetz beschränkt werden. Rechtsverordnungen sind keine zulässigen Schranken im Sinne von Art. 10 Abs. 2 GG [608].

Die Tätigkeit der Deutschen Telekom AG im Bereich der ausschließlichen Rechte und der Daseinsvorsorge unterliegt weiterhin unmittelbarer Grundrechtsbindung. Auch die betriebsbedingte Datenerhebung und -verarbeitung stellt einen Eingriff in

---

[604]BVerfGE 49, 126 f.

[605]Ich unterscheide im folgenden zwischen Gesetzesvorbehalt und Parlamentsvorbehalt. Gesetzesvorbehalt meint die sich aus den Schrankenregelungen der Grundrechte ergebende Erforderlichkeit gesetzlicher Regelungen im materiellen Sinne. Gesetze im materiellen Sinne sind formelle Gesetze und Rechtsverordnungen. Parlamentsvorbehalt meint dagegen die Erforderlichkeit eines formellen, also durch das Parlament verabschiedeten Gesetzes. Vgl. hierzu Eberle, DÖV 84, S. 485; Umbach: Das Wesentliche an der Wesentlichkeitstheorie, in: Festschrift für Faller, München 1984, S. 111 ff.

[606]Vgl. auch BVerfGE 33, 125 (157) m.w. N. in der Frage der Abgrenzung zur Satzungsautonomie; Papier, S. 57; vgl. insbesondere BVerfGE 58, 257 (278).

[607]Ossenbühl: Der Vorbehalt des Gesetzes und seine Grenzen, S. 23.

[608]BVerfGE 85, 386 (402 ff.); a.A. Dürig in Maunz - Dürig, Komm. z. Art. 10 Rdnr. 34 betont auch, daß es eines förmlichen Gesetzes bedarf, hält aber ohne Begründung Rechtsverordnungen auch für möglich.

Art. 10 GG dar und ist nur aufgrund eines formellen und materiellen Gesetzes zulässig. Verfassungsrechtlich sind eigene Sachentscheidungen des Parlaments erforderlich [609]. Eine Rechtsverordnung im Bereich der beliehenen Aufgaben ist nur als "Durchführungsverordnung" möglich, die die vom Gesetzgeber getroffene Entscheidung detailliert [610].

Im Gegensatz zu den alten verfassungswidrigen Bestimmungen des § 30 Abs. 2 PostVerfG und § 14 a Abs. 2 FAG enthält § 10 PTRegG und die Bestimmung im TKG die oben bereits dargestellten Eingriffe:

- Zur betrieblichen (technischen und vertraglichen) Abwicklung der jeweiligen Telekommunikations- und Informationsdienstleistungen;

- Für die bedarfsgerechte Gestaltung von Telekommunikations- und Informationdienstleistungen;

- Auf Antrag eines Kunden, z.B. EGN oder Mitteilung ankommender Verbindungen;

- Zur Verarbeitung von Gesprächsinhalten;

- Zur Übermittlung von Bestandsdaten an Strafverfolgungsbehörden;

- Zur Verarbeitung und Nutzung von Bestandsdaten für Werbung, Kundenberatung und Marktforschung;

- Für Auskunftsdienste und öffentliche Verzeichnisse.

Damit entspricht das neue Gesetz den Anforderungen des BVerfG, wonach die zulässigen Eingriffe vom Parlament selbst geregelt werden müssen, "damit Entscheidungen von solcher Tragweite (für die Einschränkung grundrechtlicher Freiheiten) aus einem Verfahren hervorgehen, das der Öffentlichkeit Gelegenheit bietet, ihre Auffassungen auszubilden und zu vertreten,

---

[609]Vgl. Papier, S. 37 (57). Das BVerfG geht in seiner neueren Rechtsprechung zweistufig vor, indem es zunächst prüft, ob ein Gesetz geboten ist, und dann, welche Entscheidungen das Parlament in diesem Gesetz selbst zu treffen hat; vgl. BVerfGE 34, 165 (192); 49, 89 (127, 129); 57, 295 (320 f.); 58, 257 (272 ff.); vgl. Eberle, S. 487 mit weiteren Literaturhinweisen.

[610]Vgl. BVerfGE 14, 174, 187.

und die Volksvertretung anhält, Notwendigkeit und Ausmaß von Grundrechtseingriffen in öffentlicher Debatte zu klären" [611]. Nicht geregelt wird im Gesetz, welche Daten zu den genannten Zwecken erhoben, verarbeitet und genutzt werden dürfen. Die Präzisierung der Daten, die den genannten Zwecken dienen, wird in der Rechtsverordnung vorgenommen.

Nach Art. 80 Abs. 1 S. 2 GG müssen Inhalt, Zweck und Ausmaß der erteilten Ermächtigung im Gesetz bestimmt sein. Die Begriffe Inhalt, Zweck und Ausmaß sind nicht als isolierte Anforderungen auszulegen, sondern einheitlich als sich aufeinander beziehende Merkmale zu prüfen [612]. Auf Einzelheiten kann der Gesetzgeber im förmlichen Gesetz verzichten und sich darauf beschränken, seine Vorgaben abstrakt zu umreißen. Dabei kann er sich unbestimmter Rechtsbegriffe bedienen, wenn sie der näheren Deutung im Wege der Auslegung zugänglich sind [613]. Das BVerfG greift hier wiederum auf die Grundrechtsrelevanz zurück: "Welche Bestimmtheitsanforderungen im einzelnen erfüllt sein müssen, ist von den Besonderheiten des jeweiligen Sachbereichs sowie vom Gewicht und der Wirkung der zu regelnden Maßnahmen abhängig. Die Bestimmtheit der Ermächtigungsnorm muß der Grundrechtsrelevanz der Regelung entsprechen, zu der ermächtigt wird. Greift die Regelung erheblich in die Rechtsstellung des Betroffenen ein, so müssen höhere Anforderungen an den Bestimmtheitsgrad der Ermächtigung gestellt werden, als wenn es sich um einen Regelungsbereich handelt, der die Grundrechtsausübung weniger tangiert" [614]. Für Regelungen im Bereich technischer Vorhaben mit der Möglichkeit schneller Änderungen der technischen Vorgaben stellt das BVerfG keine hohen Anforderungen an die Bestimmtheit, sondern hält es im Gegenteil

---

[611] BVerfGE 85, 386 (403).

[612] Vgl. AK - GG - Ramsauer, Art. 80 Rz. 42.

[613] BVerfG: Beschluß v. 22.6.1988, - 2 BvR 234/87; 2 BvR 1154/86 -; BVerfGE 76, 130 (142); BVerfGE 75, 329 (341); 62, 203 (209); 58, 207 (226); 55, 207 (226); 55, 144 (152); 41, 314 (319); 47, 109 (120); Neumeyer: Die verfassungsmäßig notwendige Begrenzung der gesetzlichen Ermächtigung zum Erlaß von Rechtsverordnungen, 1967.

[614] BVerfGE 62, 203 (210).

für sachgemäß, wenn der Gesetzgeber hier der Exekutive einen weiten Gestaltungsspielraum läßt [615].

Das BVerfG hatte sich mehrmals mit der Bestimmtheit der Ermächtigungsgrundlage zum Erlaß von Benutzungsverordnungen in § 14 des außer Kraft getretenen PostVerwG zu beschäftigen. Diese generelle Ermächtigungsnorm zum Erlaß von Benutzungsverordnungen hat das BVerfG und das BVerwG in seiner Rechtsprechung als hinreichend bestimmt angesehen [616]. Hingegen hat das BVerfG den ehemaligen § 15 a FAG mangels Bestimmtheit für verfassungswidrig erklärt, da mit dieser Ermächtigungsnorm auch der Tatbestand für Straftaten an den Verordnungsgeber delegiert und nicht selbst im Gesetz konkretisiert wurde [617].

§ 10 PTRegG und die Bestimmungen im TKG enthalten eine Verpflichtung der Bundesregierung zum Erlaß einer Rechtsverordnung zum Schutz personenbezogener Daten der am Post- und Fernmeldeverkehr Beteiligten unter Beachtung des Grundsatzes der Verhältnismäßigkeit, insbesondere der Beschränkung der Erhebung und Verarbeitung auf das Erforderliche, sowie des Grundsatzes der Zweckbindung unter Berücksichtigung der berechtigten Interessen des jeweiligen Unternehmens und der Betroffenen. Im folgenden werden die zu regelnden Eingriffe aufgelistet. Zweck und Ausmaß der Rechtsverordnungsermächtigung sind hinreichend umrissen. Die Ermächtigung ist auch inhaltlich hinreichend bestimmt, indem sie dem Verordnungsgeber aufgibt, die Daten für die Erreichung, der im Gesetz genannten Zwecke für den Bereich der Telekommunikation zu konkretisieren. Der Bürger kann im Gesetz erkennen, in welchen Bereichen er mit Einschränkungen seiner Grundrechte rechnen muß. Es verstößt weder gegen den Parlamentsvorbehalt noch gegen den Bestimmtheitsgrundsatz, daß dem Verordnungsgeber ein Gestaltungsspielraum verbleibt.

---

[615]BVerfG: Beschluß v. 22.6.1988 - 2 BvR 234/87; 2 BvR 1154/86 -; BVerfGE 58, 257 (277). Kritisch vgl. Schaaper / Schaar, S. 311.

[616]BVerfG, NJW 84, 1871; BVerfGE 28, 66 (84); BVerwG, DVBl. 69, S. 500 f.; BVerwG, NJW 69, S. 1637; BVerwGE 28, 36 (44).

[617]BVerfG: Beschluß v. 22.6.1988, - 2 BvR 234/87; 2 BvR 1154/86.

Auch im PTRegG fehlt ein Hinweis auf die Einschränkung von Art. 10 Abs. 1 GG. Aufgrund dieses Verstoßes gegen das Zitiergebot in Art. 19 Abs. 1 S. 2 GG sind für Telekommunikationsdienstleistungen, für die eine unmittelbare Grundrechtsbindung besteht, die Eingriffsregelungen verfassungswidrig. Im Gesetzentwurf war die Zitierklausel in § 10 Abs. 5 PTRegG vorgesehen [618], ist aber im verabschiedeten Entwurf entfallen.

3.3 Telekommunikationsdatenschutzverordnungen

3.3.1 Anwendungsbereich

Der Verordnungsgeber hat 1990/91 einheitliche und im wesentlichen inhaltsgleiche Datenschutzregelungen für die DBP TELEKOM (Telekommunikationsdatenschutzverordnung - TDSV) und für private Telekommunikationsunternehmen (Unternehmensdatenschutzverordnung - UDSV) auf der Basis der verfassungswidrigen Ermächtigungsgrundlagen (§ 30 Abs. 2 PostVerfG, § 14 a Abs. 2 FAG) erlassen. Mit dem Inkrafttreten des PostNeuOG entsprechen diese beiden Rechtsverordnungen nicht mehr den Anforderungen der Ermächtigungsgrundlage. Waren die Regelungen in zwei Rechtsverordnungen mit fast gleichem Wortlaut bereits in der Vergangenheit etwas kurios, sind sie mit der Privatisierung der DBP TELEKOM endgültig hinfällig geworden. Konsequenterweise sollte es eine einheitliche Telekommunikations-Datenschutzverordnung geben [619].

Grundsätzlich werden die Datenschutzregelungen des BDSG über die Datenerhebung und -verarbeitung durch die Verordnung verdrängt. Die Telekommunikationsunternehmen dürfen

---

[618] BTDrs. 12/8060, S. 115.

[619] Der Entwurf einer neuen TDSV (Stand Januar 1996) befindet sich im Gesetzgebungsverfahren (Stand März 1996 - BRDrs. 60/96) und wird im weiteren als TDSV-E berücksichtigt. Es ist wahrscheinlich, daß diese Verordnung sich bei Erscheinen des Buches in Teilen noch geändert hat. Bei Unterschieden zwischen der TDSV-E und der alten TDSV benutze ich zur Unterscheidung die Bezeichnung TDSV-alt. Unterscheidet sich der Entwurf nicht von der bisherigen Gesetzeslage verwende ich nur die Bezeichnung TDSV.

Daten nur erheben, verarbeiten und nutzen, soweit es die Rechtsverordnungen vorsehen oder die Beteiligten nach den Bestimmungen des BDSG eingewilligt haben. Der Normbereich der TDSV-E regelt abschließend, soweit die Verordnung nicht selbst auf das BDSG verweist, die Datenerhebung, -verarbeitung und -nutzung durch die Telekommunikationsunternehmen und Diensteanbieter.

Geschützt sind die personenbezogenen Daten aller am Fernmeldeverkehr Beteiligten und die Einzelangaben über Verhältnisse einer bestimmten oder bestimmbaren juristischen Person, soweit sie dem Fernmeldegeheimnis unterliegen. Damit wird eine Grundrechtskonkretisierung sowohl für den Schutzbereich von Art. 10 GG als auch des ISR vorgenommen.

Normadressat sind alle Unternehmen und Diensteanbieter, die der Öffentlichkeit angebotene Telekommunikationdienstleistungen erbringen oder an der Erbringung solcher Dienstleistungen mitwirken. Die Telekommunikationsdiensteanbieter waren bislang nur mittelbarer Normadressat, indem sie sich vertraglich gegenüber dem Netzbetreiber bestimmten Datenschutzanforderungen unterwerfen mußten (§ 6 Abs. 6 u. 7 TDSV-alt). Diensteanbieter sind nach der Legaldefinition in § 2 Abs. 1 Nr. 3 TDSV-E alle, die ganz oder teilweise geschäftsmäßig Telekommunikationsdienstleistungen erbringen. Unternehmen sind nach der Legaldefinition § 2 Abs. 1 Nr. 8 TDSV-E alle, die nach den Vorschriften des Gesetzes über Fernmeldeanlagen eine Fernmeldeanlage betreiben oder daran mitwirken. Diensteanbieter ist terminologisch der Überbegriff, so daß Unternehmen immer auch Diensteanbieter sind. Soweit Diensteanbieter in der TDSV-E Normadressaten sind, umfaßt dieser Begriff auch die Unternehmen.

Nach dem FAG würden unter den Unternehmensbegriff auch Service Provider im Mobilfunk fallen, da sie gem. § 1 Abs. 4 FAG Telekommunikationsdienstleistungen für andere erbringen. Nach dem TKG-E ist im Fernmeldeanlagengesetz nur noch das ausschließliche Recht der Deutschen TELEKOM AG geregelt, bis zum 31.12.1997 Sprachtelefondienst zu erbringen. Die Tätigkeit der Telekommunikationsdiensteanbieter und die Lizenzvergabe für das Betreiben von Übertragungswegen ist zukünftig im TKG geregelt. Abgesehen von diesen absehbaren Verweisungsänderungen, die es nahelegen würde, eine neue TDSV erst zusammen oder nach Verabschiedung des TKG zu beschließen, ist die Legaldefinition mißglückt und schafft mehr Unklarheiten als Klarheiten.

Modell für eine Differenzierung zwischen Unternehmen und Diensteanbietern ist das Verhältnis von Netzbetreibern und Service-Providern im Mobilfunk. Die Service-Provider vermarkten eigenständig bei den Netzbetreibern eingekaufte Netzleistungen mit eigenen Tarifen und Vertragsbeziehungen zu den Kunden. Sie verarbeiten die Verbindungsdaten, stellen dem Kunden die Rechnung und tragen das Ausfallrisiko. Zur Erbringung ihrer Dienstleistung müssen sie Bestands-, Verbindungs- und Entgeltdaten verarbeiten. In der TDSV-E wird bei den Erlaubnisnormen sehr ungenau zwischen Unternehmen und Diensteanbietern differenziert. Entweder sind die Service-Provider Unternehmen im Sinne der Verordnung, dann ist die Differenzierung in der Verordnung weitgehend sinnlos oder die Service-Provider sind naheliegenderweise Diensteanbieter, da sie selbst kein Netz betreiben, dann sind die Erlaubnisnormen in der TDSV-E, die als Normadressaten nur die Unternehmen benennen, an mehreren erheblichen Stellen insofern falsch (§ 6 Abs. 1 S. 2, § 5 Abs. 3, § 6 Abs. 5, § 7 Abs. 1 u. 2 S. 1), als sie implizit unterstellen, daß die Abrechnung, das Ausfallrisiko, die Bedarfsplanung und Gestaltung der Telekommunikationsdienste letzlich bei den Netzbetreibern liegt. An anderen Stellen, z.B. bei der Anrufweiterschaltung (§ 9 Abs. 3), sollen die Diensteanbieter Vorkehrungen treffen, die typischerweise nur die Netzbetreiber technisch umsetzen können. Die begrüßenswerte Ausweitung des Geltungsbereiches der Verordnung wird in den Einzelbestimmungen der Verordnung dadurch konterkariert, daß viele Erlaubnistatbestände zur Datenverarbeitung nur für Unternehmen gelten. Dadurch wird teilweise den Telekommunikationsdiensteanbietern mit der TDSV-E die Möglichkeit zur Datenverabeitung in Bereichen abgeschnitten, wo sie sie zur Zeit haben und sie auch für ihre Tätigkeit erforderlich ist.

Die TDSV-E definiert Telekommunikationsdienstleistungen in Übereinstimmung mit § 3 Abs. 1 Nr. 16 TKG-E als gewerbliches Angebot von Telekommunikation einschließlich des Angebots von Übertragungswegen für beliebige natürliche und juristische

Personen oder Personengesellschaften, sofern sie mit der Fähigkeit ausgestattet sind, Rechte zu erwerben oder Verbindlichkeiten einzugehen. Ausgenommen sind Telekommunikationsdienstleistungen, die lediglich Teilnehmern geschlossener Benutzergruppen angeboten werden. Diese Legaldefinition ist gegenüber § 2 Abs. 1 Nr. 2 TDSV-alt präziser. Auf die Übermittlung zwischen Dritten wird nicht mehr abgestellt, sondern darauf, daß die Telekommunikationsdienstleistung das Angebot von Übertragungswegen beinhaltet und beliebigen Kunden angeboten wird. Das öffentliche Angebot ist durch die Formulierung „für beliebige natürliche und juristische Personen" genauer charakterisiert. Telekommunikationsdienstleistungen i.S.d. Verordnung kann jeder zu bestimmten Bedingungen in Anspruch nehmen. AGB und standardisierte Nutzungsbedingungen sind ein wichtiges Indiz für öffentliche Angebote. Davon abgrenzbar sind Teilnehmer geschlossener Benutzergruppen. Um eine geschlossene Benutzergruppe handelt es z.B. bei Netzdienstleistungen innerhalb eines Unternehmens oder eines Konzerns.

Aber mit dieser Legaldefinition wird der Geltungsbereich der Verordnung eingeschränkt, da Telekommunikationsdienstleistungen i.S.d. Verordnung nur gewerbliche Telekommunikationsangebote und damit entgeltliche Dienstleistungen sind. Der Geltungsbereich der TDSV-alt stellte analog zum Begriff der Geschäftsmäßigkeit in § 29 BDSG nicht auf die Entgeltlichkeit, sondern auf eine organisierte, regelmäßige zweck- und interessengerichtete Dienstleistung ab [620], so daß auch die Telekommunikationsdienstleistungen von Interessenverbänden und politischen Organisationen in den Geltungsbereich der Rechtsverordnung fielen. Damit fällt ein nicht unerheblicher grundrechtlich relevanter Teil von Telekommunikationsdienstleistungen nicht mehr unter den Geltungsbereich der Verordnung. Eine Folge, die möglicherweise vom Verordnungsgeber nicht beabsichtigt ist, da er in der Legaldefinition des Diensteanbieters auf die Geschäftsmäßigkeit abstellt. Danach ist Dienste-

---

[620]Ordemann / Schomerus / Gola: BDSG mit Erläuterungen, 5. Aufl., 1992, S. 352.

anbieter, wer geschäftsmäßig ein gewerbliches Telekommunikationsangebot erbringt. Auch hier ist der Katalog der Legaldefinitionen nicht sorgfältig durchstrukturiert.

Weiterhin nicht unter den Anwendungsbereich der Rechtsverordnungen fallen wie bisher Telekommunikationsdienste, die ausschließlich zu privaten und persönlichen Zwecken dienen.

3.3.2 Bestandsdaten, Verbindungsdaten, Entgeltdaten

Die TDSV regelt drei Grundkategorien von Daten, die generell in der Telekommunikation relevant sind:

- Bestandsdaten
- Verbindungsdaten
- Entgeltdaten

Personenbezogene Daten dürfen ohne Einwilligung des Teilnehmers nur für Telekommunikationszwecke verarbeitet werden. § 3 Abs. 2 TDSV enthält ein Nachteilsverbot bei der Erbringung von Telekommunikationsdiensten, das die Zweckbindungsverpflichtung in § 86 Abs. 4 TKG-E ergänzt. Die Erbringung der Telekommunikationsdienstleistungen darf nicht davon abhängig gemacht werden, daß der Kunde in eine weitergehende, über die Erbringung der Dienstleistung hinausgehende oder zweckfremde Datenverarbeitung einwilligen muß, die für die Erbringung der Dienstleistung nicht erforderlich ist. Die Erforderlichkeit beschränkt sich nicht auf Telekommunikationsdaten im engeren technischen Sinn. Auch Daten, die in einem sachlichen Zusammenhang mit der Telekommunikationsdienstleistung stehen und deren Erhebung der im Telekommunikationsverkehr gebotenen Sorgfalt entspricht, wie z.B. Daten über Umstände der Dienstleistungserbringung, um Leistungsstörungen oder Mißbrauch der Telekommunikationsdienste zu vermeiden, dürfen verarbeitet werden.

Zur Begründung, inhaltlichen Ausgestaltung und Änderung eines Vertragsverhältnisses mit einem Teilnehmer darf der Diensteanbieter personenbezogene Daten (Bestandsdaten) erheben, verarbeiten und nutzen. Zulässig ist auch die Speicherung und Verarbeitung der Bestandsdaten der Kunden von Diensteanbietern durch ein Telekommunikationsunternehmen, soweit dies zur Erfüllung des Vertrages zwischen beiden erforderlich ist. Eine Übermittlung an Dritte ist ohne Einwilligung unzulässig, falls es die Rechtsverordnung nicht ausdrücklich zuläßt.

Über die unmittelbare Vertragserfüllung hinaus dürfen die Bestandsdaten für die Beratung der Kunden, für ihre eigene Werbung und Marktforschung sowie für die bedarfsgerechte Gestaltung der Telekommunikationsdienste verwendet werden. Sie dürfen auch an Dritte, die im Auftrag eines Telekommunikationsunternehmens Kunden beraten, Werbung oder Marktforschung betreiben, übermittelt werden. Der Kunde kann dieser Verarbeitung und Nutzung widersprechen. Er ist auf dieses Widerspruchsrecht hinzuweisen.

Die Verbindungsdaten dürfen nach der TDSV-E zuerst einmal nur von den Unternehmen verarbeitet werden. Verbindungsdaten sind Daten, die zur Bereitstellung von Telekommunikationsdienstleistungen erhoben und verarbeitet werden müssen. Sie werden in der Rechtsverordnung abschließend aufgezählt. Bereits heute läßt sich absehen, daß die aufgelisteten Verbindungsdaten, die sich nur an verbindungsorientierter Vermittlung im Fernmeldenetz orientieren, mit der weiteren Integration und technischen Entwicklung der Netze ergänzt werden müssen. Der Gesetzgeber hat in § 10 Abs. 2 Nr. 1 b PTRegG und § 86 Abs. 2 Nr. 1 b TKG eine Sachentscheidung über die grundsätzliche Zulässigkeit der Erhebung, Speicherung und Nutzung der Daten natürlicher und juristischer Personen, soweit sie zur Herstellung und Aufrechterhaltung einer Telekommunikationsverbindung erforderlich sind, getroffen. Detailregelungen, wie die konkrete Festlegung der Daten im Rahmen dieser grundsätzlichen Entscheidung, kann er der Exekutive überlassen [621]. Das Transparenzgebot aus Art. 10 GG erfordert allerdings einen transparenten, rechtsverbindlichen und abschließenden Katalog der zulässigerweise zu verarbeitenden Verbindungsdaten [622].

---

[621]Zur Zulässigkeit von Durchführungsverordnungen bei einem Parlamentsvorbehalt, siehe 3.2.

[622]Vgl. Konferenz der Datenschutzbeauftragten des Bundes und der Länder und des Berliner Datenschutzbeauftragten: Stellungnahme zu den Entwürfen des Bundesministers für Post und Telekommunikation für Verordnungen über den

Nach § 5 Abs. 2 TDSV dürfen die gespeicherten Verbindungsdaten über das Ende der Verbindung hinaus für andere, durch die Verordnung erlaubte Zwecke, wie Entgeltabrechnung, Beseitigung von Störungen und Mißbrauch, Identifizieren von Anschlüssen, verarbeitet werden. Die Verbindungsdaten dürfen auch gem. § 5 Abs. 3 zur bedarfgerechten Gestaltung von Telekommunikationsdienstleistungen durch die Unternehmen erhoben, verarbeitet und genutzt werden. Dabei dürfen die Daten des Anrufenden nur mit dessen Einwilligung im Einzelfall verwendet werden. Die Daten des Angerufenen müssen unverzüglich anonymisiert werden.

Nach § 6 Abs. 5 TDSV dürfen Verbindungsdaten nicht nach Rufnummern angerufener Anschlüsse ausgewertet werden. Ausgenommen sind Anschlüsse, bei denen der Kunde zur Übernahme der Entgelte für eine bei seinem Anschluß ankommende Telekommunikationsverbindung verpflichtet ist. Für die Begründung, inhaltliche Ausgestaltung und Änderung eines Vertragsverhältnisses dürfen Daten des Anrufenden mit dessen Einwilligung auch von Diensteanbietern verwendet werden. Die Daten des Angerufenen müssen ebenfalls unverzüglich anonymisiert werden [623]. Im Unterschied zu den Unternehmen dürfen die Diensteanbieter die Verbindungsdaten nicht zur bedarfsgerechten Gestaltung von Telekommunikationsdiensten nutzen. Diese Differenzierung zwischen Unternehmen und Diensteanbietern ist nicht nachvollziehbar. Die Diensteanbieter gestalten eigenständige Telekommunikationsdienstleistungen. Sie sind wichtige Träger für das Angebot neuer Mehrwertdienste. Insofern ist es unverständlich, warum nur die Unternehmen die Verbindungsdaten für die bedarfsgerechte Gestaltung von Telekommunikationsdienstleistungen nutzen dürfen. Diese ungleiche Behandlung wäre datenschutzrechtlich angesichts der Ausweitung des

---

Datenschutz bei Dienstleistungen der Deutschen Bundespost TELEKOM (TDSV) und für Unternehmen, die Telekommunikationsdienstleistungen erbringen (UDSV) - Stand 14. bzw. 19.12.1990, S. 3 Ziff. 6.

[623] § 86 Abs. 2 Nr. 2 TKG-E stimmt mit dem aktuellen Vorschlag in der Telekommunikationsdatenschutz-Richtlinie der EU überein.

Normbereiches der TDSV-E nicht zu begründen und im Ergebnis wettbewerbsverzerrend [624].

Nach Beendigung der Verbindung müssen aus den Verbindungsdaten unverzüglich die für die Entgeltabrechnung erforderlichen Daten ermittelt werden. Die Daten, die für die Entgeltermittlung und Abrechnung verarbeitet werden dürfen, sind abschließend aufgelistet.

Der entgeltpflichtige Kunde kann zwischen vollständiger Löschung der Verbindungsdaten nach Rechnungsversand und der vollständigen Speicherung der Verbindungsdaten zur Erstellung eines EGN wählen. Regelleistung ist zukünftig die um die letzten drei Ziffern verkürzte Speicherung der Zielrufnummern. 80 Tage nach Versendung der Entgeltrechnung müssen alle noch für Abrechnungszwecke gespeicherten Verbindungsdaten gelöscht werden. Soweit der Kunde Einwendungen gegen die Höhe der in Rechnung gestellten Verbindungsentgelte erhoben hat, dürfen die Verbindungsdaten gespeichert werden, bis die Einwendungen abschließend geklärt sind.

Je nach gewählter Speicherungsdauer oder -art werden die Telekommunikationsunternehmen im Fall von Gebührenstreitigkeiten von der Pflicht zur Vorlage dieser Daten zu Beweiszwecken befreit. Nicht geregelt ist die Beweislast nach der zwingenden Löschung nach 80 Tagen. Die bloßen Rechnungsdaten selbst dürfen und müssen nach § 257 HGB und 140 AO darüber hinaus gespeichert bzw. aufbewahrt werden. Eine Beweislastregelung zugunsten der Dienstanbieter nach Ablauf der 80 Tage oder eine Einwendungsfrist mit gesetzlichem Forderungsausschluß ist dringend erforderlich, da ansonsten diese Löschungsregelung zu Lasten der Diensteanbieter geht. Andernfalls hat der Diensteanbieter bei Forderungen, die nach 80 Tagen beanstandet werden, keine hinreichenden Beweismittel mehr. Eine derartige Regelung kann auch in die Kundenschutzverordnung gem. § 41 TKG-E aufgenommen werden.

---

[624] Da das Gesetzgebungsverfahren zum Zeitpunkt der Fertigstellung diese Buches noch nicht abgeschlossen, ist zu hoffen, daß diese Formulierung korrigiert wird, möglicherweise einen Redaktionsfehler ist.

Im Gegensatz zur TDSV/UDSV ist in der TDSV-E die wahlweise Verkürzungs- und Löschungsmöglichkeit der Zielnummer nicht auf Sprachkommunikation beschränkt sondern bezieht sich auf sämtliche Telekommunikationsdienstleistungen (§ 6 Abs. 4 TDSV-E). Diese Differenzierung war sowohl technisch als auch sachlich nicht mehr haltbar. Die Form der Übertragung, sei es als Sprache, Daten oder Text, ändert nichts an der Eingriffsqualität.

Die Daten, die auf dem EGN aufgeführt werden dürfen, sind ebenfalls abschließend in der Verordnung aufgelistet. Dem Antragsteller werden Verpflichtungen zum Schutz der Mitbenutzer auferlegt. Alle zum Haushalt gehörenden Mitbenutzer müssen sich mit der Bekanntgabe der Verbindungen schriftlich einverstanden erklärt haben. Bei betrieblichen oder behördlichen Anschlüssen wird der EGN nur dann erstellt, wenn der Entgeltpflichtige schriftlich erklärt, daß der Betriebs- bzw. Personalrat, falls gesetzlich erforderlich, beteiligt worden ist. Zudem muß der Antragsteller sich schriftlich verpflichten, alle Mitbenutzer auf die Speicherung der Verbindungsdaten hinzuweisen. Diese Regelungen tragen der einschlägigen Rechtsprechung Rechnung [625], haben faktisch aber nur eine bedingte Wirkung.

Die Problematik der Verbindungs- und Entgeltdatenspeicherung sowie des EGN in der Telekommunikation wurde in der wissenschaftlichen Diskussion überwiegend im Bereich des ISR als Kollision zwischen dem ISR des anrufenden Teilnehmers mit dem ISR des angerufenen Teilnehmers gesehen [626]. Zielnummer, Datum und Zeit und damit die Tatsache eines Gespräches zwischen den beiden Anschlüssen sind personenbeziehbare Daten sowohl des anrufenden als auch des angerufenen Teilnehmers. Die Interessen über die Verfügung dieser Daten können auseinanderfallen. Während ein Teilnehmer das Interesse an der Überprüfbarkeit seiner Entgeltabrechnung hat, hat der andere Teilnehmer ein Interesse, daß die Tatsache des Telefongespräches nicht dokumentiert wird.

---

[625] OVGE Münster 30, 174, OLG Köln, NJW 70, S. 1856.

[626] Vgl. Kubicek, CR 90, S. 659; Kubicek / Bach, CR 91, S. 489 (492 f.).

Der dargestellte Grundkonflikt stellt sich in der Telekommunikation in verschiedenen Konstellationen, neben dem EGN beispielsweise auch beim Auskunftsrecht. Er ist telekommunikationsspezifisch. Ein Charaktermerkmal von Telekommunikation ist die Übermittlung durch Dritte. Die Interessen, Rechts- und Grundrechtskonflikte, die aus diesem Dreiecksverhältnis, das erweiterbar ist, resultieren, sind im Schutzbereich von Art. 10 GG angesiedelt [627]. Zu Unrecht wird die Problematik verfassungsrechtlich häufig auf die zweiseitige Beziehung im Rahmen des ISR verkürzt. Vielmehr müssen Grundrechtskollisionen innerhalb des Schutzbereiches von Art. 10 GG zum Ausgleich gebracht werden. Traditionell beschränkte sich die Betrachtung der Rechtsprechung zu Art. 10 GG lediglich auf den Schutz des Kommunikationsvorganges gegenüber Dritten und dem Staat. Dabei wurde weder auf die Kommunikation der Teilnehmer untereinander noch die Datenverarbeitung durch die TELEKOM, die als betriebsbedingte Schranke dem Schutzbereich vorgelagert angesehen wurde, einbezogen [628]. Zutreffend wird diese Sichtweise in der sogenannten "Fangschaltungsentscheidung" vom BVerfG [629] und noch deutlicher vom OVG Bremen [630] aufgegeben. Auflösbar sind die daraus entstehenden Grundrechtskonflikte aber nur, wenn man Art. 10 GG institutionelle Verpflichtungen zu einer grundrechtskonformen Organisation der Telekommunikation entnimmt.

Der Hauptzweck des EGN ist die Überprüfung des Leistungsentgeltes. Das Nutzerinteresse nach Transparenz und Überprüfbarkeit der Kosten für eine Leistung ist zweifellos ein berechtigtes Allgemeininteresse. Angesichts der zunehmenden Nutzungsmöglichkeiten der Telekommunikation und der Telekommunikationsdienste, die teilweise zusammen mit den Entgelten abge-

---

[627] Vgl. BVerfGE 85, 386 (395); OVG Bremen, CR 94, S. 700 ff.

[628] BAG, NJW 87, S. 674. Zur Kritik vgl. Latendorf, S. 242.; LAG Düsseldorf: Beschluß v. 30.4.1984, Wiechert / Schmidt, 2.08.2, Nr. 15, S. 40; BVerwG, NJW 84, S. 2112.

[629] BVerfGE 85, 386 (396 f.).

[630] OVG Bremen, Urteil v. 28.6.1994 - OVG 1 BA 30/92 -, S. 17 = CR 94, S. 700 ff.

rechnet werden, und der Mißbrauchsmöglichkeiten [631] nimmt die Bedeutung der Beweisbarkeit und der Aufschlüsselung der einzelnen Leistungen erheblich zu. Dieses berechtigte Verbraucherinteresse kollidiert mit dem Telekommunikationsgeheimnis des angerufenen Teilnehmers. Das Verbraucherinteresse ist im Gegensatz zu dem Anonymitätsinteresse nicht unmittelbar grundrechtsrelevant. Verfassungsrechtlich besitzt das Anonymitätsinteresse des Angerufenen einen eindeutig höheren Schutzwert [632]. Gleichzeitig kann der für alle Lebensbereiche zunehmend wichtiger werdende Bereich der Telekommunikationsdienstleistungen nicht von der spezifizierten Belegpflicht seiner Dienstleistungen aus Gründen der Rechtssicherheit ausgenommen werden. Die Anforderungen an die Spezifizierung der Belege für die Entgeltabrechnungen werden mit der Entwicklung des Telekommunikationsmarktes weiter steigen. Die bessere Beweisbarkeit gerechtfertigter und ungerechtfertigter Entgeltforderungen dient der Rechtssicherheit. Diesem Interesse nach Rechtssicherheit muß Rechnung getragen werden. Eine Auflösung dieses Zielkonfliktes zugunsten des Grundrechtes würde auf Dauer gesellschaftlich kaum akzeptiert, auch wenn verfassungsrechtlich der Konflikt zugunsten des Grundrechtes auflösbar wäre.

Der Gesetzgeber hat eine Lösung beibehalten, die den Angerufenen schutzlos stellt. Der Anschlußinhaber als Anrufender kann zwischen Speicherung, Löschung und Verkürzung wählen. Er kann selbst abwägen, inwieweit er auf Beweismittel im Fall von Gebührenstreitigkeiten verzichtet. Der Angerufene muß sich jederzeit die Speicherung und Übermittlung seiner Telefonnummer als Zielnummer einschließlich Zeit und Dauer des Gespräches gefallen lassen. Im Gegensatz zu der Regelung in der TDSV/UDSV handelt es sich jetzt um einen gesetzlichen Eingriff in das Telekommunikationsgeheimnis des Angerufenen, der dem Parlamentsvorbehalt Rechnung trägt. Gesetzliche Eingriffe in Art. 10 GG sind gem. Abs. 2 im Allgemeininteresse zulässig, müs-

---

[631]Vgl. Focus Nr. 50, v. 12.12.94, S. 244.

[632]Ebenso Scherer: Stellungnahme zur öffentlichen Anhörung des Ausschusses für Post und Telekommunikation zum Datenschutz im ISDN, S. 7.

sen aber verhältnismäßig sein. Die Regelung enthält jedoch keine Schutzvorschriften zugunsten des Angerufenen. Die Verhältnismäßigkeit ist nicht gegeben. Das OVG Bremen erhebt über das Fehlen der gesetzlichen Ermächtigung Bedenken gegen die inhaltliche Zulässigkeit der Speicherungsregelungen in § 6 TDSV hinsichtlich der unverkürzten Mitteilung der Zielnummer im EGN und der Speicherungsdauer von 80 Tagen. Es sei mit dem verfassungsrechtlichen Maßstab des Übermaßverbotes unvereinbar, zum Zweck der Beweiserleichterungen in den am Gesamtvolumen der Entgelte gemessen, wenigen Entgeltstreitigkeiten Datenspeicherungen in großem Umfang vorzunehmen, wenn es technische Möglichkeiten gibt, die den berechtigten Beweisinteressen der TELEKOM und den berechtigten Verbraucherschutzinteressen ihrer Kunden in angemessener Weise genügen, aber in geringerer Weise in die grundrechtsgeschützte Sphäre des Fernmeldegeheimnisses eingreifen. Daß es mildere Mittel gibt, belege die gegenwärtige Praxis der Beklagten, in der die Zielrufnummern kurz nach Rechnungsstellung verkürzt und nur in dieser verkürzten Form in dem EGN aufgeführt werden [633]. In dem Urteil wurde der DBP TELEKOM aufgegeben, die Speicherung der letzten drei Ziffern der Rufnummer der Kläger als Zierufnummern bei störungsfreiem Ablauf spätestens ab dem Ende des vierten Arbeitstages nach Verbindungsende zu unterlassen.

Diese Möglichkeit, generell die Rufnummer um eine bestimmte Ziffernfolge zu verkürzen, die bereits im Gesetzgebungsverfahren zu den Datenschutzverordnungen ausreichend erörtert worden ist und die die Kommission in den ersten Richtlinienentwurf zum Telekommunikationsdatenschutz aufgenommen hatte, berücksichtigt allerdings nicht hinreichend die unterschiedlichen Interessen. Sie verkürzt dem Anrufer präzise Nachweismöglichkeiten, insbesondere bei der Nutzung von Telekommunikationsdiensten. In dem geänderten Entwurf der Kommission wurde diese Regelung dahingehend zurückgenommen, daß die Mitgliedstaaten die Privatsphäre von anrufenden und angerufenen Teilnehmern wahren müssen. Der Richtlinienentwurf verpflichtet

---

[633]OVG Bremen, CR 94, S. 700 ff. vgl. BT Drs. 12/8296, S. 58 f. = RDV 94, S. 287.

weiterhin die Mitgliedstaaten zu Schutzregelungen zugunsten des Angerufenen. Diesen EU-rechtlichen Anforderungen entspricht § 10 Abs. 2 Nr. 1 c PTRegG und § 86 Abs. 2 Nr. 1 c TKG-E nicht [634]. Auflösen läßt sich dieser Zielkonflikt mit einem technisch-organisatorischen Verfahren, daß es auch dem Angerufenen generell und im Einzelfall erlaubt, die Speicherung seiner Rufnummer in einem EGN zu unterdrücken, wie es im ersten Entwurf einer europäischen Telekommunikationsrichtlinie vorgesehen war.

3.3.3   Datenübermittlungen zwischen Telekommunikationsdiensteanbietern

Zur Abrechnung mit anderen Unternehmen, Netzbetreibern, Diensteanbietern oder mit den jeweils eigenen Diensteanbietern dürfen Unternehmen Verbindungsdaten speichern und übermitteln (§ 6 Abs. 6 TDSV-E). Die Datenschutzkontrollbehörden müssen über die Verfahren, die den Abrechnungen zugrunde liegen unterrichtet werden.

Die Möglichkeit, Dritte mit dem Entgelteinzug zu beauftragen, wurde nicht auf Diensteanbieter ausgeweitet. Es ist kein sachlicher Grund für diese Ungleichbehandlung mit den Netzbetreibern erkennbar.

Neu aufgenommen wurde eine Bestimmung (§ 6 Abs. 4 S. 2), wonach der Diensteanbieter dem Unternehmen den Zeitpunkt der Versendung der Entgeltrechnung mitzuteilen hat. Die Gesetzesbegründung erläutert diese neue Vorschrift in der TDSV-E nicht. Der Zweck dieser Regelung ist auch aus der Vorschrift selbst nicht ersichtlich. Vermutlich soll damit sichergestellt werden, daß auch bei den Unternehmen die 80 Tage-Frist eingehalten wird. Diese Regelung unterstellt, daß Verbindungsdatensätze auch nach Übermittlung an die Diensteanbieter bei den Unternehmen länger als 80 Tage gespeichert bleiben, was nicht erforderlich ist. Zudem müßten dann konsequenterweise dem Unternehmen auch die Anschlüsse mitgeteilt werden, bei denen eine sofortige Löschung vorgenommen werden muß.

---

[634]Vgl. Kubicek, CR 94, S. 696.

Damit wird ein neuer, aufwendiger Datenfluß von Diensteanbiern zu den Unternehmen erzeugt. Diese Datenübermittlung ist aufwendig, weil die Abrechnung und Rechnungsversendung bei den Diensteanbietern von Abrechnungs- zu Abrechnungsperiode und von Kunden- zu Kundengruppe variieren können. Es müßte zumindest mitgeteilt werden, daß die Entgeltrechnung für den Anschlußnummer X verschickt worden sei. Die Unternehmen müssen in der Lage sein, diese Daten, bezogen auf die Anschlußnummer, verarbeiten zu können. Dieser zusätzliche Aufwand steht in keinem Verhältnis z.B. zu einer pauschalen Löschungsregelung für die Unternehmen.

3.3.4 Generelle Anonymisierung aus sozialen Gründen

Die Verbindung mit Personen, Behörden und Organisationen, die selbst oder deren Mitarbeiter besonderen Verschwiegenheitspflichten unterliegen und die Beratungsaufgaben in sozialen oder kirchlichen Bereichen ganz oder überwiegend über Telefon abwickeln, darf aus dem EGN nicht ersichtlich sein (§ 6 Abs. 8 TDSV-E).

Ausdrücklich im Gesetz genannt werden die in § 203 Abs. 1 Nr. 4 u. 4 a StGB aufgezählten Stellen, wie staatlich anerkannte Ehe-, Erziehungs- oder Jugendberater sowie Berater für Suchtfragen und darüber hinaus insbesondere Telefonseelsorge und Gesundheitsberatung. Die Aufzählung ist nicht abschließend und bezieht sich nicht nur auf die staatlich anerkannten Beratungsstellen. Allerdings wird nur Beratungsstellen im sozialen, gesundheitlichen und seelsorgerischen Bereich, die ihre Beratungstätigkeit überwiegend über das Telefon abwickeln, dieser besondere Schutz gewährt. Psychologen, Ärzte und Anwälte, deren Tätigkeit nicht überwiegend aus telefonischer Beratung besteht, können sich für ihre telefonische Beratung nicht auf diese Schutzklausel berufen und eine entsprechende Unterdrückung beantragen.

Das Antragsverfahren erweist sich schon in der heutigen Praxis mit mehreren Netzbetreibern und Service-Providern im Mobilfunk als ungeeignet, da sich ein Antragsteller an mehrere Netzbetreiber und gegebenenfalls sogar Service-Provider wenden muß. Teilweise können erst die Service-Provider die Anonymisierung in der Abrechnung vornehmen. Diese Entwicklung wird sich auch im Festnetz fortsetzen. Das hat zur Folge, daß eine nach § 6 Abs. 8 TDSV-E berechtigte Stelle eine entsprechende Anonymisierung bei zahlreichen Stellen beantragen muß. Diese müssen jeweils wieder die Berechtigung anhand unbestimmter Tatbestände prüfen, z.B. ob "Beratungsaufgaben in sozialen und kirchlichen Bereichen ganz oder überwiegend über Telefon wahrgenommen" werden. Von unterschiedlichen Entscheidungen der Unternehmen ist auszugehen. Dies hätte zur Folge, daß ein Antragsteller beim Netzbetreiber A anonymisiert wird, während er beim Netzbetreiber B als nicht berechtigt eingestuft wird. Vergißt der Antragsteller einen Netzbetreiber, was zunehmend möglich sein wird, werden Anrufe aus diesen Netzen nicht anonymisiert, weil kein Antrag gestellt wurde. Der betroffene Teilnehmer geht aber von der Zusage und Werbung der Beratungsstelle aus, daß alle Anrufe anonym erfolgen können. Die Durchführung des Antragsverfahrens durch die Telekommunikationsunternehmen ist in einem Multibetreibernetz grundsätzlich ungeeignet, ganz abgesehen von dem überflüssigen Aufwand der parallelen Antragsbearbeitung, für die ein Unternehmen üblicherweise gar nicht ausgestattet ist. Es handelt sich bei diesem Verfahren um eine typische Regulierungsaufgabe, die eine unabhängige Regulierungsinstitution durchführen muß, deren Entscheidung dann im gesamten Netz verbindlich ist.

Verfassungsrechtlich werden an die Geeignetheit geringe Anforderungen gestellt. Eine Regelung muß nur überhaupt dafür geeignet erscheinen, das Bezweckte zu erreichen. Bereits heute steht in Frage, ob das Antragsverfahren geeignet ist, das gesetzliche Schutzziel zu erreichen. In einem Multibetreibernetz erscheint dieses Antragsverfahren grundsätzlich ungeeignet.

Die Ermächtigungnorm in § 87 Abs. 2 Nr. 3 a TKG-E sieht vor, daß der Schutz der Benutzer bei Anrufen bei anerkannten Beratungsstellen in der Rechtsverordnung zu regeln ist. § 6 Abs. 9 TDSV-alt und § 6 Abs. 8 TDSV-E sehen übereinstimmend vor, daß der Anschlußinhaber sowohl nicht erkennen soll, welche Beratungseinrichtungen ein Mitbenutzer in Anspruch nimmt als auch die Tatsache, daß überhaupt eine Beratungseinrichtung kontaktiert wurde. Die letztgenannte Anforderung ist von den Normadressaten sachlogisch ohne weitere Anonymisierungstatbestände nicht umsetzbar. Der Gesamtbetrag muß auf der

Rechnung ausgewiesen werden und es muß auch erkennbar sein, wie es zu einer Differenz zwischen der Gesamtbetrag und den aufgeführten Einzelgesprächen kommt. Die bestehende Differenz durch die Tatsache eines oder mehrerer Gespräche mit Beratungsstellen kann auf der Entgeltrechnung solange nicht weggestaltet werden, solange es nur einen Anonymisierungstatbestand gibt. Der Gesetzgeber muß hier zu einem anderen Schutzkonzept finden und kann nicht eine erwiesenermaßen seit 1990 nicht funktionierende Regelung immer weiter fortschreiben. Sowohl die bestehende Regelung als auch die Regelung in der TDSV-E, in der Anrufe durch Verbindungen ersetzt worden sind, verstößt in diesem Punkt gegen den Bestimmtheitsgrundsatz.

3.3.5 Datenverarbeitung aus betrieblichen Gründen und zur Mißbrauchsüberwachung

Die Telekommunikationsunternehmen dürfen zur Erkennung, Eingrenzung und Beseitigung von Störungen und Fehlern der Fernmeldeanlagen, soweit es im Einzelfall erforderlich ist, Bestands- und Verbindungsdaten der Kunden und Beteiligten erheben und verarbeiten (§ 7 Abs. 1 Nr. 1 TDSV-E).

Bei Vorliegen schriftlich zu dokumentierender tatsächlicher Anhaltspunkte dürfen die Unternehmen die Bestands- und die Verbindungsdaten zum Aufdecken und Unterbinden von Leistungserschleichungen und sonstigen rechtswidrigen Inanspruchnahmen der öffentlichen Telekommunikationsnetze und ihrer Einrichtungen erheben, verarbeiten und nutzen. Diese Regelung in § 7 Abs. 2 TDSV-E entspricht nicht der Ermächtigungsgrundlage in § 10 Abs. 2 Nr. 1 e PTRegG und § 86 Abs. 2 Nr. 1 e TKG-E. Nach dieser dürfen auch Telekommunikationsdiensteanbieter die Bestands- und die Verbindungsdaten zum Aufdecken sowie unterbinden von Leistungserschleichungen erheben, verarbeiten und nutzen.

Für die Mißbrauchsüberwachung dürfen die Unternehmen aus dem Gesamtbestand aller Abrechnungszeiträume eines Monats die Daten derjenigen Verbindungen eines Netzes ermitteln, für die tatsächliche Anhaltspunkte den Verdacht strafbaren Mißbrauchs von Fernmeldeanlagen oder der mißbräuchlichen Inanspruchnahme von Telekommunikationsdienstleistungen begründen.

Durch die Einschränkung auf Unternehmen, die die gesetzliche Ermächtigungsgrundlage gar nicht erfordert, ist unklar, inwieweit Service-Provider, die in der Regel auch das finanzielle Risiko der Leistungserschleichung oder des Eingehungsbetruges gegenüber dem Kunden tragen, die Verbindungsdaten verarbeiten dürfen. Diese Regelung ist redaktionell mißglückt.

Grundsätzlich dürfen nur Daten über die näheren Umstände des Fernmeldeverkehrs erhoben, verarbeitet und genutzt werden. Nachrichteninhalte dürfen zur Mißbrauchsbekämpfung erhoben, verarbeitet und genutzt werden, wenn dies im Einzelfall unerläßlich ist. In diesem Fall müssen der Bundesminister für Post und Telekommunikation und die zuständige Datenschutzkontrollbehörde über die Durchführung einer derartigen Maßnahme unter Mitteilung des zugrundeliegenden Sachverhaltes unverzüglich in Kenntnis gesetzt werden. Der Betroffene ist zu unterrichten, sobald dies ohne Gefährdung des mit der Maßnahme verfolgten Zweckes möglich ist.

Ferner dürfen die Telekommunikationsdienstleistungsunternehmen den Strafverfolgungsbehörden gem. § 86 Abs. 6 Nr. 1 TKG-E zur Verfolgung von Straftaten und Ordnungswidrigkeiten, den Verfassungssschutzbehörden, dem Bundesnachrichtendienst und dem militärischen Abschirmdienst sowie dem Zollkrimnalamt im Rahmen ihrer gesetzlichen Aufgaben die Bestandsdaten übermitteln.

Aufgrund der §§ 161 a , 100 a StPO und 39 Außenwirtschaftsgesetzes sowie eines G 10 Beschlusses müssen die Telekommunikationsdiensteanbieter den Ermittlungsbehörden und Bedarfsträgern die jeweils verlangten Daten im Rahmen der jeweiligen gesetzlichen Grundlage übermitteln.

3.3.6 Telekommunikationsdatenschutz zwischen den Teilnehmern

3.3.6.1 Anzeige der Rufnummer und Anrufweiterschaltung

Bei dem Funktionsmerkmal der Rufnummernanzeige besteht ein struktureller Zielkonflikt zwischen den beiden Teilnehmern darin, daß einerseits der Anrufende (A-Teilnehmer) nicht bei jedem Anruf seine Identität oder seinen Aufenthaltsort preisgeben will, andererseits der Angerufene die Wahlmöglichkeit haben will, ein Gespräch anzunehmen oder abzulehnen. Mit der Regelung in der TDSV-alt und TDSV-E wird das Persönlichkeitsrecht des Angerufenen und das ISR des Anrufenden durch die vorgesehene Möglichkeit der Unterdrückung der Rufnummernanzeige generell sowie im Einzelfall befriedigend zum Ausgleich gebracht. Der Angerufene kann über Entgegennahme von Anrufen entscheiden und sich insbesondere gegen belästigende Anrufe wehren. Dem berechtigten Interesse des Anrufenden nach Anonymität bei bestimmten Anrufen wird ebenfalls Rechnung getragen. Dies entspricht einer Gestaltung, die auch in dem Richtlinienentwurf zum Telekommunikationsdatenschutz vorgesehen ist [635].

Die TDSV-E beschränkt die Rufnummernunterdrückung im Einzelfall nicht mehr auf das Euro-ISDN. § 9 Abs. 1 TDSV-alt verpflichtete die Telekommunikationsunternehmen lediglich, die Möglichkeit der Unterdrückung der Rufnummernanzeige im Einzelfall im Rahmen des Euro-ISDN bis spätestens 1.1.1994 netzseitig anzubieten. Für analoge und ISDN-Anschlüsse nach dem nationalen Standard bestand die Unterdrückungsmöglichkeit im Einzelfall nicht [636]. Sachlogisch bedarf es dann auch keiner Regelung zur Unterdrückung der Rufnummer bei Beratungsstellen wie sie noch in der TDSV-alt geregelt war (§ 9 Abs. 2 S. 3), da jeder im Einzelfall entscheiden kann, ob er die Rufnummer anzeigt oder nicht.

---

[635]Art. 12 Nr. 2.

[636]Vgl. Amtl. Begründung zu § 9 UDSV, S. 41.

Die Rufnummer von Teilnehmern, die einer Eintragung in das Telefonbuch nach § 9 Abs. 3 TDSV widersprochen haben, wird generell nicht angezeigt.

Die Möglichkeit der Unterdrückung der Rufnummer im Einzelfall ist nicht mehr ausdrücklich wie in der TDSV-alt auf die Sprachkommunikation beschränkt. Die Regelung in § 9 Abs. 6 TDSV-alt, nach der bei Übermittlung von Daten und Texten die Unternehmen die Übermittlung der Rufnummer ohne Einschränkung vorsehen konnten, ist in der TDSV-E weggefallen. Der Verzicht auf diese Einschränkung trägt der Tatsache Rechnung, daß der Netzbetreiber im ISDN grundsätzlich nicht zwischen Sprach- und Datenkommunikation unterscheiden kann. Im ISDN macht die Differenzierung zwischen Sprach- und Datenkommunikation keinen Sinn.

Die Teilnehmer müssen selbst die Konditionen vereinbaren können. Der sendende Teilnehmer muß darüber entscheiden können, ob er seine Anschlußkennung preisgeben will. Der empfangende Teilnehmer muß die Möglichkeit haben, die Annahme von Anrufen und Datenübermittlungen, deren Herkunft anonym ist, abzulehnen. Auch bei Telekommunikationsdienstleistungen, für deren Erbringung eine Rufnummernanzeige zum Zweck der Identifizierung erforderlich sein mag, kann die Entscheidung der Identifizierung dem Teilnehmer überlassen bleiben. Ein den verschiedenen Interessen gerecht werdender Ausgleich ist nur durch technische und organisatorische Lösungen möglich, die die Entscheidungen in der Autonomie der Teilnehmer belassen, und nicht durch zentrale Lösungen [637].

Die TDSV sah vor, daß bei Anrufweiterschaltungen, der Weiterschaltende vorher die Zustimmung des Inhabers des Anschlusses hat, an den weitergeschaltet wird. Diese Regelung ist in der TDSV-E dahingehend verschärft worden, daß die Diensteanbieter dem Inhaber dieses Anschlusses die Möglichkeit gewährleisten müssen, die Weiterschaltung des Anrufes zu unterdrücken. Dies ist eine sachfremde Regelung, da die Diensteanbieter dieses, soweit sie keine Netzbetreiber sind, gar nicht

---

[637] Siehe die niederländische Lösung Kap. IV. 9.

gewährleisten können. Hier scheint ein redaktionelles Versehen des Gesetzgebers vorzuliegen. Gemeint ist wohl, daß die Netzbetreiber eine technische Möglichkeit schaffen, die es dem Angerufenen technisch ermöglicht, die Annahme weitergeleiteter Gespräche zu unterdrücken.

3.3.6.2 Lauthören und Aufzeichnen

Die Rechtsverordnungen enthalten keine Vorschrift zum Mithören und Aufzeichnen. Die Vertraulichkeit des Gespräches, auf das der Teilnehmer regelmäßig vertraut, kann durch Funktionen wie Lauthören oder Aufzeichnen aufgehoben werden. Diese Möglichkeiten gab es auch bislang schon mit entsprechenden Zusatzgeräten. Zunehmend werden Lauthören und Aufzeichnen integraler Bestandteil der Endgeräte, die bei jedem Gespräch aktiviert werden können. Ohne eine Signalisierung dieser Funktionen weiß der Teilnehmer nicht, daß seine Worte noch an Dritte übermittelt oder gespeichert werden.

Das allgemeine Persönlichkeitsrecht gewährleistet "die Befugnis des Menschen, selbst darüber zu bestimmen, ob seine Worte einzig seinem Gesprächspartner, einem bestimmten Kreis oder der Öffentlichkeit zugänglich sein sollen, und erst recht, ob seine Stimme mittels eines Tonträgers festgehalten werden darf" [638]. Diese Verhaltensmöglichkeit ist - wie es der BGH wiederholt formuliert hat - für die Entfaltung der Persönlichkeit unabdingbar. Die unbefugte Aufnahme des nicht-öffentlich gesprochenen Wortes eines anderen auf Tonträger, dessen Gebrauch sowie dessen Kenntnisnahme mittels eines Abhörgerätes verletzen das Selbstbestimmungsrecht über das eigene Wort [639]. Seine Verletzung ist nach § 201 StGB strafbar und führt zivilrechtlich als sonstiges Recht (§ 823 Abs. 1, 1004 BGB) zu Schadensersatz oder Unterlassungspflichten.

Die heimliche Tonbandaufnahme des telefonischen Gespräches durch den Gesprächspartner ist durch § 201 Abs.1 StGB in glei-

---

[638]BGHStE 10, 202 (205); BGHZE 27, 284 (286).

[639]Vgl. BGHZE 27, 284; BGHStE 10, 202 (205); 14, 358; OLG Karlsruhe, NJW 79, S. 1513; BGHZ, NJW 82, S. 277; BGH, NJW 88, S. 1016.

cher Weise sanktioniert wie das heimliche Mitschneiden eines Gespräches unter Anwesenden [640]. Schutzgut ist das unbefangene Gespräch in seinem individuellen Ausdruck, unabhängig davon, ob es unmittelbar oder über ein technisches Medium geführt wird. Die Eigentümlichkeit des Gespräches als etwas Vorläufiges, möglicherweise Überzeichnendes, Rücknehmbares und im Dialog Korrigierbares mit seiner engen Kontextbezogenheit soll in seiner Unbefangenheit gewahrt bleiben. Die Festlegung jeder Formulierung, Wendung, bis hin zum Klang der Stimme durch eine Tonbandaufnahme ohne Wissen und Einwilligung des Gesprächspartners verletzt dessen Persönlichkeitsrecht [641].

Nicht in den persönlichkeitsrechtlichen Schutzbereich fällt dagegen nach der höchstrichterlichen Rechtsprechung die geschäftliche Kommunikation, soweit sie einem hohen Standardisierungsgrad und keinen Persönlichkeitsbezug aufweist, wie Bestellungen, Aufträge, Übermittlung von Zahlen und Daten und die Inanspruchnahme von standardisierten Dienstleistungen [642]. Hingegen fallen alle Gespräche über geschäftliche Angelegenheiten, die einen Persönlichkeitsbezug besitzen, in den Schutzbereich von Art. 1 Abs.1 i.V.m. Art. 2 Abs.1 Nr. 1 GG. Der Persönlichkeitsbezug in einem geschäftlichen Gespräch ist bereits durch die Art der Gedankenführung und den sprachlichen Ausdruck gegeben [643]. Auch das Dienstgespräch eines Beamten ist "nichtöffentlich", "wenn es objektiv und nach dem Willen des Beamten weder für einen nach Zahl und Individualität unbestimmten noch für einen bestimmten, aber innerlich unverbundenen Personenkreis ohne weiteres wahrnehmbar ist" [644]. Die Erfüllung des Straftatbestandes setzt nicht voraus, "daß das nicht-öffentlich gesprochene Wort vertraulich im engeren Sinne oder gar die Mitteilung eines Geheimnisses war" [645].

---

[640] OLG Karlsruhe, NJW 79, S. 1513.

[641] BGHZE 27, 284 (286 f.); BGH, NJW 88, S. 1016.

[642] Vgl. BGHZE 27, 284 (286 f.); BVerfGE 34, 238, 247; BGH, NJW 88, S. 1016.

[643] BGH, NJW 88, S. 1016 (1017).

[644] OLG Karlsruhe, NJW 79, S. 1513.

[645] Ebenda.

Widerrechtliche Tonbandaufzeichnungen von Telefongesprächen unterliegen grundsätzlich im Zivil- [646] wie Strafprozeß [647] einem Beweisverwertungsverbot.

Erlaubt ist die Verwertung von Tonbandaufzeichnungen im Fall des öffentlich gesprochenen Wortes. Hierzu gehört nach Auffassung in der Literatur auch der Mitschnitt von Anrufen, die bei den Polizeidienststellen unter der Notrufnummer eingehen, da sich Hilferufe quasi an die Öffentlichkeit wenden. Sonstigen Anrufen bei Behörden - auch bei der Polizei unter anderen Rufnummern - kommt dieser öffentliche Charakter jedoch nicht zu [648]. Der Funktelefonverkehr ist nicht-öffentlich. Die technischen Eigenschaften, die ein Abhören des Funktelefonverkehrs mit geringem technischem Aufwand ermöglichen, ändern nichts an der grundsätzlichen Nicht-Öffentlichkeit des Funktelefonverkehrs [649]. Mitteilungen über eine private Funkanlage auf einer Gemeinschaftsfrequenz (Bündelfunk) stellen hingegen kein "nicht-öffentlich gesprochenes Wort" i.S.d. § 201 StGB dar, da mehreren Betreibern eine Gemeinschaftsfrequenz zugeteilt worden ist. Für das "nicht-öffentlich gesprochene Wort" i.S.d. § 201 StGB kommt es nicht nur auf den Willen des Sprechers, sondern auch auf die objektive Möglichkeit an, daß es weder "für einen nach Zahl und Individualität unbestimmten Kreis noch für einen durch persönliche Beziehungen innerlich unverbundenen größeren bestimmten Kreis von Personen wahrnehmbar ist" [650]. Deshalb verstößt die Aufnahme von Polizeifunk nicht gegen § 201 StGB [651].

---

[646]BGHZE 27, 284; BGHZ, NJW 82, S. 277; BGH, NJW 86, S. 2261; BGH, NJW 88, S. 1016; LG Dortmund, RDV 94, S. 257.

[647] BGHStE 14, 358; BGHStE 31, 296; BGHStE 31, 304; BGHStE 34, 39; LG Stuttgart, Wiechert / Schmidt, 2.08.2, Nr. 20 , S. 95; BayOLG, NJW 90, S. 197.

[648]Kramer, NJW 90, S. 1760.

[649]OLG Koblenz, Wiechert / Schmidt, 3.2.1, Nr. 5/6, S. 28.

[650]OLG Hamburg, Wiechert / Schmidt, 3.2.1, Nr. 3, S. 19, (35 f.); Lackner: StGB, 13. Aufl. § 201 Anm. 2.; Dreher / Tröndle: Komm. z. StGB, 47. Aufl., München 1995, § 201 Rdnr. 2.

[651]OLG Koblenz, Wiechert / Schmidt, 3.2.1, Nr. 5/6, S. 28 (37).

Willigt der Sprechende ein, so sind Tonbandaufnahmen selbstverständlich auch bei Telefongesprächen erlaubt. Das Selbstbestimmungsrecht am eigenen Wort schließt den Verzicht über seine Verfügbarkeit ein. Im Gegensatz zu bestimmten Verletzungen der Menschenwürde nach Art. 1 Abs.1 GG kann auf das Selbstbestimmungsrecht am eigenen Wort verzichtet werden. In diesem Fall fehlt es an der Verletzung dieses Grundrechts, denn die Privat- und Intimsphäre kann nur dann beeinträchtigt werden, wenn der Grundrechtsträger bestimmte Lebensbereiche der Einblicknahme Dritter entziehen will.

Aufgrund einer notwehrähnlichen Lage (§ 32, 34 StGB), wie z.B. Telefonterror, können Tonbandaufnahmen auch ohne Wissen des Betroffenen gerechtfertigt sein [652]. Im Strafprozeßrecht ist die Rechtsprechung zur Verwendung widerrechtlich erstellter Gesprächsaufzeichnungen uneinheitlich. Die Aufnahme von Telefongesprächen durch die Strafverfolgungsbehörden, z.B. zwischen einem V-Mann und einem Tatverdächtigen, ist als Beweismittel in der Regel nicht verwertbar, wenn die Aufzeichnung nicht gem. §§ 100 a, 100 b StPO angeordnet worden ist [653]. Die Aufnahme eines Telefongespräches kann aber befugt i.S.d. § 201 StGB sein, wenn sie das einzige Mittel ist, strafbare Äußerungen eines anderen festzuhalten [654].

Auch im Zivilrecht sieht die Rechtsprechung die heimliche Aufzeichnung von Gesprächen als gerechtfertigt an, wenn einem Prozeßbeteiligten keine anderen Beweismittel zur Verfügung stehen [655]. Dieses Beweisnotstandsrecht wurde im Wege der Rechtsfortbildung ohne positiv-rechtliche Grundlage entwickelt [656].

---

[652]Vom Ergebnis unerheblich ist die in Lehre und Rspr. umstrittene Frage, ob dieser Tatbestand als Notwehr (§ 32 StGB) oder als rechtfertigender Notstand (§ 34 StGB) anzusehen ist.

[653]BGHStE 14, 358; 31, 304; LG Stuttgart, Wiechert / Schmidt, 2.08.2, Nr. 20 , S. 95.

[654]KG, JR 81, S. 254.

[655]BGHZE 27, 284; BGHZ, NJW 82, S. 277; BGH, NJW 88, S. 1016.

[656]Kramer, S. 1760.

Das Mithören wird demgegenüber von der Rechtsprechung als geringerer Eingriff in das Persönlichkeitsrecht gewertet [657]. Im Geschäfts- und Wirtschaftsleben stellt das Mithören eines Telefongespräches mit geschäftlichem Inhalt über eine Mithöreinrichtung ohne Wissen des Gesprächsteilnehmers nach Ansicht des BGH keine Verletzung des allgemeinen Persönlichkeitsrechtes des Gesprächsteilnehmers dar und zwar gleichgültig, ob das Gespräch von einem geschäftlichen [658] oder privaten Telefonanschluß [659] aus geführt wird. In der erstgenannten Entscheidung führte der BGH aus, daß das Mithören im Wirtschaftsleben sachlich gerechtfertigt sei. Bei Telefongesprächen aus den Geschäftsräumen eines Kaufmannes müsse der Gesprächspartner beim Stand der Technik damit rechnen, daß eine Mithöreinrichtung angeschlossen sei und das Gespräch von einem Dritten mitgehört werde. In der späteren Entscheidung hat der BGH aufgrund der zwischenzeitlich eingetretenen Entwicklung im Fernsprechwesen diese Rechtsprechung auch auf private Telefonanschlüsse erstreckt. Es könne daher heute nicht mehr davon ausgegangen werden, daß Mithöreinrichtungen nur noch in geschäftlich genutzten Räumen verwendet würden. Wer sich heute eines Fernsprechers bediene, müsse aufgrund der weiten Verbreitung des Telefones und des vermehrten Angebots erleichternder Zusatzeinrichtungen damit rechnen, daß nicht nur bei geschäftlichen, sondern auch bei privaten Telefonanschlüssen Mithörgeräte angeschlossen seien und benutzt würden. Darauf, daß ein Mithörgerät bei solchen Anschlüssen nicht verwendet werde, dürfe daher grundsätzlich auch dann nicht vertraut werden, wenn der Gesprächspartner nicht auf den Anschluß eines solchen Gerätes hinweise. Dahingestellt ist geblieben, wie die Frage der Verletzung des Persönlichkeitsrechtes zu entscheiden wäre, wenn das Verhalten des Anrufenden bewußt und aktiv auf Täuschung des Gesprächspartners angelegt wäre und der Inhalt des Gesprächs vertraulichen Charakter hätte oder der Gesprächspartner ausdrücklich Vertraulichkeit verlangt hätte. In einer

---

[657]OLG Köln, NJW 86, S. 2261.

[658]BGH, NJW 64, S. 165.

[659]BGH, NJW 82, S. 1397.

neueren Entscheidung stellt der BGH noch einmal ausdrücklich auch für den nicht-kaufmännischen Bereich fest, daß das heimliche Mithören eines Telefongespräches mittels einer Mithöreinrichtung zulässig sei, wenn der Inhalt des Gespräches keinen vertraulichen Charakter habe und der Gesprächspartner auch nicht ersichtlich Wert auf die Vertraulichkeit lege [660].

Nach der Rechtsprechung sind Mithöreinrichtungen und Zweithörer an von der Post zugelassenen Endgeräten keine Abhörgeräte i.S.d. § 201 Abs. 2 StGB. Selbst eine von der Bundespost installierte Nebenstellenanlage, die ein Mithören oder Mitsprechen von einem zweiten Apparat aus ermögliche, stelle generell kein Abhörgerät i.S.d. § 201 Abs. 2 StGB dar [661].

Das BAG hält Unterbrechungen privater Telefongespräche der Arbeitnehmer während der Arbeitszeit durch den Arbeitgeber mittels einer Aufschaltanlage für zulässig. Allerdings dürfte die Aufschaltanlage in ihrer praktischen Wirkung nicht einer Abhöranlage gleich- oder nahekommen, was nicht der Fall sei, wenn deren Benutzung dem ein Privatgespräch führenden Arbeitnehmer durch ein deutlich wahrnehmbares Tickerzeichen erkennbar wäre [662]. Zwar werden in der neueren arbeitsgerichtlichen Rechtsprechung derartige Maßnahmen als Verhaltens- und Leistungskontrolle eingestuft und sind damit mitbestimmungspflichtig, aber das Mithören von Mitarbeitergesprächen, auch ohne ein Aufschaltzeichen, sei kein unbefugtes Abhören i.S.d. § 201 Abs. 2 StGB und kein Eingriff in das Persönlichkeitsrecht des Arbeitnehmers [663].

In dem Mithören eines Telefongespräches zwischen dem Arbeitgeber und dem Arbeitnehmer durch einen Dritten in der Privatwohnung des Arbeitgebers sieht das LAG Berlin einen Ver-

---

[660]BGH, WM 85, S. 1481; BGH v. 8.10. 1993 - 2StR 400/93. Vgl. Bizer: Neuere Entwicklungen im Telekommunikationsrecht, in: Kubicek u.a.: Jahrbuch der Telekommunikation und Gesellschaft, Band 2, 1994, S. 341 (343).

[661]LG Regensburg, NJW 83, S. 366; LAG BaWü, DB 77, S. 776.

[662]BAGE 25, S. 80 (86).

[663]LAG Köln, DB 83, S. 1101; Arbeitsgericht Hamburg, Wiechert / Schmidt, 3.2.2, Nr. 10, S. 46.

stoß gegen das Arbeitnehmerpersönlichkeitsrecht [664]. Verlangt ein Arbeitnehmer ein vertrauliches Gespräch, so darf der Arbeitgeber auch in den Geschäftsräumen keinen Dritten mithören lassen [665]. In der neueren Rechtsprechung stellt das Arbeitsgericht Berlin die Differenzierung nach Privat- und Geschäftsräumen zumindest für Gespräche zwischen Arbeitgeber und Arbeitnehmer generell in Frage und stellt fest, daß sie häufig wegen ihres personalen Charakters als "nicht-öffentlich" anzusehen seien, unabhängig davon, ob sie im Büro oder in einer Privatwohnung geführt würden und ob der Arbeitnehmer ausdrücklich um Vertraulichkeit gebeten habe. Das Mithören oder Mithörenlassen eines Telefongespräches, das ein Arbeitnehmer mit dem sich in den Büroräumen aufhaltenden Arbeitgeber führe, stelle deshalb eine Verletzung des Persönlichkeitsrechtes des Arbeitnehmers dar, wenn der Arbeitgeber nicht ausdrücklich auf den Umstand des Mithörens durch Dritte hinweise. Das Arbeitsgericht wendet sich auch explizit gegen die Rechtsprechung des BGH, daß ein Eingriff in das Persönlichkeitsrecht dann nicht mehr gegeben sei, wenn der Gesprächsteilnehmer aufgrund der technischen Entwicklung damit rechnen müsse, daß Mithöreinrichtungen durch seinen Gesprächspartner verwendet werden. Zutreffend stellt das Arbeitsgericht fest, daß der Stand der Technik nicht Korrektiv des Persönlichkeitsrechtes sei. "Vielmehr bedarf dieses gerade angesichts der fortschreitenden Technik einer besonderen Akzentuierung. Das Persönlichkeitsrecht muß gerade gegenüber Fortentwicklungen von technischen Möglichkeiten Bestand haben" [666]. Das LAG Frankfurt [667] geht noch weiter und stellt zur Überwachung bei Automatic Call Distribution-Systemen fest, daß eine Betriebsvereinbarung über die Erfassung und Verarbeitung von personenbezogenen Daten der an einer Telefonanlage beschäftigten Mitarbeiter, nach der Gespräche mit externen Dritten von einem Vorgesetzten unter bestimmten Umständen mitgehört werden können, ohne daß der

---

[664] LAG Berlin, JZ 82, S. 258.

[665] BAG, NJW 83, S. 1691.

[666] Arbeitsgericht Berlin, DB 89, S. 885.

[667] LAG Frankfurt, CR 1995, S. 678.

Dritte davon weiß, gesetzeswidrig und deshalb gem. § 134 BGB nichtig sei. Das vom Dritten nicht erlaubte Mithören sei sowohl datenschutz- als auch strafrechtlich verboten (§ 4 BDSG, § 201 StGB). Im Ergebnis kommt das LAG zu dem Schluß, daß auch der an Telefongeräten angebrachte Zweithörer und Verstärker ein Abhörgerät im Sinne der Strafnorm sei.

In der Tat muß die diesbezügliche Rechtsprechung des BGH in Frage gestellt werden [668]. Das Telefon wird häufig für vertrauliche Gespräche genutzt. Heute sind viele Kommunikationsvorgänge auf die Vertraulichkeit auch des Telefongespräches angewiesen, da sie nicht durch Gespräche unter zwei Augen verwirklicht werden können. Beim Telefonieren besteht grundsätzlich die Verhaltenserwartung, daß man nur mit dem angerufenen Gesprächspartner spricht. Die Verhaltensweisen beim Telefonieren, wie Begrüßung und Vorstellung, beziehen sich auf eine zweiseitige Gesprächssituation und bilden die Vertrauensbasis für das Gespräch. Man kann den richtigen Gesprächspartner ebensowenig wie weitere Mithörer per Augenschein feststellen. Derjenige, der diese zweiseitige Situation durch das Hinzuziehen weiterer Zuhörer verändert, sollte den anderen Gesprächspartner darauf hinweisen. Die beliebige Zulässigkeit des Mithörens, solange nicht ein Gesprächspartner ausdrücklich um Vertraulichkeit bittet, stellt die Gesprächssituation auf den Kopf und entspricht nicht der üblichen Verhaltenserwartung beim Telefonieren. Vielmehr soll der, in dessen Einflußbereich sich die Gesprächssituation verändert, den anderen darauf aufmerksam machen, so daß dieser sich dazu verhalten kann [669].

Die Bitte um Vertraulichkeit wird in der Alltagskommunikation in der Regel nur bei der Mitteilung eines Geheimnisses ausgesprochen, nicht hingegen bei Mitteilungen, die zwar kein Geheimnis, aber auch nicht für Dritte bestimmt sind. Ein genaues Sich-Versichern und Nachfragen, wer eventuell mithört, ist in vielen Situationen unhöflich und würde üblicherweise die bei einem Telefongespräch gegebene Vertrauenssituation zerstören. Der BGH dreht diese Verhaltenserwartung um. Aufgrund der

---

[668]So auch LG Dortmund, RDV 94, S. 257.

[669]Ebenda.

technischen Möglichkeit des Mithörens muß sich der Teilnehmer regelmäßig darauf einstellen, daß weitere Personen mithören. Diese Erwartung, die faktisch nicht der sozialen Erwartung der Telefonteilnehmer entspricht, würde die Unbefangenheit des Sprechenden erheblich beeinträchtigen, zumal er im Gegensatz zur unmittelbaren Gesprächssituation nicht übersehen kann, wer mithört. Die ständige Unterstellung, daß Dritte als Zeugen mithören, hätte erheblichen Einfluß auf die Gesprächsentfaltung und würde letztendlich die Entfaltung der Persönlichkeit beeinträchtigen.

Entgegen der Rechtsprechung des BGH muß die übliche soziale Verhaltenserwartung beim Telefonieren juristisch und gegebenenfalls auch technisch unterstützt werden. Durch eine Signalisierung, die den Teilnehmer auf eine aktivierte Mithöreinrichtung und damit einen Mithörer bei dem anderen Gesprächspartner durch einen Warnton hinweist, könnte der üblichen Verhaltenserwartung beim Telefonieren problemlos entsprochen und Transparenz und Vertraulichkeit von Telefongesprächen gewährleistet werden. Das hätte rechtsdogmatisch zur Folge, daß eine solche mit einer Signalisierung versehene Mithöreinrichtung kein Abhörgerät i.S.d. § 201 Abs. 2 StGB wäre. Mithöreinrichtungen, die nicht mit einer derartigen Technik ausgestattet wären, wären dagegen Abhörgeräte i.S.d. § 201 Abs. 2 StGB.

Das Mitschneiden ist ohne Einwilligung des Gesprächspartners mit der Ausnahme der standardisierten geschäftlichen Kommunikation unzulässig. Die rechtliche Sanktion durch § 201 StGB ist gegeben. Fraglich ist, ob dieses Verhalten nicht nur der strafrechtlichen Sanktionierung, sondern auch einer entsprechenden technischen Sicherung bedarf. Gegen das gezielte widerrechtliche Mitschneiden von Telefongesprächen gibt es keinen technischen Schutz. Es bedurfte aber in der Vergangenheit bestimmter technischer Vorkehrungen, um Telefongespräche mitzuschneiden. Durch die geplante Bereitstellung des Mitschneidens wie des Mithörens als übliche Funktion des Endgerätes, nimmt die Möglichkeit des Mitschneidens jedoch ganz andere Ausmaße an. Die leichte Bedienbarkeit könnte zu einem regelmäßigen Mitschneiden von Telefongesprächen führen. Der Betroffene muß eine Möglichkeit haben, das Mitschneiden abzuwehren. Zumindest bei der Integration dieser Funktion in das Endgerät, aber auch bei der Bereitstellung einer Schnittstelle im Endgerät zur Aufnahme von Gesprächen müßte die Aktivierung ein Warnsignal für den anderen Gesprächspartner auslösen. Nur so läßt sich angesichts der technischen Entwicklung und des Bedeutungsgewinnes des Telefones als Kommunikationswerkzeug bis hin zum multifunktionalen Endgerät (= Computer) mit allen möglichen Komfortdienstleistungen das Selbstbestimmungsrecht über das eigene Wort einigermaßen wahren. Dabei ist es durchaus möglich, daß bestimmte technische Lösungen rechtlich vorgeschrieben werden [670].

Nach dem ersten Entwurf der Richtlinie für den Telekommunikationsdatenschutz sollte eine Signalisierung EG-rechtlich vorgeschrieben werden [671]. Nach dem geänderten Vorschlag müssen die Mitgliedstaaten sicherstellen, daß der Inhalt von Telefongesprächen nur für den eigenen Gebrauch aufgenommen oder Dritten zugänglich gemacht wird, wenn der andere Teilnehmer zugestimmt hat. Leider hat die EU damit auf einheitliche technische Vorschriften für die europäischen Netze verzichtet. Nichtsdestotrotz sollten die Mitgliedsstaaten diese technisch zweifellos wirksamste und dem Telekommunikationsmedium angemessenste Lösung vorschreiben. Eine derartige Vorschrift stünde in vollem Einklang mit dem deutschen Verfassungsrecht und der geplanten EG-Richtlinie.

3.3.6.3 Identifizieren von Anschlüssen

Das PTRegG und TKG-E enthält in Umsetzung des sogenannten "Fangschaltungs-Beschlusses" des BVerfG eine detaillierte Regelung zum "Identifizieren von Anschlüssen". Danach muß der Antragsteller in einem zu dokumentierenden Verfahren schlüssig vortragen, das Ziel bedrohender oder belästigender Anrufe zu sein. Er muß zudem die Anrufe nach Datum und Uhrzeit eingrenzen, soweit ein Mißbrauch der Überwachungsmöglichkeit nicht auf andere Weise ausgeschlossen werden kann. Sind diese Voraussetzungen erfüllt, erhält der Antragsteller die Rufnummern

---

[670]Vgl. BAG, RDV 91, S. 79 (82).

[671]Art. 15.

der Anschlüsse sowie die von diesen ausgehenden Verbindungen und Verbindungsversuche einschließlich Name und Anschrift des Anschlußinhabers. Der Anschlußinhaber muß grundsätzlich nachträglich über die Auskunftserteilung informiert werden. Die Regelung in § 8 TDSV-E entspricht diesen Vorgaben.

In § 8 Abs. 2 TDSV ist eine grundsätzliche Unterrichtungspflicht des Betroffenen vorgesehen. Von der Unterrichtung kann abgesehen werden, wenn der Antragsteller glaubhaft macht, daß ihm aus der Mitteilung wesentliche Nachteile entstehen können und diese Nachteile bei Abwägung mit den schutzwürdigen Interessen des Anrufers als wesentlich schwerwiegender erscheinen. Durch einen begründeten Antrag kann wiederum der Betroffene eine Unterrichtung erreichen. Eine sachgerechte Prüfung muß auch hier in einem rechtsförmigen Verfahren erfolgen. Wird von der Unterrichtung abgesehen, weil der Antragsteller glaubhaft macht, daß ihm durch die Mitteilung wesentliche Nachteile entstehen können, wird der gem. Art. 19 Abs. 4 GG gewährleistete Rechtsweg faktisch abgeschnitten.

Bedrohende und belästigende anonyme Mitteilungen mit Hilfe eines Telekommunikationssystems können das allgemeine Persönlichkeitsrecht aus Art. 2 Abs. 1 GG in Verbindung mit dem Recht auf körperliche Unversehrtheit aus Art. 2 Abs. 2 GG "empfindlich berühren" [672]. Betroffene müssen die Möglichkeit haben, zur Abwehr derartiger Angriffe zivilrechtliche Unterlassungs- und Schadensersatzansprüche geltend zu machen und/oder gegebenenfalls eine strafrechtliche Ahndung zu erreichen. Andererseits ist die Speicherung und Mitteilung des Zeitpunktes, der Dauer und des Anschlusses, von dem ein Anruf zu dem Antragsteller ausging, von Anschlußinhaber und Adresse durch eine öffentliche Stelle ein Grundrechtseingriff in das Fernmeldegeheimnis. Die Abwägung dieser beiden Grundrechte rechtfertigte nach Auffassung des BVerfG für einen Übergangszeitraum die Durchführung derartiger Identifizierungen und Fangschaltungen ohne die erforderliche gesetzliche Grundlage,

---

[672]BVerfGE 85, 386 (400 f.).

da der Schutz der Rechtsgüter aus Art. 2 GG vorgeht und anderenfalls eine Schutzlücke entstände [673].

Erforderlich ist eine gesetzliche Regelung, die bei angemessenem Ausgleich der betroffenen Grundrechte, hinreichenden verfassungsrechtlichen Vorkehrungen und wirksamer Mißbrauchssicherung Gesprächsbeobachtungen zur Abwehr bedrohender oder belästigender anonymer Anrufe zuläßt. Es bedarf eines Verfahrens, das ungerechtfertigte oder rechtsmißbräuchliche Eingriffe möglichst ausschließt. Gegenüber der Glaubhaftmachung derartiger Anrufe nach § 8 TDSV-alt wird durch § 10 Abs. 2 Nr. 3 b PTRegG und § 86 Abs. 2 Nr. 3 b TKG ein schlüssiger Antrag und ein dokumentiertes Verfahren vorgeschrieben. Zudem ist der Eingriff vom Umfang her zeitlich zu beschränken, wenn ein Mißbrauch dieser Dienstleistung nicht auf andere Weise ausgeschlossen werden kann. Diese Kriterien sind deutlich geeigneter als die Kriterien in § 8 TDSV-alt, wonach die Gründe glaubhaft zu machen sind und nur Auskunft über die Anschlüsse zu erteilen ist, von denen der Antragsteller die Herkunft der Anrufe vermutet. Gerade das zuletzt genannte Kriterium war in vielen Fällen ungeeignet, da der Betroffene typischerweise bei anonymen Anrufen die Herkunft nicht benennen konnte.

Zweifelhaft ist, ob der Gesetzgeber hinreichende verfassungsrechtliche Vorkehrungen für das Verfahren getroffen hat. Bereits heute müssen diese Verfahren insbesondere im Mobilfunkbereich von privaten Unternehmen durchgeführt werden. Dies gilt mit der Privatisierung der Deutsche Telekom AG seit 1.1.1995 auch für das Festnetz. Mit Aufhebung der ausschließlichen Rechte wird das Festnetz zu einem Multibetreibernetz werden. Die Durchführung derartiger Verfahren im Mobilfunk zeigt, daß mehrere Netzbetreiber und Service Provider betroffen sein können und häufig auch sind [674]. In Multibetreibernetzen muß sich der Be-

---

[673]Ebenda.

[674]Der Antragsteller läßt beispielsweise eine Fangschaltung bei der Deutschen Telekom AG durchführen. Er erhält dann für den fraglichen Zeitraum Mobilfunkrufnummern, deren Inhaber von verschiedenen Service-Providern verwaltet werden. Teilnehmeridentität und Adresse kann der Antragsteller nur bei den

troffene mit Anträgen an verschiedene Netzbetreiber und Service Provider wenden. Dies hat zur Folge, daß derselbe Vorgang von jedem betroffenen Unternehmen erneut geprüft, dokumentiert sowie möglicherweise unterschiedlich entschieden wird. Diese absehbare Praxis führt zu langen, bürokratischen und fehleranfälligen Verfahrenswegen. Im Interesse einer einheitlichen und transparenten Verfahrenspraxis für den Betroffenen muß diese Aufgabe als typische Regulierungsaufgabe von der Regulierungsbehörde selbst übernommen werden. Die in der TDSV-E vorgesehene Zentralisierung dieser Aufgabe bei den Netzbetreibern, die netzübergreifend Auskunft über die Anschlüsse zu erteilen haben, hilft dem nur teilweise ab, da mit der weiteren Deregulierung mit einer Vielzahl von Netzbetreibern zu rechnen ist.

Zudem handelt es sich um Verfahren, hinsichtlich der Eingriffe durchaus vergleichbar der Beschlagnahme (§ 98 StPO), der Überwachung des Fernmeldeverkehrs (§ 100 b StPO), der Durchsuchung (§ 105 StPO); der Auskunft im Strafverfahren (§ 12 FAG) oder zivilrechtlich dem Beweisbeschluß zur Einholung amtlicher Auskünfte (§ 358 a ZPO), die typischerweise richterlicher Prüfung unterliegen. Der Grundrechtsschutz muß hier durch ein rechtsförmiges Verfahren sichergestellt werden. Privaten Telekommunikationsdienstleistungsanbietern ist die Durchführung eines gerichtlichen Verfahrensanforderungen genügenden rechtsförmigen Verfahrens nicht aufgrund einer Rechtsverordnung auferlegbar. Mit der Privatisierung sind diese Verfahren kein Eingiff durch eine öffentliche Stelle und fallen damit aus dem Schutzbereich von Art. 10 GG. Allerdings hat der Gesetzgeber hier Schutzpflichten zur Regelung dieses Verfahrens, die sich aus der institutionellen Dimension von Art. 10 GG ergeben.

Der Gesetzgeber hätte auch die Gesprächsbeobachtung zur Abwehr bedrohender und belästigender anonymer Anrufe auf strafrechtliche Verfahren [675] und zivilrechtliche Unterlassungs-

---

jeweiligen Service-Providern erhalten. Bei jedem muß er erneut einen Antrag stellen, und das gesamte Verfahren muß durchgeführt werden.

[675]Das LG Hamburg sieht in nächtlichen belästigenden Anrufen eine Körperverletzung. LG Hamburg, MDR 54, S. 630.

und/oder Schadensersatzklagen beschränken können. Rechtliche Regelungen stehen mit der Mitteilung von Verbindungsdaten in Strafverfahren aufgrund richterlichen Beschlusses (§ 12 FAG) oder dem zivilrechtlichen Beweisbeschluß zur Einholung amtlicher Auskünfte (§ 358 a ZPO) zur Verfügung. Der Betroffene könnte dann nicht mehr direkt das "Feststellen ankommender Verbindungen" beantragen, sondern wäre auf einen Strafantrag oder ein zivilrechtliches Verfahren verwiesen.

Der geänderte Vorschlag für eine Richtlinie zum Telekommunikationsdatenschutz sieht vor, daß im Falle eines Antrages des Betroffenen auf Feststellung von belästigenden oder bedrohenden Anrufen die Übermittlung der Verbindungsdaten nur an die Behörden vorzunehmen ist, die für die Verhinderung oder Verfolgung strafbarer Handlungen in dem betreffenden Mitgliedstaat zuständig sind. Die Übermittlung der Verbindungsdaten an den Belästigten ist in dem Richtlinienentwurf nicht vorgesehen. Es wäre nur eine Übermittlung an eine Behörde, die für die Verhinderung oder Verfolgung von strafbaren Handlungen auf diesem Gebiet zuständig ist, möglich. Dies können sowohl die Regulierungsbehörde, die Strafverfolgungsbehörden oder die zuständigen Gerichte sein. Da sich die Fälle von Belästigung häufig unterhalb der Schwelle von Strafbarkeit oder Unterlassungs- und Schadensersatzansprüchen befinden, erscheint mir eine Wahrnehmung dieser Aufgabe durch die Regulierungsbehörde angemessen.

Die Entscheidung, ob private Unternehmen, die Regulierungsbehörde oder Gerichte, entsprechende Zuständigkeiten haben und diese Verfahren durchführen sollen, ist so wesentlich für einen Ausgleich der betroffenen Grundrechte und eine wirksame Mißbrauchssicherung, daß sie vom Gesetzgeber selbst hätte getroffen werden müssen.

3.3.6.4 Teilnehmerverzeichnisse und Auskunftsdienste

Diensteanbieter dürfen öffentliche Verzeichnisse ihrer Kunden in Form von Druckwerken oder elektronischen Verzeichnissen erstellen und herausgeben. In die Verzeichnisse dürfen Anschrift und Name aufgenommen werden. Auf Verlangen des Kunden muß die Aufnahme in öffentliche Verzeichnisse unterbleiben. Der

Kunde ist auf dieses Widerspruchsrecht hinzuweisen. Es fehlt eine Regelung für ein Diensteanbieter-übergreifendes Verzeichnis.

Der Diensteanbieter darf im Einzelfall durch Auskunftsstellen Auskunft über Rufnummern erteilen oder durch entsprechende Dienstleister erteilen lassen. Die Auskunftserteilung an Dritte ist nur zulässig, wenn der Dritte sich verpflichtet die Daten nur zu Zwecken der Auskunft zu verarbeiten und zu nutzen.

Hat der Kunde einer Aufnahme in ein öffentliches Kundenverzeichnis widersprochen, muß auch eine entsprechende Auskunft unterbleiben, soweit er nichts Gegenteiliges erklärt hat.

Adressen und andere über die Rufnummernauskunft hinausgehende Auskünfte dürfen erteilt werden, wenn der Kunde seine Einwilligung erklärt hat. Wie diese Einwilligung zu erfolgen hat wird in der Verordnung wie folgt geregelt. Der Kunde ist über sein Wahlrecht mit einer der nächsten Fernmelderechnung beigefügten Antwortkarte zu unterrichten. Sein Einverständnis wird unterstellt, wenn er nicht innerhalb von vier Wochen eine entgegenstehende Erklärung abgibt. Diese Erklärung ist in den Verzeichnissen des Diensteanbieters unverzüglich zu vermerken und von anderen Dienste- und Informationsanbietern zwingend zu beachten.

3.3.7 Bildschirmtexte (BTX) und Nachrichtenübermittlungssysteme

Die gesonderte Regelung von BTX ist nur historisch zu erklären. BTX war der erste von der DBP angebotene elektronische Massendienst, der Anfang der achtziger Jahre unter dem Stichwort "neues Medium" hinsichtlich seiner Auswirkungen heftig diskutiert wurde. Insbesondere die Länder waren der Meinung, daß BTX als ein neues Medium in die medienrechtliche Kompetenz der Länder falle. Aufgrund dessen haben die Länder 1983 BTX als Massenmedium in einem Staatsvertrag geregelt, der auch umfangreiche Datenschutzregelungen enthält. Die DBP hat diese Länderkompetenz nicht anerkannt, sondern darauf bestanden, daß BTX ein Fernmeldedienst i.S.d. Art. 73 Nr. 7 GG sei und damit eine ausschließliche Gesetzgebungskompetenz des Bundes bestehe. Die Befugnis, datenschutzrechtliche Regelungen als

Annexkompetenz zu erlassen, stünde allein dem Bund zu, die Datenschutzbestimmungen im BTX-Staatsvertrag hätten keine Bindungswirkung. Im Interesse einer "ungestörten Betriebsaufnahme" hat die DBP 1983 den Ländern gegenüber erklärt, daß sie materiell die rechtlichen Anforderungen von Art. 9 BTX-Staatsvertrag beim Betrieb von BTX beachten werden, freilich ohne Anerkennung einer Rechtspflicht zur Übernahme dieser Regelungen in das Fernmelderecht [676]. 1987 übernahm die DBP diese Regelungen mit geringfügigen Abweichungen doch in die Telekommunikationsordnung (TKO).

Bereits der BTX-Staatsvertrag ging davon aus, daß es sich nicht zwangsläufig nur um ein von der DBP bereitgestelltes System handeln muß [677]. Die ordnungsrechtlichen Fragen, die sich seinerzeit daraus stellten, haben sich mit der Poststrukturreform erledigt [678]. BTX ist ein von der DBP TELEKOM im Wettbewerb angebotener Dienst, der ebenso von privaten Anbietern angeboten werden kann.

Allerdings stellen sich heute Abgrenzungsfragen in bezug auf die spezifischen Merkmale von BTX gegenüber anderen Telekommunikationsdiensten, insbesondere hinsichtlich der Abgrenzung zu "Nachrichtenübermittlungssystemen mit Zwischenspeicherung" (§ 15 TDSV). Die datenschutzspezifischen Bestimmungen zu BTX sind historisch als Ausfluß der Auseinandersetzung um den Charakter dieses neuen Dienstes entstanden [679]. Dabei wurden Erwartungen mit diesem Dienst verknüpft, die sich nicht realisiert haben. BTX ist weder zu dem öffentlichen Massenkommunikationsdienst geworden, zu dem er konzipiert war, noch spielten die Medienangebote, die der Kernpunkt der kompetenzrechtlichen Auseinandersetzung zwischen Bund- und Ländern um eine gesetzliche Regelung sind, eine nennenswerte Rolle. Haupt-

---

[676]Vgl. Schmidt, JdDBP 85, S. 609 (617).

[677]Begr. des BTX-StV, B 1 zu Art. 1; vgl. Bartl: Handbuch BTX-Recht, 1984, S. 75 f. Rdnr. 35.

[678]Ebenda, S. 18 f, Rdnr. 22; Scherer: Rechtsprobleme des Datenschutzes bei den neuen Medien, S. 49.

[679]Vgl. Bartl, S. 18 f, Rdnr. 22; Scherer: Telekommunikationsrecht und Politik, S. 609 ff.

anwendungsgebiet wurde die geschäftliche Kommunikation, die zudem noch zu einen erheblichen Teil in geschlossenen Benutzergruppen stattfindet. In der privaten Nutzung spielen Computerspiele und Sex-Kommunikationsdienste die größte Rolle. BTX ist seinerzeit in einem anderen ordnungspolitischen Umfeld als zentraler elektronischer Kommunikationsdienst der DBP konzipiert worden [680]. Mittlerweile ist er, dieser Entwicklung Rechnung tragend, mit wesentlichen Veränderungen der Nutzungsbedingungen in einen Datex- Dienst (Datex-J) überführt worden. Fraglich muß sein, ob die damalige Situation bezogenen Schutznormen heute im Vergleich mit anderen Telekommunikationsdiensten noch Bestand haben. Gerade juristisch verstellt möglicherweise der mittlerweile historische, kompetenzrechtlich disparate, Bestand der BTX-Regelungen einen klaren Blick auf die Probleme, die sich durch die Entwicklung der Telekommunikationsdienste stellen.

Nach der Legaldefinition in § 2 Abs. 1 Nr. 2 BTX-StV und § 1 BTX-StV ist BTX ein Telekommunikationsdienst, bei dem Informationen und andere Dienste für alle Teilnehmer oder Teilnehmergruppen (geschlossene Benutzergruppe § 3 Abs. 1 BTX-StV) zum Abruf gespeichert werden. Der Betreiber stellt das System für Teilnehmer und Anbieter und damit für Dritte zur inhaltlichen Nutzung bereit. Weiterhin ist BTX durch eine oder mehrere technische Vermittlungsstellen, in denen die Dienstleistungen technisch bereitgestellt werden, und die Nutzung des öffentlichen Fernmeldenetzes charakterisiert. Damit paßt BTX aber auch unter die Legaldefinition von Nachrichtenübermittlungssystemen (§ 15 TDSV). BTX ist eine Dienstleistung, die der Übermittlung dient und zu deren Durchführung eine Zwischenspeicherung erforderlich ist. Die Nutzung eines öffentlichen Netzes, d.h. eines Netzes, das für den öffentlichen Verkehr bereitgestellt wird, ist in beiden Fällen erforderlich. Ebenso erfüllen Nachrichtenübermittlungssysteme mit Zwischenspeicherung alle Merkmale der Legaldefinition von BTX. Von den gesetzlich fest-

---

[680] Zu den Disfunktionalitäten von technischen Infrastrukturleistungen durch staatliche Monopole und der Dominanz zentralistisch-technischer Ingenieursphilosophien vgl. Ladeur, Kritische Vierteljahresschrift für Gesetzgebung und Rechtswissenschaft 91, S. 177 ff.

gelegten technischen Merkmalen sind Nachrichtenübermittlungssysteme und BTX nicht zu unterscheiden.

Juristisch ließe sich möglicherweise nach der Art der Dienstleistungen, die über die jeweiligen Systeme erbracht werden, unterscheiden. Der Grundgedanke, der den jeweiligen Telekommunikationsdiensten idealtypisch zugrundeliegt, bildet die Schablone für die unterschiedlichen Regelungen in §§ 12 und 15 TDSV. Der Grundgedanke bei Nachrichtenübermittlungssystemen ist der des "Mailbox-Dienstes", d.h. der Vermittlung individueller Nachrichten von Teilnehmer zu Teilnehmer. Demgegenüber ist der Grundgedanke von BTX die elektronische Bereitstellung einer Dienstleistung auf Abruf für den öffentlichen Verkehr.

In Anlehnung an diese Vorstellung wird der Nachrichtenbegriff im BTX-Staatsvertrag medienrechtlich gebraucht. Nach § 2 Abs. 2 BTX-StV sind Nachrichten "aktuelle Informationen für die Allgemeinheit aus dem Bereich des Zeitgeschehens" [681]. Viele Regelungen im BTX-StV zielen auf diese medienrechtlichen Fragen wie Sorgfaltspflichten (§ 6 BTX-StV), Gegendarstellung (§ 7 BTX-StV), Unzulässige Angebote (§ 9 BTX-StV) und Meinungsumfragen (BTX-StV). Darüber hinaus geht auch der BTX-StV davon aus, daß Informationen und Einzelmitteilungen übermittelt werden, die nicht Nachrichten im medienrechtlichen Sinn sind (vgl. § 3 Abs.1, § 6 Abs. 2 BTX-StV). Somit ist BTX ein Telekommunikationsdienst, über den sowohl Nachrichten im medienrechtlichen Sinne als auch Informationen und Einzelmitteilungen übermittelt werden. Der Regelungsumfang von Mediendiensten im BTX steht im umgekehrten Verhältnis zu seiner tatsächlichen Nutzung.

Der Nachrichtenbegriff in § 15 TDSV führt zu keiner Begrenzung auf Individualkommunikation. Dieser Begriff unterscheidet nicht nach Individualkommunikation oder dem medienrechtlichen Nachrichtenbegriff. Er berührt diese Differenzierung überhaupt nicht. Unerheblich ist die inhaltliche Form der Übermittlung, z.B.

---

[681] Begr. des BTX-StV, B 2 zu Art 2 Abs. 3; vgl. Bartl, S. 105, Rdnr. 88. Dieser rundfunkrechtliche Nachrichtenbegriff ist der Ansatzpunkt für den unfruchtbaren Kompetenzstreit. Im Sinne diese Nachrichtenbegriffes besitzt der Bundesgesetzgeber keine Regelungskompetenz.

ob es sich um Sprache, Ton, Texte, Grafik oder Software handelt. Bei der Nachrichtenübermittlung nach § 15 TDSV kann es sich sowohl um Nachrichten im medienrechtlichen Sinn, als auch um die Übermittlung von Einzelmitteilungen, die Übermittlung von Software oder Computerspielen handeln. Gerade Presseagenturdienste sind ein wichtiger Bestandteil von Mailbox-Angeboten.

Im Ergebnis werden sämtliche Nachrichtentypen sowohl im BTX als auch in der Mailbox übermittelt oder zum Abruf bereitgestellt. Das BTX-Angebot der "Einzelmitteilung" ist ein Mailbox-Dienst. Die "schwarzen" oder "öffentlichen Bretter" in einer Mailbox haben den gleichen Charakter wie BTX-Seiten. Sie werden vom Mailbox-Betreiber zum Abruf von Informationen bereitgestellt. Sie unterscheiden sich von einer BTX-Seite in der Regel nur dadurch, daß verschiedenste Teilnehmer ihre Mitteilungen, Angebote, Anzeigen zum Abruf speichern, während im BTX in der Regel ein BTX-Seiten-Anbieter ein bestimmtes geschlossenes Dienstleistungsangebot präsentiert. Aber es handelt sich dabei nur um einen graduellen Unterschied. Eine öffentliche Mailbox, die einem Teilnehmer zugeordnet ist, entspricht auch hinsichtlich dieses Merkmals einem BTX-Seiten Angebot.

Auch die durch den Wortgebrauch naheliegende Differenzierung zwischen Nachrichten als bloßer Informationsübermittlung in Nachrichtenübermittlungssystemen einerseits und dem Angebot sonstiger Telekommunikationsdienstleistungen andererseits wird durch den Wortgehalt in § 15 TDSV nicht gedeckt. Die Bereitstellung von Telekommunikationsdienstleistungen, wie das Fernbestellen oder die Bereitstellung von Computerspielen oder Software im Rahmen eines Mailbox-Dienstes ist auch eine Nachrichtenübermittlung i.S.d. § 15 TDSV. Nachrichtentechnisch ist der Dialog eines Teilnehmers mit einem Computerspiel oder einem Fernbestellungsprogramm exakt dasselbe wie das Hinterlegen einer Nachricht in einem elektronischen Briefkasten. Derartige Dienstleistungen, die man idealtypisch BTX zuordnen würde, lassen sich genauso unter den Begriff Nachrichtenübermittlungssysteme subsummieren.

Selbst eine historische Betrachtung bestätigt diesen Befund. Bei der Entwicklung von BTX haben sich Postverwaltung und der Entwickler - in Deutschland IBM - an den Erfahrungen mit Mailboxen in den USA orientiert. BTX ist nur ein besonders mächtiges Mailbox-System, das als Monopoldienst konzipiert wurde und stark durchhierarchisiert ist. Durch den frühen rechtlichen Rahmen, den BTX durch den BTX-Staatsvertrag der Länder erfahren hat, ergeben sich noch spezifische organisatorische Merkmale. Beim BTX besteht ein vertragliches Dreiecksverhältnis zwischen Nutzer, BTX-Betreiber und BTX-Seitenanbieter. Der Nutzer geht im Fall der Nutzung einer BTX-Dienstleistung eine vertragliche Beziehung sowohl mit dem BTX-Seitenanbieter hinsichtlich der Seitennutzung sowie mit dem BTX-Betreiber hinsichtlich der Dienstteilnahme und der Leitungskosten ein. Aus Gründen des Datenschutzes wird das Inkasso für die Teilnahme am Dienst, die Leitungskosten und Nutzung der Seiten durch den Betreiber wahrgenommen, der die Nutzungskosten für die BTX-Seiten an den Anbieter weiterleitet. Der Anbieter erfährt nicht, welche Seiten der Teilnehmer aufgerufen hat, da BTX aufgrund der rechtlichen Vorgaben so gestaltet wurde, daß die Gebühren nur auf eine Leitseite bezogen berechnet werden, die Verbindungsdaten für die im einzelnen aufgerufenen Angebote aber vom BTX-Betreiber gelöscht werden müssen. Aufgrund der Datenschutzbestimmungen im BTX erhält der Anbieter die Abrechnungsdaten des BTX-Betreibers, also die Daten darüber, wer wann, wie oft unter welchen BTX-Leitseiten Angebote abgerufen hat, nur im Falle von Zahlungsstörungen zum Zwecke der gerichtlichen Durchsetzung [682].

Demgegenüber sind Mailboxen organisatorisch anders konzipiert. Der Mailbox-Betreiber bietet ein Bündel von Leistungen aus einer Hand. Der Mailbox-Teilnehmer hat meistens eine vertragliche Beziehung mit dem Mailbox-Betreiber einerseits, welcher ihm Mailboxen, Datenbanken und externe Netzzugänge als Dienstleistungspaket anbietet und andererseits mit dem Netzbetreiber über die Netznutzung.

Diese organisatorischen Unterschiede sind in hohem Maße historisch und durch rechtliche Vorgaben (Inkasso-Verfahren) bedingt, die sich auf einen BTX-Betreiber beziehen, der gleichzeitig Netzbetreiber ist. Sie erlauben aber keine prinzipielle Unterscheidung zwischen Mailbox-Diensten und BTX. Zudem

---

[682]Danke: Bildschirmtext, in: Arnold, 5.1.9.1, S. 8 f.

gibt es vielfältige Mischformen. Eine Reihe von Mailbox-Diensten sind über BTX zugänglich und umgekehrt. Zum Teil speichern Anbieter, die Telekommunikationsdienste auch über einen BTX-Dienstübergang auf externen Rechnern anbieten, Verbindungsdaten und aufgerufene Angebote, die BTX-Seitenanbietern aus Gründen des Datenschutzes nicht zur Verfügung gestellt werden dürfen.

An die Feststellung, ob es sich um einen BTX-Dienst oder einen Mailbox-Dienst handelt, knüpfen sich unterschiedliche rechtliche Folgen:

Nach § 12 TDSV dürfen "personenbezogene Daten im BTX nur erhoben und verarbeitet werden, soweit und solange diese Daten für die Abwicklung der vom Kunden oder Mitbenutzer beanspruchten Informationsdienstleistung erforderlich sind". Diese Bindung an den Erforderlichkeitsgrundsatz bezieht sich auf die Datenverarbeitung des BTX-Betreibers zur Bereitstellung von Dienstleistungen zwischen Dritten - hier dem Teilnehmer und dem Anbieter.

Personenbezogene Daten des Kunden und des Mitbenutzers dürfen zur Übermittlung von Dialogdaten dürfen nur gespeichert und verarbeitet werden, soweit und solange dies erforderlich ist. Die Speicherung dieser Daten zur Datenwiedergewinnung bei Systemausfällen ist für einen Zeitraum von längstens 14 Tagen zulässig. Daten, die Rückschlüsse auf das vom Kunden abgerufene einzelne Angebot ermöglichen, dürfen nur gespeichert werden, um das Zurückblättern und den Rücksprung zu ermöglichen und nur für die letzten sechs Seitennummern (§ 12 Abs. 1 UDSV). Neu in die TDSV-E wurde aufgenommen, daß den Informationsanbietern mit Einwilligung des Kunden auch personenbezogene Daten zur Verfügung gestellt werden dürfen, die Rückschlüsse auf die Inanaspruchnahme des einzelnen Angebots zulassen, sofern der Kunde schriftlich erklärt hat, daß er alle zum Haushalt gehörenden Mitbenutzer des Bildschirmtextes darüber informiert hat.

Nicht abgerufene Mitteilungs- und Antwortseiten sind nach Ablauf von längstens sechzig Tagen zu löschen. Diese Löschungsfrist enthält § 15 TDSV nicht.

Weiterhin schreibt die TDSV entsprechend der Regelung im BTX-Staatsvertrag das bereits oben dargestellte Inkasso-Verfahren vor. Diese Daten dürfen nach der TDSV-E acht statt sechs Monate gespeichert werden.

Demgegenüber sichert § 15 UDSV primär die Verfügungsgewalt des Teilnehmers über von ihm gespeicherte Mitteilungen. Die Daten dürfen nur im Rahmen der Verfügungen des Kunden verarbeitet werden. Über Inhalt, Umfang und Art der Verarbeitung entscheidet ausschließlich der Kunde. Der Betreiber der Nachrichtenübermittlung darf weder den Inhalt noch den Umfang der durch den Kunden eingegebenen Daten verändern. Auch eine Verarbeitung darf auf Weisung und im Rahmen der Weisung des Kunden erfolgen. Jede eigene Verarbeitung der zwischengespeicherten Daten durch den Betreiber ist unzulässig. Die Datenverarbeitung muß ausschließlich in den Fernmeldeanlagen des Betreibers erfolgen. Eine Datenverarbeitung im Auftrag ist ohne Verfügung des Kunden unzulässig (§ 15 Abs. 1 Nr. 1 TDSV). Nur der Kunde bestimmt, wer auf die Daten zugreifen darf oder an wen die Daten übermittelt werden. Der Betreiber eines Nachrichtenübermittlungssystems hat keinen eigenen Verfügungsspielraum bei der Datenverarbeitung des Kunden.

Von ihrem Regelungsgegenstand her verhalten sich § 12 u. § 15 TDSV teilweise überschneidend, teilweise komplementär zueinander. Das führt zu dem rechtsdogmatischen Ergebnis, daß Mailbox-Dienste den BTX-Bestimmungen von § 12 TDSV unterliegen können und zusätzlich hinsichtlich des Umganges mit Inhaltsdaten § 15 TDSV.

Dieses rechtsdogmatische Ergebnis ist insofern erstaunlich als der Verordnungsgeber nirgendwo in der Begründung das Ziel artikuliert hat, alle Mailbox-Dienste den BTX-Regelungen zu unterwerfen. Diese Bestimmungen sind rechtssystematisch unausgereift und mittlerweile durch die Entwicklung, z.B. zum Datex-J, Telekom Online und Internet, überholt. Einbezogen werden müssen auch neue Kommunikationsdienste wie Digital Video Broadcasting (DVB) [683]. Soweit es sich um Kommunikati-

---

[683] Vgl. Hege: OffeneWege in die digitale Zukunft, 1995; Eberle, ZUM 95, S. 763.

onsdienste handelt, die jeweils an einzelne Teilnehmer adressiert sind oder nur von einzelnen Teilnehmern empfangen werden können, greifen keine medienrechtlichen Regelungen, sondern bedarf es telekommunikationspezifischer Regelungen.

Das PTRegG und TKG-E macht zur Frage von Telekommunikationsdiensten keine Vorgaben. Es bedarf genereller gesetzlicher Regelungen für Telekommunikationsdienste über

- die Rechte des Nutzers von Mailboxen und anderen Diensten;

- die Daten, die ein Telekommunikationsdiensteanbieter im Rahmen seiner Angebote und zur Abrechnung verarbeiten darf, einschließlich Haftungs- und Schadensersatzregelungen bei Verstoß;

- technische und organisatorische Sorgfaltspflichten, einschließlich Aufklärungspflichten und Haftung, die einem Telekommunikationsdiensteanbieter obliegen;

- Anforderungen zur Gewährleistung der Rechtssicherheit im elektronischen Geschäftsverkehr und gerichtsfeste Anerkennung elektronischer Autorisierungen, wie z.B. der digitalen Signatur.

Im Verhältnis zwischen Teilnehmer und BTX-Seitenanbieter steht § 14 a FAG bzw. § 86 Abs. 4 TKG-E neben der teilweise präziseren Regelung in Art. 10 Abs. 6 des BTX-StV der Länder [684]. Die Regelung im BTX-Staatsvertrag kann allerdings nur für medienspezifische Telekommunikationsdienste Geltung beanspruchen [685]. Dem BTX-Staatsvertrag ist durch die Umwandlung von BTX in Datex-J diese Geschäftsgrundlage weitgehend entzogen worden [686]. Für Telekommunikationsdienste im übrigen besitzt der Bund die ausschließliche Gesetzgebungs-

---

[684]BTX-StV, neugefaßt durch Art. 6 des Staatsvertrages über den Rundfunk im vereinten Deutschland, unterzeichnet durch die Ministerpräsidenten am 31.8.1991.

[685]Vgl. Scherer: Rechtsprobleme des Datenschutzes bei den neuen Medien, S. 49 ff.; Bartl, S. 18 f.

[686]Vgl. § 41 BDSG; entsprechende Bestimmungen in den Landesmedien- und den Landesrundfunkgesetzen.

kompetenz (Art. 73 Abs. 1 Nr. 7 GG). Darüberhinaus kann er von seiner konkurrierenden Gesetzgebungskompetenz als Annexkompetenz zum Recht der Wirtschaft aus Art. 74 Nr. 11 GG Gebrauch machen. Im übrigen kann der Bundesgesetzgeber aus seiner Bedürfniskompetenz nach Art. 72 Abs. 2 GG zur Wahrung der Rechts- und Wirtschaftseinheit die landesgesetzliche Regelung verdrängen, auch eine ländereinheitliche Regelung, wie den BTX-Staatsvertrag [687]. Der Bund besitzt hinreichende Kompetenzen für bundeseinheitliche Regelungen der Telekommunikationsdienste. Angesichts der Entwicklung von Multimediadiensten bedarf es einer generellen bundes- und europaweiten Regelung von Telekomunikationsdiensten, unabhängig davon, ob sie im Internet im Mobilfunknetz oder auf einem DVB-Kanal angeboten werden.

3.3.8 Fernwirk- und Fernmeßdienste

Fernwirk- und Fernmeßdienste besitzen eine besondere über die bisher behandelten Risiken hinausgehende Eingriffsqualität. Mit Hilfe von Fernmeßdiensten lassen sich Profile über Verhaltensgewohnheiten von Menschen erstellen. Dies gilt auch für Fernwirkdienste, insoweit sie auf zuvor vorgenommene Messungen reagieren. Fernwirkdienste können aber auch zur mittelbaren Steuerung menschlicher Verhaltensweisen führen.

Anwendungen wie Heizungssteuerung, Überwachen von Klimaanlagen, Beleuchtungssteuerung, Brand- und Einbruchsüberwachung, Alten- und Behindertenhilfe, Fernablesen können über das ISR und das Fernmeldegeheimnis hinaus, Eingriffe in den Schutzbereich der Wohnung nach Art.13 GG darstellen [688]. Fernwirk- und Fernmeßdienste werden im Bereich von Verkehrstelematiksystemen einen großen Anwendungsbereich finden. In

---

[687]Vgl. Maunz in Maunz / Dürig / Herzog: Komm. z. GG, München 1994, Art. 72 Rdnr. 17 ff. Scherer: Rechtsprobleme des Datenschutzes bei den neuen Medien, S. 49 ff.

[688]Vgl. die ausführliche Risikountersuchung von Schrempf: Datenschutz bei TEMEX - Risiken von Fernwirkdiensten und Möglichkeiten einer datenschutzgerechten Technikgestaltung, 1990, S. 19 ff.

diesem Bereich wären Eingriffe in das Freizügigkeitsrecht nach Art. 11 GG grundsätzlich denkbar.

Art. 13 GG schützt als weitere Konkretisierung des allgemeinen Persönlichkeitsschutzes die räumliche Privatsphäre. Im Unterschied zum ISR und Post- und Fernmeldegeheimnis schützt Art. 13 GG nicht nur die Kommunikationssphäre, sondern vor allem die räumliche Privatsphäre vor staatlichen Eingriffen und Beeinträchtigungen [689]. Selbstverständlich ist der Einsatz von Steuerungs- und Überwachungstechniken im Wohnbereich durch Fernwirkdienstleistungen ohne Zustimmung des Betroffenen unzulässig. Der räumliche Bereich der Privatsphäre unterliegt dem Grundrecht der Unversehrtheit der Wohnung. In dieses Grundrecht darf gegen den Willen des Betroffenen nur zu ganz wenigen Zwecken eingegriffen werden, die in Art. 13 Abs. 2 und 3 GG aufgezählt werden. Werden zur Erbringung von Fernwirk- und Fernmeßdiensten personenbezogene Daten erhoben und verarbeitet, ist zudem der Schutzbereich des ISR betroffen. Natürlich kann der Betroffene wie bei Art. 10 GG Eingriffe zulassen. Art. 13 GG schützt ebenfalls unmittelbar nur vor Maßnahmen staatlicher Stellen. Im privaten Bereich ist Art.13 GG lediglich mittelbar anwendbar, indem der Gesetzgeber zur Wahrung der Privatsphäre im Wohnungsbereich ebenfalls Schutzpflichten besitzt.

Die Freizügigkeit von Deutschen im Bundesgebiet darf ebenfalls nur durch oder aufgrund eines Gesetzes zu wenigen, bestimmten Zwecken, die in Art. 11 Abs.2 GG aufgezählt werden, beschränkt werden. Verkehrssteuerung ist, soweit sie nicht der Vermeidung besonders schwerer Unglücksfälle dient, kein zulässiger Einschränkungsgrund. Werden in Verkehrstelematiksystemen und Road-Pricing-Systemen personenbezogene oder personenbeziehbare Daten verarbeitet und genutzt, fällt dies in den Schutzbereich des ISR.

Telekommunikationsdienstleistungstypisch müssen die mehrseitigen Rechtsbeziehungen spezifisch betrachtet werden. Zu unterscheiden ist zwischen dem Fernwirk- oder Fernmeßanbieter, dem

---

[689]AK - GG - Berkemann, " 2. Aufl. Art. 13 Rdnr. 29; Schmidt-Bleibtreu / Klien: Komm. z. GG., 7. Aufl., 1990, Art. 13 Rdnr. 2.

Telekommunikationsdiensteanbieter, der Fernwirk- und Meßsysteme betreibt, und dem Teilnehmer, bei dem gemessen oder gesteuert wird. Die Beteiligten haben untereinander in der Regel Vertragsbeziehungen. Die Fernwirk- oder Fernmeßdienstleistung erfolgt regelmäßig aufgrund eines Vertrages zwischen dem Teilnehmer und dem Anbieter.

Die Regelungen in der TDSV beziehen sich hauptsächlich auf die Datenverarbeitung durch den Telekommunikationsdiensteanbieter. Danach dürfen Fernwirk- oder Fernmeßinformationen, die personenbezogene Daten beinhalten, nur solange von Telekommunikationsunternehmen gespeichert werden, wie es für die Übermittlung der Daten erforderlich ist, d. h., diese Daten dürfen nicht über den Übermittlungsvorgang hinaus gespeichert und verarbeitet werden. Bei allen nicht-personenbezogenen Fernwirk- oder Fernmeßinformationen ist eine weitere Verarbeitung, z.B. weitere Aufbereitung in einer Zentrale des Telekommunikationsanbieters, zulässig. Die rechtliche Verantwortung für die Rechtmäßigkeit der übermittelten Daten liegt bei dem jeweiligen Fernwirk- und Fernmeßanbieter. Die Telekommunikationsunternehmen müssen die Zulässigkeit der Abrufe nur anlaßbezogen prüfen.

Verträge über die Übermittlung von Fernwirk- oder Fernmeßinformationen zur Verbrauchsermittlung dürfen die Telekommunikationsunternehmen nur mit Versorgungsunternehmen abschließen. Daten zur Verbrauchsübermittlung dürfen nur vier Tage zwischengespeichert werden und müssen spätestens dann an das auftraggebende Versorgungsunternehmen übermittelt und bei den Netzträgern gelöscht werden. Die Übermittlung von Verbrauchsdaten ist zudem nur zulässig, soweit sie zur Abrechnung des verbrauchten Gutes erforderlich sind. Die Erforderlichkeit hat das Versorgungsunternehmen nachzuweisen. Der Telekommunikationsdiensteanbieter ist und soll dazu nicht in der Lage sein. Insofern besteht für eine derartige Regelung in der TDSV keine Ermächtigungsgrundlage.

Die Datenverarbeitung der Telekommunikationsdienstleistungsanbieter von Fernwirk- und Fernmeßsystemen ist beschränkt auf die personenbeziehbaren Daten, die zur Erbringung der Dienstleistung erforderlich sind (§ 14 a Abs. 1 FAG). Demgegenüber unterliegt die Datenverarbeitung der Fernwirk- und Fernmeßanbieter für eigene Zwecke dem BDSG. Einige Bundesländer haben bereichsspezifische Regelungen zu Fernwirk- und Fernmeßsystemen in den Landesmediengesetzen [690] oder -datenschutzgesetzen [691].

Während sich für den Datenschutz bei Telekommunikationsdienstleistungsanbietern von Fernwirk- und Fernmeßsystemen eine ausschließliche Gesetzgebungskompetenz des Bundes als Annex aus der Kompetenz für die Telekommunikation ergibt [692], besteht für das Verhältnis der Fernwirk- und Fernmeßanbieter und den Teilnehmer eine konkurrierende Gesetzgebungskompetenz als Annex-Kompetenz aus dem Recht der Wirtschaft (Art. 74 Nr. 11 GG). Der Bundesgesetzgeber hat mit dem BDSG diesen Bereich nicht abschließend geregelt [693]. Diese landesgesetzlichen Regelungen sind durch die konkurrierende Gesetzgebungskompetenz gedeckt und gelten insoweit für das jeweilige Bundesland.

Die vier landesgesetzlichen Regelungen unterscheiden sich bereits im Anwendungsbereich. Die Gesetzesbestimmungen von Bayern und Berlin umfassen natürliche und juristische Personen gegenüber öffentlichen und privaten Betreibern. Demgegenüber schützen die hessischen und nordrhein-westfälischen Bestimmungen nur natürliche Personen gegenüber öffentlichen Stellen. Berlin und NRW beschränken den Schutz auf die Wohnung.

Allen landesgesetzlichen Regelungen gemeinsam ist das Einwilligungserfordernis des Betroffenen bei einer Fernwirk- und Fernmeßanwendung. Berlin und NRW schreiben ausdrücklich das Schrifterfordernis vor, das aber auch ohne Nennung in der bereichsspezifischen Norm aufgrund § 4 Abs. 2 BDSG zum Zuge kommt. Das MEG und DSG NW ermöglichen dem Betroffenen eine jederzeitige Widerrufsmöglichkeit. Nach dem KPPG und

---

[690]Vgl. § 53 KPPG, Art. 33 MEG.

[691]§ 36 Hes. DSG; § 30 DSG NW.

[692]Scherer: Rechtsprobleme des Datenschutzes bei den neuen Medien, S.143.

[693]Vgl. Auernhammer: Komm. z. Bundesdatenschutzgesetz, 1994, 3. Aufl., Einführung Rdnr. 32; Schaffland / Wiltfang: Komm. z. BDSG, Loseblatt, Einleitung 0500, S. 5.

DSG NW gilt das Abschalten im Zweifel als Widerruf. Hessen hat keine ausdrückliche Regelung.

Bis auf Hessen enthalten alle Landesgesetze eine Unterrichtungspflicht [694]. Danach ist der Betroffene vorher ausdrücklich "über den Verwendungszweck sowie über Art, Umfang und Zeitraum des Einsatzes" zu informieren. Bayern und NRW sehen ein Benachteiligungsverbot vor. Danach darf die Erbringung einer Dienstleistung nicht von der Zustimmung zu einer Fernwirk- und Fernmeßanwendung abhängig gemacht werden [695], soweit die Eigenart des Dienstes dies nicht erfordert.

Ferner schreiben Berlin und NRW eine bestimmte technische Gestaltung der Endeinrichtungen zur Kontrolle durch den Teilnehmer vor. Die Einrichtung von Fernmeß- und Fernwirkdiensten ist nur zulässig, wenn der Teilnehmer an der Endeinrichtung erkennen kann, ob eine Anwendung aktiv ist. Versorgungsunternehmen sind in NRW allerdings von dieser Verpflichtung ausgenommen [696].

Diese disparate Gesetzeslage in Deutschland für einen flächendeckend eingeführten Dienst ist für Anwender wie Betroffene unbefriedigend und sollte gegebenenfalls durch den Bundesgesetzgeber aufgrund seiner Kompetenz nach Art. 72 Abs. 2 GG beseitigt werden.

Erforderlich ist in der Rechtsverordnung die bundesweite Festlegung von Aufklärungspflichten und der ausdrücklichen schriftlichen Einwilligung, gerade auch im Rahmen vertraglicher Nebenklauseln, z.B. in Mietverträgen. Im Bereich der hier in Frage stehenden Versorgungsdienstleistungen kommt dem Benachteiligungsverbot eine wichtige Schutzfunktion zu. Die Freiwilligkeit darf nicht durch faktische Zwänge untergraben werden. Insbesondere in Bereichen mit Kontrahierungszwang (z.B. Anschlußpflicht der Energieversorgungsunternehmen) oder faktischen Monopolen bei bestimmten wichtigen Leistungen be-

---

[694] § 53 Abs. 1 S. 2 KPPG, Art. 33 Abs. 1 MEG Bay., § 30 Abs. 1 S. 1 DSG NRW.

[695] § 30 Abs. 2 DSG NRW und § 53 Abs. 1 MEG.

[696] § 30 Abs. 1 S. 3 DSG NRW.

steht eine große Gefahr, daß die Einwilligung in derartige Verfahren zum unabdingbaren Bestandteil vertraglicher Nebenpflichten gemacht wird. Dies gilt umso mehr, als sich einige große Versorgungsunternehmen selbst zu Telekommunikationsdienstleistungsanbietern entwickeln. Sinnvoll erscheint auch die Festlegung von Anforderungen an die Endgeräte, die die Kontrollierbarkeit durch den Teilnehmer ermöglichen. Der Schutz des Teilnehmers vor unerkanntem Mißbrauch muß durch entsprechende technische Maßnahmen verbessert werden.

Gesetzessystematisch sollten sich die Regelungen im Bereich von Fernwirk- und Fernmeßsystemen auf die Telekommunikationsdienstleistungsanbieter beziehen. Für große Fernwirk- und Fernmeßsysteme, wie sie im Bereich der Verkehrstelematik entwickelt werden oder im Bereich der Versorger und im Bereich der Medien möglich sind, sind weitere spezifische Regelungen erforderlich.

3.3.9   Technische und organisatorische Maßnahmen

§ 12 Abs. 5 u. § 15 Abs. 2 TDSV enthalten gesetzliche Verpflichtungen zu technischen und organisatorischen Maßnahmen des Datenschutzes und der Datensicherheit. Mailbox- und BTX-Betreiber haben technische und organisatorische Maßnahmen zur Sicherung personenbezogener Daten bzw. der Nachrichteninhalte vor unbefugter Offenbarung nach dem jeweiligen Stand der Technik zu treffen. Diese Maßnahmen sind nur erforderlich, wenn ihr Aufwand in einem angemessenen Verhältnis zum angestrebten Schutzzweck steht. In diesem Rahmen besteht eine Verpflichtung zur Anpassung der Sicherheitsmaßnahmen an den Stand der Technik.

Die Regelungen in § 10 a FAG und § 84 TKG-E sind wesentlich dezidierter. § 10 a FAG und § 84 Abs. 3 TKG-E ermächtigt den Bundesminister für Post- und Telekommunikation zu einer Rechtsverordnung über Sicherheitskonzepte. § 84 TKG-E schreibt noch dezidierter vor, daß die Regulierungsbehörde im Benehmen mit dem Bundesamt für Sicherheit in der Informationstechnik nach Anhörung von Verbraucherverbänden und von Wirtschaftsverbänden der Hersteller und Betreiber von Telekommunikationsanlagen einen Katalog von Sicherheitsanforderungen für das Betreiben von Telekommunikations- und Datenverarbeitungssystemen erstellen soll, um eine nach dem Stand der Technik angemessene Standardsicherheit zu erreichen. Dem Bundesbeauftragten für den Datenschutz muß Gelegenheit zur Stellungnahme gegeben werden. Danach ist der Katalog im Bundesanzeiger zu veröffentlichen. Die lizenzpflichtigen Betreiber von Telekommunikationsanlagen haben einen Sicherheitsbeauftragten zu benennen und ein Sicherheitskonzept zu erstellen. Das Sicherheitskonzept muß eine Beschreibung der eingesetzten Telekommunikationsanlagen und -dienstleistungen, eine Beschreibung der Gefährdungen und der getroffenen und geplanten Schutzmaßnahmen beinhalten. Das Sicherheitskonzept ist der Regulierungsbehörde vorzulegen, verbunden mit einer Erklärung, daß die darin aufgezeigten technischen Vorkehrungen und sonstigen Schutzmaßnahmen umgesetzt sind oder bis zu einem bestimmten Zeitpunkt umgesetzt werden. Stellt die Regulierungsbehörde im Sicherheitskonzept oder bei dessen Umsetzung Sicherheitsmängel fest, so kann sie vom Betreiber deren Beseitigung verlangen.

Gesetzessystematisch sollten die Bestimmungen zu technischen und organisatorischen Maßnahmen in der Rechtsverordnung konsequent auf diese Bestimmung Bezug nehmen.

Zudem fehlen die Anforderungen, die der geänderte Entwurf der EG-Richtlinie zum Telekommunikationsdatenschutz vorsieht. Danach müssen im Fall von besonderen Risiken für die Netzsicherheit die Teilnehmer von den Telekommunikationsorganisationen informiert werden. Zusätzlich müssen ihnen Verschlüsselungstechniken angeboten werden [697].

4. Zusammenfassende Bewertung

Mit der Abschaffung des Fernmeldeanlagenmonopols und der Entwicklung einer marktförmigen Organisation der Telekommunikation tritt die institutionelle Dimension des Fernmeldegeheimnisses in den Vordergrund. Richtigerweise müßte man heute vom Telekommunikationsgeheimnis sprechen. Das Tele-

---

[697] Art. 4.

kommunikationsgeheimnis beschränkt sich nicht auf seinen Charakter als Abwehrrecht gegenüber staatlichen Eingriffen, sondern hat die Funktionsweise bestimmter Lebensbereiche zu garantieren und stellt diese sowohl aus historischen Erfahrungen als auch erkennbaren zukünftigen Risiken für grundrechtliche Freiheiten unter den besonderen Schutz der Verfassung. Im Gegensatz zu Carl Schmitt, der in der Weimarer Republik die institutionelle Garantie des Eigentumsrechtes herausarbeitete, um die Institution des Eigentums gegenüber dem Gesetzgeber zu immunisieren [698], geht es hier um die umgekehrte Schutzrichtung [699]. Der Gesetzgeber hat Schutzpflichten, um diese Institution durch gesetzgeberische Maßnahmen auch im privaten Bereich zu gewährleisten. Aufgrund dieser verfassungsrechtlichen Verpflichtung muß der Gesetzgeber den Verlust der unmittelbaren Wirkung von Art. 10 GG in weiten Bereichen der Telekommunikation durch entsprechende gesetzgeberische Maßnahmen ausgleichen, die diesem Grundrecht zu einer mittelbaren Wirkung verhelfen.

Das Telekommunikationgeheimnis ist gegenüber dem traditionellen Fernmeldegeheimnis auch dadurch gekennzeichnet, daß die Prinzipien des ISR und des Datenschutzrechtes zu inkorporieren sind. In einem modernen Verfassungsrecht sollte sich dieser Wandel auch begrifflich niederschlagen - über die Formulierung eines telekommunikativen Selbstbestimmungsrechtes [700] bis hin zu einer eigenständigen Formulierung und Verschmelzung dieser Grundrechte. Insbesondere in einer Verfassung der Europäischen Union sollten diese Selbstbestimmungsrechte modern und zukunftsweisend formuliert werden. In anderen europäischen Verfassungsordnungen besitzt das Fernmeldegeheimnis oft nicht einmal eine mittelbare Drittwirkung.

Die jüngere deutsche Rechtsprechung [701] hat verfassungswidrige Eingriffe zurückgewiesen, die die staatliche Verkehrsanstalt Post

---

[698]Vgl. Schmitt: Verfassungslehre, 1970, S.180.

[699]Vgl. Preuß: Die Internalisierung des Subjekts, 1979, S. 125.

[700]Vgl. Roßnagel, KJ 90, S. 267.

[701]BVerfGE 85, 386; OVG Bremen, CR 94, S. 700 ff.

mit obrigkeitsstaatlicher Selbstverständlichkeit über Jahrzehnte vorgenommen hatte. Es ist eine Ironie der Geschichte, daß der DBP eine jahrzehntelange verfassungswidrige Praxis untersagt wurde, als ihr eigenes Ende schon beschlossen war. Trotzdem markiert diese Rechtsprechung nach einer gefestigten anderslautenden Rechtsprechung einen wichtigen Wendepunkt für die Zukunft der Telekommunikation. Ohne daß das BVerfG und das OVG Bremen die Frage der mittelbaren Drittwirkung und der Schutzpflichten des Gesetzgebers klären mußten, hatte das "Fangschaltungs-Urteil" Auswirkungen auf den Gesetzgebungsprozeß bei der Postreform II und III. Es wurden keine Stimmen laut, sich durch die Privatisierung dem Regelungsauftrag des BVerfG zu entziehen. Normadressat der Regelungen im FAG, PTRegG und TKG-E sind alle Telekommunikationsdiensteanbieter in gleicher Weise.

Eine neue Verordnung sollte sich nicht wie die TDSV-E auf die durch das Fangschaltungsurteil des BVerfG erforderlichen Änderungen beschränken. Der historisch bedingte Konstruktionsfehler der Rechtsverordnungen, als rechtlichen Anknüpfungspunkt vom Netzmonopol auszugehen , wird auch in der TDSV-E nicht hinreichend beseitigt. Damit wird der Ausdifferenzierung der Telekommunikationsnetze zu einem Multibetreibernetz nicht sachgerecht Rechnung getragen mit zum Teil falschen und nicht umsetzbaren Ergebnissen. Die Ausweitung des Geltungsbereiches der Verordnung wird dadurch konterkariert, daß Unternehmen und Diensteanbieter in der Verordnung nicht sauber definiert werden. Dadurch entstehen in den Einzelbestimmungen vielfache Unklarheiten. Teilweise wird den Telekommunikationsdiensteanbietern mit der TDSV-E die Möglichkeit zur Datenverabeitung in Bereichen abgeschnitten, wo sie sie zur Zeit haben und sie auch für ihre Tätigkeit erforderlich ist, teilweise werden ihnen Verpflichtungen auferlegt, die nur die Netzbetreiber erfüllen können, zum Teil sind sie kein Normadressat, wo sie Normadressat sein müßten.

Der Geltungsbereich der Datenschutzverordnung wird sowohl im TKG-E als auch in der TDSV-E ohne Begründung auf gewerbliche und damit entgeltliche Telekommunikationsangebote beschränkt. Vom grundrechtlichen Schutz sowohl des Telekommunikationsgeheimnisses als des ISR ist es nicht zu rechtfertigen, warum unentgeltliche aber geschäftsmäßige Telekommunikationsdienste, z.B. von politischen Organisationen, Vereinen, Interessengruppen, Sekten usw. von den bereichsspezifischen Datenschutzregelungen ausgenommen werden. Damit fällt ein nicht unerheblicher, grundrechtlich relevanter Teil von Telekommunikationsdienstleistungen nicht mehr unter den Geltungsbereich der Verordnung.

Im FAG und im PTRegG fehlt ein Hinweis auf die jeweiligen Einschränkung des Art. 10 Abs. 1 GG. Aufgrund dieser Verstöße gegen das Zitiergebot sind die Eingriffsbestimmungen in den beiden Gesetzen verfassungswidrig, soweit für Telekommunikationsdienstleistungen eine unmittelbare Grundrechtsbindung besteht. Darunter fallen alle Telekommunikationsdienste, die noch aufgrund ausschließlicher Rechte oder als Pflichtleistungen erbracht werden. Diese Verfassungsverstöße werden durch die weitere Regulierung durch das TKG-E geheilt. Im TKG-E wird dem Zitiergebot in § 88 Abs. 5 bei der Kontrolle und Aufsicht durch die Regulierungsbehörden und dem Bundesbeauftragten für den Datenschutz Rechnung getragen. Im übrigen liegt kein Grundrechtseingriff mehr vor.

§ 10 PTRegG und § 86 TKG-E entsprechen weiterhin in einigen Punkten nicht den verfassungsrechtlichen und den voraussichtlichen EG-rechtlichen Anforderungen.

§ 10 PTRegG und § 86 TKG-E enthält keine Vorgaben zum Schutz des angerufenen Teilnehmers. Eine solche Regelung wird immer bedeutsamer, da zukünftig persönliche und nicht mehr gerätebezogene Rufnummern vergeben werden. Jedes Endgerät ist dann mit dieser Nummer programmierbar. Die Chipkarte im Mobilfunk besitzt schon heute faktisch die Funktion einer persönlichen Rufnummer. Im Festnetz wäre dann jeder Teilnehmer persönlich - europa- und möglicherweise einmal weltweit - adressierbar [702]. Dies würde für Telekommunikationsdienstleistungen ganz neue Möglichkeiten eröffnen, aber macht umso mehr einen Schutz der Zielnummer datenschutzrechtlich

---

[702]Vgl. Kap. II 1.1.7.

erforderlich [703]. Falls es mildere Mittel des Eingriffes - insbesondere auch technische - gibt, muß der Gesetzgeber diese vorsehen [704]. Das OVG Bremen sieht als milderes Mittel heute eine generelle Verkürzung der Rufnummer um drei Stellen spätestens vier Tage nach Verbindungsende für den Übergangszeitraum bis zu einer verfassungsgemäßen rechtlichen Regelung vor. Dies kann in der Tat nur für einen Übergangszeitraum gelten, da eine generelle Verkürzung, wie dargestellt, der Entwicklung der Dienstleistungen in der Telekommunikation nicht gerecht wird. Bei der Gestaltung intelligenter Netzwerke könnte ein Dienst zur Verfügung gestellt werden, der es dem Angerufenen technisch ermöglichen würde, eine Löschung seiner Zielnummer auf Wunsch zu erreichen [705]. Es müssen verbindliche Anforderungen an die Netzgestaltung, gegebenenfalls über Normen, gestellt werden. Der Gesetzgeber kann Anforderungen und Fristen, wie er es bei der Regelung zur Unterdrückung der Rufnummernanzeige im Euro-ISDN bereits getan, festlegen. Da derartige technische Implementationen - zumal, wenn sie genormt werden müssen - zeit- und kostenintensiv sind, müssen Fristen und befristete Übergangsregelungen geschaffen werden. Der Gesetzgeber muß Schutzmaßnahmen aber auch als Anforderung an die zukünftige Gestaltung des Netzes, vorsehen.

Eine Ausweitung des Eingriffs durch Ermittlungs- und Sicherheitsbehörden durch Online-Zugriffe auf die Kundendaten der Telekommunikationsanbieter ist unverhältnismäßig. Die Abfragen der Ermittlungsbehörden müssen weiterhin auf ihre Rechtmäßigkeit regelmäßig überprüft werden können. Die Wahrung der Verhältnismäßigkeit muß durch geeignete Kontrollverfahren gewährleistet bleiben. Die sich in der FÜV andeutende Tendenz der Abwälzung der Ermittlungskosten auf die Telekommunikationsdiensteanbieter kann zu einer unverhältnismäßigen Inanspruchnahme diese Mittels in der Praxis führen.

---

[703]Vgl. Dix, DuD 94, S. 484 ff.

[704]Vgl. OVG Bremen, OVG 1 BA 30/92, S. 26 = CR 94, S. 700 ff.

[705]Siehe Niederlande Kap. IV 9.

Im Fall der Identifizierung von Anschlüssen und der Fangschaltung muß der Gesetzgeber auch regeln, wer der Träger des Verfahrens sein soll. Dies kann im konkreten Fall, wie dargestellt, keiner Durchführungsregelung durch den Verordnungsgeber überlassen bleiben.

Die Beratungsstellenregelung in § 6 Abs. 9 S. 5 UDSV, nach der auch die Tatsache eines Gespräches mit einer im Sinne der Verordnung anerkannten Beratungsstelle aus dem EGN nicht erkennbar sein darf, ist nicht hinreichend bestimmt und geeignet. Der Verordnungsgeber muß eine andere Regelung vorsehen, z.B. wie die Lösung der PTT in den Niederlanden [706]. Das Verfahren zur Anerkennung von Beratungsstellen muß neu geregelt werden. Es handelt dabei um eine typische Regulierungsaufgabe, die eine unabhängige Regulierungsinstitution durchführen muß, deren Entscheidung dann für das gesamte Netz und sämtliche Betreiber verbindlich ist.

Die TDSV-E enthält keine Vorschrift zum Mithören und Aufzeichnen. Hier ist verfassungs- und EG-rechtlich eine Regelung geboten. Angesichts der technischen Entwicklung und der massenhaften alltäglichen Handhabung der Komfortfunktionen ist das Selbstbestimmungsrecht über das eigene Wort nur über technische Maßnahmen einigermaßen zu wahren. Bei der Integration dieser Funktion in das Endgerät, aber auch bei der Bereitstellung einer Schnittstelle im Endgerät zur Aufnahme von Gesprächen müßte die Aktivierung ein Warnsignal für den anderen Gesprächspartner auslösen. Dabei ist es durchaus möglich, daß bestimmte technische Lösungen rechtlich vorgeschrieben werden [707]. Leider ist die Kommission von einer derartigen Vorschrift im ersten Entwurf zu einer Telekommunikationsdatenschutz-Richtlinie wieder abgerückt. Zumindest müssen die Mitgliedstaaten aber sicherstellen, daß Geräte zum Mithören nur nach Genehmigung der zuständigen Behörden eingesetzt werden dürfen, und daß der Inhalt von Telefongesprächen nur für den eigenen Gebrauch aufgenommen oder Dritten zugänglich gemacht werden darf, wenn der andere Teilnehmer zugestimmt hat.

---

[706]Kap. IV 9.

[707]Vgl. BAG, RDV 91, S. 79 (82).

Die Regelungen zur Aufklärung sowie Unterbindung von Leistungserschleichungen und sonstiger rechtswidriger Inanspruchnahme des Telekommunikationsnetzes und seiner Einrichtungen sowie der Telekommunikations- und Informationsdienstleistungen müssen auch Diensteanbieter einbeziehen, wie es in der Ermächtigungsnorm vorgesehen ist.

Die Regelungen zu Telekommunikationsdiensten wie Mailboxen und Online-Diensten müssen gesetzessystematisch und inhaltlich völlig neu gestaltet und kategorisiert werden. Sie sollten generell auf Dienstleistungen dieser Kategorie in verschiedenen Netzen vom ISDN bis zum Internet anwendbar sein.

Die Regelungen zu Fernwirk- und Fernmeßsystemen können in dieser Verordnung nur auf die Telekommunikationsdienstleistungsanbieter bezogen werden. Die disparaten landesrechtlichen Regelungsansätze sollten aufgenommen und bundesrechtlich harmonisiert werden. Für Fernwirk- und Fernmeßdienstleistungen ist ein einheitlicher, bundesrechtlicher Schutzstandard erforderlich. Die landesrechtlichen Regelungen sind sachlich und kompetenzrechtlich nicht mehr gerechtfertigt. Für große Fernwirk- und Fernmeßsysteme, wie sie im Bereich der Verkehrstelematik entwickelt werden oder im Bereich der Versorger und im Bereich der Medien möglich sind, sind weitere spezifische Regelungen erforderlich.

In eine neue Rechtsverordnung müßte die EG-rechtliche Anforderung aufgenommen werden, daß Teilnehmer, die das nicht wünschen, keine unerbetenen Anrufe erhalten, mit denen Werbung oder Verkaufsförderung bzw. -forschung betrieben werden. Zudem muß gewährleistet werden, daß Geräte zur Übermittlung automatischer Ansagen, die verkaufsfördernden oder werbenden Zwecken dienen, nur gegenüber Teilnehmern benutzt werden dürfen, die dem zugestimmt haben.

Das deutsche Telekommunikationsdatenschutzrecht sah bisher keine systematische Einbeziehung von Datenschutz- und -sicherheitsanforderungen an die technische Gestaltung vor. § 10 a FAG und § 84 TKG-E enthält jetzt derartige Anforderungen und eine eigene Ermächtigungsgrundlage für eine Rechtsverordnung auf dem Gebiet der Datensicherheit in der Telekommunikation. Es fehlt die Umsetzung der EG-rechtliche Anforderung, daß bei besonderen Risiken der Verletzung der Netzsicherheit die Verpflichtung zur Information der Teilnehmer und zum Angebot von Verschlüsselungstechnik besteht.

VI. Rechtspolitische Gestaltungsmöglichkeiten

1. Rahmenbedingungen für einen gestaltungsorientierten Telekommunikationsdatenschutz in Europa

Konzeptionen zur Gestaltung des Telekommunikationsdatenschutzes können kaum noch von nationalen Erwägungen getragen werden. Vielmehr haben sie sich in die europäische Telekommunikationslandschaft einzufügen. Mit dem geänderten Vorschlag der Telekommunikationdatenschutz-Richtlinie hat die EU wesentliche Harmonisierungsziele verfehlt. Die EG-Kommission mußte diese einem falschverstandenen Subsidiaritätsprinzip von Maastrich opfern. Durch die Verallgemeinerung bzw. Herausnahme ursprünglich konkreter Anforderungen mangelt es dem geänderten Vorschlag an orientierenden Vorgaben. Die Mitgliedstaaten unterscheiden sich in ihren rechtlichen Instrumenten ganz erheblich, wenn auch die Regelungsgegenstände ähnlich sind. Durch das EG-Recht wird zwar eine Grundstruktur vorgegeben, aber die nationalen Gestaltungsspielräume bleiben so groß, daß jeder Mitgliedstaat seine Regelungen im wesentlichen beibehalten kann. Bestehende rechtliche Hindernisse im europäischen Telekommunikationsmarkt werden kaum beseitigt werden. Die europaweit tätigen Telekommunikationsdiensteanbieter werden einen erheblichen technischen und organisatorischen Aufwand betreiben müssen, um den unterschiedlichen Anforderungen gerecht zu werden. Für die Betroffenen hat das den Nachteil, daß sie europaweit verschiedene rechtliche Instrumente, teilweise auch materiell unterschiedliche Regelungen zum Schutz ihrer Daten vorfinden.

Trotzdem kann die Richtlinie dort wirken, wo Mitgliedstaaten erst noch einen Telekommunikationsdatenschutz schaffen müssen. Die Richtlinie kann den Grundstein für einen historischen Prozeß der Angleichung der verschiedenen Rechtsordnungen legen. Die vergleichende Erfahrung mit den in den Mitgliedstaaten eingesetzten Instrumenten kann zu einer gegenseitigen Übernahme geeigneter und wirksamer Instrumente aus den verschiedenen Rechtsordnungen führen. Auch in der orientierenden Wirkung wurde der Richtlinienentwurf zu stark zurückgenommen. Regelungsgegenstände, wie die Datenverarbeitung für Mehrwertdienste und Multimediaanwendungen, die in den nationalen Rechtsordnungen noch kaum geregelt sind [708], wurden gestrichen.

Dieser historische Prozeß, der letzlich der Schaffung einer europäischen Rechtsordnung dient, sollte sich an Verfassungswerten und Grundrechten orientieren, die auf das nächste Jahrhundert ausgerichtet sind. In den Grundrechtskatalog einer europäischen Verfassung sollte eine Bestimmung zur informationellen und telekommunikativen Selbstbestimmung aufgenommen werden, in der das traditionelle Fernmeldegeheimnis aufgeht. Der Gehalt dieser Verfassungsnorm muß dem historischen, organisatorischen und technischen Wandel Rechnung tragen und sich von einem klassischen Abwehrrecht zu einer institutionellen Gewährleistung wandeln. Die ersten Entwürfe für eine europäische Verfassung haben diesen Ansatz nicht, sondern wiederholen den traditionellen Gehalt des Brief-, Post- und Fernmeldegeheimnisses [709].

Bei den technischen Regelungen kann das Harmonisierungsziel nachhaltiger verfehlt werden. Die technischen Mechanismen zum Schutz und zur Verwirklichung von Rechten wirken am effektivsten in der alltäglichen Nutzung der Telekommunikation. Angesichts der Immaterialität von Informationen, des kaum zu bewertenden Schadens und der schwer nachzuweisenden Kausalität von Schäden durch den Mißbrauch von Informationen [710] sind in der Informationstechnik und Telekommunikation die die

---

[708] Vgl. Roßnagel / Bizer: Multimediadienste und Datenschutz, Stuttgart 1995.

[709] Vgl. EU-Parlament: Entschließung zur Verfassung der Europäischen Union, ABLEG. C 61/155 v. 10.2.94, Titel VIII 6. Privatleben.

[710] Vgl. die Diskussion um die Wirksamkeit von Insider-Regelungen im Börsengeschäft.

Individualrechte schützenden technischen Mechanismen am wirkungsvollsten. Sie wurden mit dem geänderten Entwurf weitgehend zurückgezogen. Gerade weil ihre Umsetzung in komplexen Infrastrukturen zeit- und kostenintensiv ist, müssen sie frühzeitig implementiert werden. Derartige Mechanismen funktionieren in einem offenen Multibetreibernetz nur ohne Wettbewerbsverzerrungen, wenn sie rechtzeitig allen Beteiligten auferlegt werden.

Die Verfahren dazu sind im europäischen Telekommunikationsrecht implementiert. In den letzten Jahren hat sich ein umfangreiches europäisches Telekommunikationsregulierungsrecht entwickelt. Technische Anforderungen an öffentliche Telekommunikationsnetze müssen europaweit verbindlich sein. Dazu müssen sie genormt und gleichermaßen Bestandteil der grundlegenden Anforderungen in den einzelnen Mitgliedstaaten sein. Im Bereich der technischen Gestaltung, der Normung des offenen Netzzuganges und der Zulassung von Telekommunikationsdiensten setzt das Gemeinschaftsrecht begrüßenswerte Eckpunkte, indem es den Datenschutz als "grundlegende Anforderung" des technischen Sicherheitsrechtes ausdrücklich anerkennt.

Eine materielle Vorgabe in der Telekommunikationsdatenschutz-Richtlinie würde diese Normungsbestrebungen zwingend erforderlich machen. Andernfalls sind derartige Bestrebungen der Initiative von Beteiligten in den Normungsverfahren überlassen. Sie sind zudem nicht allgemeinverbindlich, solange die EU sie nicht für allgemeinverbindlich erklärt. Damit würde eine große Chance vergeben, technische Standards im Bereich des Datenschutzes und der Datensicherheit für die nächste Generation der Telekommunikationsnetze und- dienste zu setzen; z.B. müßten jetzt Anforderungen des öffentlichen Interesses für Gestaltung und Normung intelligenter Netzwerke festgelegt werden.

Die Beteiligten in den Normungsverfahren und die EU sollten darauf hinwirken, daß Datenschutzanforderungen marktübergreifend bereits bei der technischen Normung berücksichtigt werden. Immerhin wird im geänderten Entwurf der Telekommunikationsdatenschutz-Richtlinie ausdrücklich auf die Endgeräterichtlinie verwiesen (Art.14 Abs. 3). Die Mitgliedstaaten sollen, soweit Bestimmungen dieser Richtlinie nur mit Hilfe bestimmter technischer Merkmale durchgeführt werden können, die

Kommission gem. der Richtlinie über ein Informationsverfahren auf dem Gebiet der Normen und technischen Vorschriften unterrichten. Aufgrund dieser Meldung würde die Kommission für die Erarbeitung gemeinsamer europäischer Normen zur Einführung spezieller technischer Merkmale im Sinne der Endgeräterichtlinie sorgen, falls sie es für erforderlich hielte.

Für die Berücksichtigung derartiger Anforderungen müssen die Normungsgremien stärker für Verbände und Institutionen, die öffentliche Interessen vertreten, wie z.B. Verbraucherverbände oder Datenschutzbeauftragte, geöffnet werden. Entsprechend der Entschließung des Europäischen Parlaments zur Verbrauchersicherheit im Rahmen der neuen Konzeption der EU für die technische Harmonisierung und Normung [711] sollten die finanziellen Voraussetzungen geschaffen werden, damit die Verbraucherverbände und andere Organisationen, die Interessen des Gemeinwohles vertreten, die Hilfe technisch hochqualifizierter Experten in Anspruch nehmen, die während des Normungsverfahrens in den verschiedenen Bereichen besondere Kompetenzen haben, und unabhängige Experten für die Mitarbeit in den Normungsgremien gewinnen können. Die Vertretung von Interessen des Gemeinwohles in den Normungsgremien muß gesetzlich anerkannt werden.

2. Gestaltungsbedarf in Deutschland

2.1 Gesetzesnovellierung

Die Datenschutzregelungen im TKG-E sind grundsätzlich ausreichend. Rechtssystematisch sind die Datenschutzreglungen im PTRegG und TKG-E zutreffend als Regulierungsaufgabe aufgehängt. Die Ermächtigungsgrundlagen sind im Punkt Identifizierung von Anschlüssen und Schutz des Angerufenen weiterhin nicht ausreichend. Zudem ist es rechtspolitisch angesichts der Entwicklung zur persönlichen Rufnummer geboten, ihre Verwendung unter einen gewissen Schutz zu stellen.

---

[711]ABLEG. C 136/1 v. 4.6.85.

Der im Telekommunikationsgesetz geplante unmittelbare Zugriff einer Behörde auf die Kundendaten privater Anbieter und die Verpflichtung privater Anbieter, Kundendateien zum Zwecke der polizeilichen Ermittlungen in einer bestimmten Art und Weise zu führen, ist ein Novum und verfassungsrechtlich unverhältnismäßig. Der vorgesehene automatische Abruf von nicht veröffentlichten Kundendaten durch die Regulierungsbehörde als staatliche Stelle, stellt einen unverhältnismäßigen Eingriff in das informationelle Selbstbestimmungsrecht des Kunden dar. Der Anbieter hat keine Möglichkeit mehr den Zugriff auf Kundendaten zu überprüfen und die rechtmäßige Datenübermittlung zu gewährleisten. Es ist nicht erkennbar, warum dieser Eingriff zum Schutze öffentlicher Interessen erforderlich ist und das mildere Mittel des Auskunftsersuchens an den jeweiligen Diensteanbieter dem Ermittlungsinteresse nicht in gleicher Weise Rechnung trägt. Einer bloßen Koordination der Auskunftsersuchen über die Regulierungsbehörde steht nichts im Wege.

Der Entwurf einer neuen Telekommunikationsdatenschutzverordnung füllt die Ermächtigungsgrundlage des TKG-E z.B. in Bezug auf den Geltungsbereich nicht aus. Weiterhin differenziert er zu ungenau zwischen Netzbetreibern und Diensteanbietern. Die begrüßenswerte Ausweitung des Geltungsbereiches in dem Entwurf der Telekommunikationsdatenverordnung wird in den Einzelbestimmungen der Verordnung nicht zutreffend umgesetzt, indem implizit davon ausgegangen wird, daß die Abrechnung, das Ausfallrisiko, die Bedarfsplanung und -gestaltung der Telekommunikationsdienste nur bei den Netzbetreibern liegt. Dadurch wird teilweise den Telekommunikationsdiensteanbietern die Möglichkeit zur Datenverarbeitung in Bereichen abgeschnitten, wo sie sie zur Zeit haben und sie auch für ihre Tätigkeit erforderlich ist.

In einigen seit Jahren ungelösten Fragen des Telekommunikationsdatenschutzes wie dem Schutz des Angerufenen oder der Anonymität des Anrufes bei Beratungsstellen fehlt weiterhin eine Lösung in der TDSV-E.

Die Regelungen zu Telekommunikationsdiensten wie Mailboxen und Online-Diensten müssen gesetzessystematisch und inhaltlich völlig neu gestaltet werden und generell auf Dienstleistungen in verschiedenen Netzen anwendbar sein. Die BTX-Regelungen müssen aufgegeben werden. Rechtspolitisch ist eine Neuregelung des Bundes mit Rahmenvorgaben für die Telekommunikationsdienste, z.B. Mailboxen, Online-Dienste sowie Fernwirk- und Fernmeßdienste, einschließlich von Regelungen zur Rechtssicherheit wie des Einsatzes der digitalen Signatur wünschenswert.

2.2   Nutzung von Regulierungsinstrumenten

Mit der Aufnahme des Datenschutzes als Regulierungsziel in die Aufgabenbestimmung der Regulierungsbehörde werden die Datenschutzbestimmungen zutreffend als Regulierungsaufgabe gesetzlich zugeordnet. Die kurze Geschichte der TDSV und UDSV zeigt, daß der Gesetz- und Verordnungsgeber mit materiellen Detailregelungen in einem Umfeld, das sich sowohl ordnungspolitisch als auch technisch sehr schnell entwickelt hatte, teilweise überfordert war. Zukünftig sollten auch für den Datenschutz die Instrumente der Regulierungsbehörde stärker genutzt werden. Die dafür zur Verfügung stehenden Instrumente, wie Auflagen und Lizenzanforderungen, sollten als flexible Instrumente einbezogen werden.

Falls erforderlich, können Datenschutzanforderungen und Sicherheitskonzepte in Verbindung mit § 10 a FAG über Auflagen zu technischen und organisatorischen Maßnahmen allen Marktteilnehmern gleichermaßen auferlegt werden. Dies setzt voraus, daß die Regulierungsbehörde Risiko- und Sicherheitsuntersuchungen veranlassen kann, um das Datenschutz- und Datensicherheitsniveau sachgerecht festlegen zu können. Überantwortet man die Umsetzung des Datenschutzes bloß dem Markt, so besteht die Gefahr von Wettbewerbsverzerrungen mit der Folge einer Nivellierung des Datenschutzniveaus auf unterem Level. Deshalb müssen die technischen und organisatorischen Anforderungen, die aus einer Umsetzung der Telekommunikationsdatenschutzregelungen resultieren, durch eine unabhängige Instanz festgelegt und allen Marktteilnehmern gleichermaßen auferlegt werden. Sie müssen aber auch flexibel neuen Anforderungen angepaßt werden können.

Die Konkretisierung datenschutzrechtlicher Anforderungen kann durch Lizenzauflagen erfolgen. Ein derartiges Zulassungs- bzw.

Lizenzierungsverfahren ist in Deutschland nur für Netzbetreiber vorgesehen. Ein Zulassungsverfahren für Telekommunikationsdiensteanbieter ist nach dem EG-Recht zulässig und wird von einer Reihe europäischer Staaten praktiziert. Es besteht allerdings die Gefahr, die Marktentwicklung durch bürokratische Verfahren unangemessen zu behindern. Aus datenschutzrechtlichen Erwägungen reicht es, wenn die Regulierungsinstitution das Recht erhält, den Telekommunikationsdiensteanbietern bei Bedarf Auflagen zu machen. Dieses Recht sollte sowohl in bezug auf bestimmte Gruppen von Telekommunikationsdiensten als auch für einzelne Anbieter unter strikter Beachtung des Gleichheitsgrundsatzes bestehen. Bei der Erteilung von datenschutzrechtlichen Auflagen sollten die öffentlichen und die betrieblichen Datenschutzbeauftragten der betroffenen Unternehmen beteiligt werden.

Die Möglichkeit freiwilliger Verhaltensregeln, die von den Kontrollbehörden geprüft und amtlich veröffentlicht werden, wie es der Entwurf der EG-Datenschutzrichtlinie vorsieht, sollte auch im deutschen Recht eingeführt werden.

2.3 Verfahren

Bestimmte datenschutzrechtlich relevante Verfahren, die ein rechtsförmiges Verfahren und einen entsprechenden Rechtsschutz erforderlich machen, sollten von der Regulierungsbehörde durchgeführt werden. Diese Verfahren wären im einzelnen:

1. Mitteilen ankommender Verbindungen an Teilnehmer wegen belästigender und nötigender Anrufe.

2. Entscheidung über die Anträge von Beratungsstellen, deren Verbindungsdaten gelöscht werden müssen.

3. Koordinierung der Durchführung von Abhörmaßnahmen (§ 100 a/b StPO, § 34 Abs. 1 bis 6 AWG, G 10), aber ohne eigenen Online-Zugriff auf die Teilnehmerdaten.

Diese Aufgabe könnte auch von den Beschlußkammern übernommen werden, deren Mitglieder die Befähigung zum Richteramt haben.

Die Regulierungsbehörde muß in die nationalen und europäischen Abstimmungs- und einschlägigen Normungsverfahren einbezogen sein. Entsprechend ist die Regulierungsbehörde materiell in die Lage zu versetzen, an den technischen Normungsprozessen teilzunehmen.

3. Die technologische Herausforderung

Die eigentliche Herausforderung für den Datenschutz und die Datensicherheit ist die Erarbeitung und Umsetzung technischer und organisatorischer Konzepte in völlig offenen Multibetreibernetzen. Im Internet sind diese Entwicklungen schon erkennbar. Die Vermittlungseinrichtungen werden nicht mehr unter der Kontrolle eines Betreibers sein, sondern werden es dem Kunden erlauben, jederzeit Status- und Fehlerreports des Netzes abzufragen, Leitungen zu testen, individuelle Alarmkriterien zu setzen, Einrichtungen zuzuweisen, Dienste zu buchen und zu administrieren, Verkehrs- und Dienstgütereports abzufragen sowie seine eigenen virtuellen Netze aufzubauen. Jeder Teilnehmer wird dann verschiedene zweckgebundene Rufnummern, die ihm persönlich zugeordnet sind und mit denen er jedes Endgerät weltweit programmieren kann, haben [712]. Mit ihrer Hilfe wird er seine Kommunikation - Sprach-, Daten- und Bildkommunikation - kanalisieren können. Der überwiegende Teil des rechtsgeschäftlichen Verkehrs wird über diese "chaotischen" Netze abgewickelt werden. Die Gesetze von heute müssen die Voraussetzungen schaffen, damit sich die Spielregeln von morgen sozialverträglich entwickeln.

---

[712]Lange: Universal Personal Telecommunications (UTP) als Leitbild für die Entwicklung zukünftiger Telekommunikationsnetze, in: Kubicek u.a.: Jahrbuch der Telekommunikation und Gesellschaft, Band 2, 1994, S. 126 ff.

Abkürzungsverzeichnis

a.A.	anderer Auffassung
ABLEG	Amtsblatt der Europäischen Gemeinschaft
a.F.	alte Fassung
AGB	Allgemeine Geschäftsbedingungen
Ak-GG	Alternativ Kommentar zum Grundgesetz
ALR	Allgemeines Landrecht
Amtl.	amtlich
Anm.	Anmerkungen
ANSI	American National Standards Institute
Arch PF	Archiv für das Post- und Fernmeldewesen
ATM	Asynchronous Transfer Mode
AT&T	American Telephone and Telegraph
Aufl.	Auflage
AP	Associated Press
APC	Arbeitsplatzrechner
AWG	Außenwirtschaftsgesetz
B-Kanal	ISDN-Basiskanal
BAG	Bundesarbeitsgericht
BAGE	Bundesarbeitsgericht- Entscheidungssammlung
BDSG	Bundesdatenschutzgesetz
BGB	Bürgerliches Gesetzbuch
BGH	Bundesgerichtshof
BGHE	Bundesgerichtshof- Entscheidungssammlung
BGHSt	Bundesgerichtshof für Strafsachen

BGHZ	Bundesgerichtshof für Zivilsachen
BIGFON	Breitbandintegriertes Fernmeldeortsnetz
B-ISDN	Breitband-ISDN
BSI	Bundesamt für Sicherheit in der Informationstechnik
BT	British Telecom
BTX	Bildschirmtext
BTX-StV	Bildschirmtext-Staatsvertrag
B.V.	GmbH niederländischen Rechts
BVerfG	Bundesverfassungsgericht
BVerfGE	Bundesverfassungsgerichts-Entscheidungssammlung
BVerwGE	Bundesverwaltungsgericht
CCITT	Comité Consultativ International Télégraphique et Téléphonique
CENELEC	Comité européen de normalisation électrotechnique
CEN	Comité européen de normalisation
CEPT	Conférence Européene des Administrations des Postes et de Télécommunications
CNIL	Commitée nationale informatique et liberté
CR	Computer und Recht
CSMA/CD	Carrier Sense Mutible Access / Collision Detection Zugriffsverfahren im Ethernet
CW	Computerwoche
D-Kanal	ISDN-Steuerkanal
DANA	Datenschutznachrichten
DB	Der Betrieb
DBP	Deutsche Bundespost
DEKITZ	Deutsche Koordinierungsstelle für IT-Normen-konformitätsprüfung und Zertifizierung
DFÜ	Datenfernübermittlung

DKE	Deutsche Elewktrotechnische Kommission
DSLAN	High Speed Local Area Networks
DÖV	Die Öffentliche Verwaltung
DQDB	Distributed Queue Dual Bus
DSG	Datenschutzgesetz (Österreich)
DSG NW	Nordrhein-westfälisches Gesetz zum Schutze personenbezogener Daten
DSRR	Digitaler Nahbereichsfunk
DuD	Datenschutz und Datensicherung
DVB	Digital Video Broadcasting
DVBL	Deutsches Verwaltungsblatt
DVR	Datenverarbeitung und Recht
DWSR	Datenverarbeitung in Steuer, Wirtschaft und Recht
EAN	European Article Number
EGN	Einzelgebührennachweis
ECITC	European Committee for IT-Testing and Certifcation
ECTRA	Europäischer Ausschuß für Regulierungsfragen des Fernmeldewesens
EDSK	Europäische Datenschutzkonvention
EFT	Electronic Funds Transfer
EFTA	European free trade association
EG	Europäische Gemeinschaft
EGV	Vertrag der Europäischen Gemeinschaft
E-Mail	Electronic-Mail
EMRK	Europäische Menschenrechtskonvention
EOTC	European Organisation for Testing and Certification
ERMES	European Radio Messaging System
ETSI	European Telecommunications Standarts Institute
EU	Europäische Union

EuR	EDV & Recht
EuGH	Europäischer Gerichtshof
EuGRZ	Europäische Grundrechte Zeitschrift
EuZW	Europäische Zeitschrift für Wirtschaftsrecht
EWGV	Vertrag zur Gründung der Europäischen Wirtschaftsgemeinschaft
EWOS	European Workshop for Open Systems
FAG	Fernmeldeanlagengesetz
FCC	Federal Communications Commission
FG	Fernmeldegesetz (Österreich)
Fn	Fußnote
FS	Festschrift
FÜV	Fernmeldeverkehr-Überwachungs-Verordnung
GAN	Global Area Network
gem.	gemäß
GRVI	Gesellschaft für Rechts- und Verwaltungsinformatik
GSM	Groupe Spécial Mobile oder
	Global Standard for Mobile Communications
Handy	mobiles Taschenkommunikationsgerät
h.M.	herrschende Meinung
Hes. DSG	Hessisches Datenschutzgesetz
Hess. VGH	Hessischer Verwaltungsgerichtshof
HTTP	Hyper Text Transfer Protocol
IBC	Integrierte Breitbandkommunikation
IEEE	Institut for Electrical and Electronics Engineers
IEC	Internationale Elektrotechnische Kommission
ISDN	Integrated Services Digital Network
IBFN	Integriertes Breitband-Fernmeldenetz

IN	Intelligent Network
ISO	International Standardization Organisation
i.S.d.	im Sinne des
ISR	informationelles Selbstbestimmungsrecht
ITG	Informationstechnische Gesellschaft
ITU	International Telecommunications Union
IuR	Informatik und Recht
i.V.m.	in Verbindung mit
JBL	Juristische Blätter (Österreich)
JbDBP	Jahrbuch der Deutschen Bundespost
JuS	Juristische Schulung
JZ	Juristenzeitung
Kap.	Kapitel
KJ	Kritische Justiz
Komm.	Kommentar
KPPG	Berliner Kabelpilotprojektgesetz
KTAS	Telefongesellschaft von Kopenhagen
LAN	Lokal Area Networks
LEO	Low Earth Orbit
LG	Landgericht
MAN	Metropolitan Area Networks
m.E.	meines Erachtens
MEG	Bayrisches Medienerprobungs- u. -entwicklungsgesetz
MTVerleihV	Mobilfunk-Telekommunikations-Verleihungsverordnung
m.w.	mit weiteren
m.w. N.	mit weiteren Nachweisen

NII	Nationales Informations-Infrastruktur Programm der USA
NJW	Neue Juristische Wochenschrift
NRW	Nordrhein-Westfalen
NTG	Nachrichtentechnischen Gesellschaft
NTT	Nippon Telefone & Telegraph
ntz	Nachrichtentechnische Zeitschrift
OLG	Oberlandesgericht
ONP	Open Network Provision (Offener Netzzugang)
OSI	Open System Interconnection
OVG	Oberverwaltungsgericht
p	Pence
PCN	Personal Communication Network
PIN	Persönliche Identifikationsnummer
POS	Point of Sale-Systeme
PostG	Postgesetz
PostPersG	Postpersonalrechtsgesetz
PostStruktG	Poststrukturgesetz
PostUmwG	Postumwandlungsgesetz
PostVerfG	Postverfassungsgesetz
PostVerwG	Postverwaltungsgesetz
PTE	Ministère des Postes, des Télécommunications et de l'Espace
PTNeuOG	Postneuordnungsgesetz
PTRegG	Gesetz über die Regulierung der Telekommunikation und des Postwesens
PTT	Poste, Telegraphie, Telephone (Post und Fernmeldewesen)
PTV	Post- und Telegraphenverwaltung (Österreich)

Rdnr.	Randnummer
RDV	Recht der Datenvearbeitung
RG	Reichsgericht
RGBL	Reichsgesetzblatt
RGSt	Reichsgericht für Strafsachen
Rspr.	Rechtsprechung
RTT	Régie des Télégraphes et des Téléphones (Belgische Telefon- und Telegraphie Verwaltung)
RV	Reichsverfassung
SNA	System Network Architectures
SNG	Satellite News Gathering
SMTP	Simple Mail Transfer Protocol
SGB	Sozialgesetzbuch
SFR	Société Francaise du Radiotéléphone
SIP	Italienische Betriebsgesellschaft für den Inlandstelefonverkehr
StGG	Staatsgrundgesetz (Österreich)
TCP/IP	Transmission Control Protocol/Internet Protocol
TDSV	TELEKOM-Datenschutzverordnung
TK	Telekommunikation
TKG	Telekommunikationsgesetz
TKO	Telekommunikationsordnung
TKV	Telekommunikationsverordnung
TEMEX	Telemetry Exchange
TNBS	Telecommunications-Network Based Services
TVerleihV	Telekommunikations-Verleihungsverordnung
u.	und
u.a.	unter anderem
UDSV	Teledienstunternehmen-Datenschutzverordnung

UN	United Nations
UMTS	Mobile Telecommunication System
v.	von
vgl.	vergleiche
VAN	Value Added Network
VANS	Value Added Network Service
VDE	Verband Deutscher Elektrotechniker
VDI	Verband Deutscher Ingenieure
VPN	virtuelle private Netze
VSAT	Satelliten-Verbindungen
WPR	Wet persoonsregistraties (niederländisches Datenschutzgesetz)
VVDStRL	Veröffentlichungen der Vereinigung der Deutschen Staatsrechtslehrer
VwVfG	Verwaltungsverfahrensgesetz
WARC	World Administrative Radio Conference
WRV	Weimarer Reichsverfassung
WSA	Wirtschafts- und Sozialausschuß
WSI	Wirtschafts- und Sozialwissenschaftliches Institut
WTV	Wet op de telecommunicatievoorzieningen (Gesetz zur Reform der niederländischen PTT)
WuW	Wirtschaft und Wettbewerb
WWW	World-Wide-Web
ZfV	Zeitschrift für Verwaltungsrecht (Österreich)
ZRP	Zeitschrift für Rechtspolitik
z.Z.	zur Zeit
ZZK7	Zentral-Zeichengabekanal 7

Literaturverzeichnis

Adler, Johannes / Garbe, Detlef: ISDN auf dem Prüfstand der Bürger - Bürgergutachten als Instrument der Technikfolgen-Debatte und des kundenorientierten Marketing, Bad Honnef 1990.

Alberts, Hans W.: Informationelle Tätigkeit und spezielle Grundrechte, CR 94, S. 492 .

Alke, Horst: Die neue Poststrukturreform: Wie steht es mit dem Datenschutz? DuD 89, S. 445.

Altes, Willem F. Korthals: Privacy issues in telecommunications in the Netherlands, Amsterdam 1991.

Amelung, Knut: Die zweite Tagebuchentscheidung des BVerfG, NJW 90, S. 1753 .

Arnold, Franz: Handbuch der Telekommunikation, Loseblatt, Köln Stand 1995.

Arzt, Clemens / Bach, Knud / Schüler, Klaus W.: Telekommunikationspolitik in Großbritannien. Auswirkungen von Privatisierung und Liberalisierung, Köln 1990.

Auernhammer, Herbert: Komm. z. Bundesdatenschutzgesetz, Köln, Berlin, Bonn, München 1981, 2. Aufl.

Badura, Peter: Die Tragweite des Rechts auf informationelle Selbstbestimmung für die normative Regelung der öffentlichen Telekommunikationsdienste der Deutschen Bundespost, in: JdDBP 1989, S. 9.

Bangemann u. a.: Europa und die globale Informationsgesellschaft - Empfehlungen für den europäischen Rat, Brüssel 1994.

Bartl, Harald: Handbuch BTX-Recht, Heidelberg 1984.

Beck, Ulrich: Risikogesellschaft - Auf dem Weg in eine andere Moderne - Frankfurt 1986.

Berger, Peter u.a.: Optionen der Telekommunikation - Materialien, Düsseldorf 1987.

Bierschenk, Manfred: EDI in der europäischen Automobil-industrie, in: Kubicek u.a.: Jahrbuch der Telekommunikation und Gesellschaft, Band 2, Heidelberg 1994, S. 69.

Bizer, Johann: Neuere Entwicklungen im Telekommunikationsrecht, in: Kubicek u.a.: Jahrbuch der Telekommunikation und Gesellschaft, Band 2, Heidelberg 1994, S. 341.

Blaise, Jean-Bernard: Rundfunk- und Fernmeldepolitik in Frankreich, in: Scherer, Joachim: Nationale und europäische Perspektiven der Telekommunikation, Baden Baden 1987, S.69.

Brinckmann, Hans: Rechtliche und politische Kontrolle einer neuen Infrastruktur, in: Beiträge zur juristischen Informatik, Bd. 13, Darmstadt 1986; Deregulierung und Datenschutz: Die Rechte der Kunden, in: Medienforum Berlin 1989, Kongreßteil I, S. 33.

Büllesbach, Alfred: Informationstechnologie und Datenschutz, München 1985; Das Unternehmen in der Informations-gesellschaft, in: Wilhelm, Rudolf (Hrsg.): Information - Technik - Recht - Rechts-güterschutz in der Informationsgesellschaft - Beiträge zur juristischen Informatik, Band 18, Darmstadt 1993, S. 69.

Bundesminster für das Post- und Fernmeldewesen: Konzeption der Bundesregierung zur Neuordnung des TK-Marktes, Bonn März 1988; Regulierungen zum Netzmonopol des Bundes, Bonn 1991.

Bundeswirtschaftskammer: Vorschläge der Bundeswirtschaftskammer zur Neuordnung des österreichischen Telekommunikationsrechts, EuR 91, S. 91 .

Burckert, Herbert: Die Konvention des Europarates zum Datenschutz, CR 88, S.751.

Burges, Jörg: Metropolitan Area Network (MAN), Daimler Benz TEI (Hrsg.), Stuttgart 1991.

Clinton, President William J. / Gore, Vice President Albert: Technology for America´s Growth: A new Direction to Build Economic Strengh, Washington DC: White House, 1993.

Executive Order United States Advisory Council on the National Infomation Infrastruktur, Washington DC: White House, Sept. 1993.
The National Infomation Infrastruktur - Agenda for Action, Washington DC: White House, 1993.

Commission of the European Communities - Directorate XIII: Obstacles for the Implementation of the ENS in the View of Protection of Personal Date and Privacy - Report for the ENS Planning Exercise, Brüssel 1991.
Operation 1992 - Investigation of requirements and options in the field of advanced communications-technologies in Europe, Brüssel 1990.

Committee on Review of Switching, Sychronization and Network Control in National Security Telecommunications, Board on Engineering and Technical Systems, National Reserch Council: Growing Vulnerability of the Public Switched Networks: Implications for National Security Emergency Preparedness. Report, Washington 1989.

Computer Professionals for Social Responsibility: A public-Interest Vision of the National Information infrastructur, 1993.

Coy, Wolfgang: Aufbau und Arbeitsweise von Rechen-anlagen, Braunschweig / Wiesbaden, 2. Aufl. 1992;
Technischer Fortschritt als gesellschaftliche Irritation, in: Rudolf Wilhelm (Hrsg.): Information - Technik - Recht - Rechts-güterschutz in der Informationsgesellschaft - Beiträge zur juristischen Informatik Band 18, Darmstadt 1993, S. 99.

Danke, Eric: Bildschirmtext, in: Arnold: Handbuch der Telekommunikation, Loseblatt Köln 1994.

Deheyn, Henri: Belgien: Vom Vorreiter zum Schlußlicht, EG-Magazin, Nr. 10, 1990, S. 15.

Delpho, Holger: Prognosen: Erwartungen, Methoden und Nutzen, in: Kubicek u.a.: Jahrbuch der

	Telekommunikation und Gesellschaft, Band 2, Heidelberg 1994, S. 165 .
Diebold:	Netztechnologien für die 90er Jahre - Seminarreader, Eschborn 1992.
Dix, Alexander:	Das weltweite Directory und persönliche Numerierungssysteme, DuD 94, s. 484.
Dohr, Walter:	Vertragsmuster für EDV-Dienstleistungen (nach DatenschutzG), EuR 3/86, S.6.

Doll, Roland / Heun, Sven-Erik / Lohmann, Torsten: Europäisches Telekommunikationsrecht im Vergleich, CR 92, S. 363 ,416 , 492 , 561 , 622.

Dreher, Eduart / Tröndle, Herbert: Komm. z. StGB, 47. Aufl., München 1995.

Duschanek, Alfred:	Datenschutz im Fernmeldeverkehr, in: Korinek / Stampfl-Blaha: Beiträge zum Telekommunikationsrecht. Grundlagen und aktuelle Probleme des österreichischen und internationalen Telekommunikationsrechts, Wien 1989, S. 175; Rechtliche Grundfragen des BTX-Betriebes, in: Korinek / Stampfl-Blaha (Hrsg.): Beiträge zum Telekommunikationsrecht. Grundlagen und aktuelle Probleme des österreichischen und internationalen Telekommunikationsrechts, Wien 1989, S. 219.
Eberle, Carl-Eugen:	Gesetzesvorbehalt und Parlamentsvorbehalt, DÖV 84, S. 485; Aktivitäten der Europäischen Union auf dem Gebiet der Medien und ihre Auswirkungen auf den öffentlich-rechtlichen Rundfunk, ZUM 95, S. 763.
EG-Kommission:	15. Bericht über die Wettbewerbspolitik, Brüssel, Luxemburg 1986. Grünbuch über die Entwicklung des Gemeinsamen Marktes für Telekommunikationsdienstleistungen und Telekommunikationsendgeräte, Ratsdok. Nr. 7961/87, BT-Drs. 11/930, S.76; Grünbuch der EG-Kommission zur Entwicklung der europäischen Normung: Maßnahmen für eine schnellere technologische Integration in Europa, v. 8.10.1990, KOM (90) 456 endg.;

Grünbuch der EG-Kommission über ein gemeinsames Vorgehen im Bereich der Satellitenkommunikation in der Europäischen Gemeinschaft - KOM (90) 490 endg., v. 28.11.90;
Grünbuch über eine gemeinsames Konzept für Mobilkommunikation und Personal Communications in der Europäischen Gemeinschaf, KOM (94) 145 endg. v. 27.4.94;
Grünbuch über die Sicherheit von Informationssystemen v. 29.4.1994, Brüssel 1994;
Grünbuch über die Liberalisierung der Telekommunikationsinfrastruktur und der Kabelfernsehnetze.

Eidenmüller, Alfred: Der Fernmeldeanlagenbegriff im Telekommunikationsrecht, DVBL. 87, S. 603; Fernmeldehoheitsrecht und Grundgesetz, DÖV 85, S. 522.

Einwag, Alfred: Grenzüberschreitender Datenverkehr aus Sicht des Bundesbeauftragten für den Datenschutz, RDV 90, S.3.

Ellger, Reinhard: Datenschutz und europäischer Binnenmarkt, RDV 91, S. 57.

Enquete-Kommission: Neue Informations- und Kommunikationstechniken - Zwischenbericht, BT-Drucksache 9/2442; Einschätzung und Bewertung von Technikfolgen - Gestaltung der Rahmenbedingungen der technischen Entwicklung, BT-Drucksache 10/5844.

Ernestus, Walter: Neue Kommunikationstechnologien - neue Datenschutzprobleme - Wo liegen die Probleme, wie kann man ihnen begegenen, DuD 94, S. 317.

Eske-Christensen, Björn / Schreier, Klaus / Stroh, Dieter: Basis für flexibelere Telecom-Dienste, Funkschau 12/91, S. 54 .

Eurich, Claus: Die Megamaschine, Darmstadt 1988.

Europarat: New technologies: a challenge to privacy protection, Strasbourg 1989.

Fangmann, Helmut: Verfassungsrechtliche Rahmenbedingungen der Telekommunikation, RDV 88, S. 53 ff;

Telekommunikation und Poststrukturgesetz, CR 89;

Der Stand des EG-Telekommunikationsrechts, EuZW 90, S. 48.

Fangmann, Helmut u.a.: Handbuch für Post und Telekommunikation - Poststrukturgesetz, Köln 1990 1. Aufl.

Finger, August: Das Staatsrecht des Deutschen Reichs der Verfassung vom 11.8.1919, Stuttgart 1923.

Forsthoff, Ernst: Verwaltungsrecht I, 10.Aufl., München 1974.

Frayssinet, Jean: Telecommunication and privacy in France, Manuskript, Aix-Marseille 1991.

Friedrich, Gerd: VAN - VAS - VANS - Mehrwertdienste - Begriffe, Bedeutung , Hintergründe, in VANS 90 - Report, Starnberg 1990, S. 5.

Fritz, Jörn: Intelligente Netze - Zwischen Tele-Juke-Box und Bettgeflüster, Funkschau 12/92, S. 40 .

Gannon, Paul: Das europaweite ISDN, XIII Magazin, 2/91 S. 24.

Garbe, Detlef: Datenspuren in digitalisierten Telekommunikationsnetzen - Ein Vergleich der Datenschutzregelungen in europäischen Ländern am Fall ISDN, Bad Honnef 1992.

Garbe, Detlef / Lange, Klaus: Technikfolgenabschätzung in der Telekommunikation, Berlin u.a. 1991

Gassmann, Jürg: Geheimnisschutz, Informationsfreiheit und Medien im japanischen Recht, Köln / München 1990.

Gebhardt, Hans-Peter: Rechtsgrundlagen des Datenschutzes sowie Datenschutz im Fernmeldewesen der Länder Schweiz, Frankreich, Niederlande, Großbritannien, Schweden, USA und Japan, in: JbDBP 1987, S. 243;

The legal basis of data protection and data protection in the field of communications in seven countries: Switzerland, France, the Federal Republic of Germany, the United Kingdom, Sweden, the United States and Japan, in: Telecommunications Journal, Vol. 57, 1990, S.37 ff;

Aktueller Stand und Entwicklungstendenzen in der Telekommunikationsregulierung

der Mitgliedstaaten der Europäischen
Gemeinschaft unter Berücksichtigung der
Gemeinschaftspolitik, in: Vorabdruck aus
dem JdDBP 1990, Erlangen 1990.

Geiger, Hansjörg: Europäischer Informationsmarkt und
Datenschutz, RDV 1989, S. 203.

Genschel, Philipp: OSI´s Karriere, in: Kubicek u.a.: Jahrbuch
der Telekommunikation und, Band 2,
Heidelberg 1994, S.36.

Götz / Klein / Starck (Hrsg.): Die öffentliche Verwaltung zwischen
Gesetzgebung und richterlicher Kontrolle,
Göttingen 1985, S. 36 .

Gola, Peter: Datenschutz durch die EG-Recht-
sprechung ? - Grundrechtschutz in der EG,
RDV 90, S.109 .

Gottschalk, Arno: Wem nützt ISDN? Fernmeldepolitik als
Industriepolitik gegen IBM ? in: Kubicek
(Hrsg.): Telekommunikation und
Gesellschaft - Kritisches Jahrbuch zur Tele-
kommunikation, Karlsruhe 1991, S. 155.

Goyens, Monique: The Relationship between Consumer
Protection and Data Protection, in: Kubicek
(Hrsg.): Daten- und Verbraucherschutz bei
Telekommunikationsdienstleistungen in der
EG, Baden-Baden 1993, S. 96.

Glagow, Manfred / Willke, Helmut (Hrsg.): Dezentrale Gesellschaftssteuerung, Pfaffenweiler 1987, S. 93.

Gleim, Andreas: Europäisches EDV-Beschaffungsrecht, CR
91, S. 40 .

Grab, Herbert: Fruchtbarer Boden für die Telekommunikation, Funkschau, 2/92, v. 10.1.92 , S. 44.

Gramlich, Ludwig: Von der Postreform zur Postneuordnung,
NJW 94, S. 2785 .

GRVI / VDI / VDE: VDI/VDE-Technologiezentrum Informationstechnik
GmbH (Hrsg.): Forschungsprojekt: Recht-
liche Beherrschung der Informationestechnik - Diskursprotokolle 1- 4,
Berlin 1989 - 91.

Habermas, Jürgen: Theorie des kommunikativen Handelns,
Bd. 2, Frankfurt a.M., 1. Auflage 1988.

Haefner, Klaus: Mensch und Computer im Jahre 2000, Basel
1984.

Harter, Gregor: VANS und die anderen VS, in: VANS 91-Report, Starnberg 1991, S. 11.

Hartmann, Ulrich / Schlabschi, Gerhard: OSI - und was die Normung daraus lernen kann, in: Kubicek u. a.: Jahrbuch der Telekommunikation und Gesellschaft, Band 2, Heidelberg 1994, S. 51.

Heller, Hermann: Der Begriff des Gesetzes in der Reichsverfassung, VVDStRL 4, 1928, S. 98.

Hege, Hans: Offene Wege in die digitale Zukunft, Berlin 1995.

Henke, Ferdinand: Die Datenschutzkonvention des Europarates, Frankfurt a.M., Bern, New York 1986.

Hensely, Kurt: Absicherung der Kommunikationsfreiheit durch Datenschutz und Fernmeldegeheimnis, in: Korinek / Stampfl-Blaha: Beiträge zum Telekommunikationsrecht. Grundlagen und aktuelle Probleme des österreichischen und internationalen Telekommunikationsrechts, Wien 1989.

Hesse, Konrad: Grundzüge des Verfassungsrechtes der Bundesrepublik Deutschland, 19. Auflage, Heidelberg/Karlsruhe 1993; Bestand und Bedeutung der Grundrechte, EuGRZ 1978, S. 427.

Heuermann, Arnulf u.a.:   Telekommunikation im Vergleich - Eine problemorientierte Übersicht über die Länder USA, Großbritannien, Frankreich, Niederlande, Schweden und Japan, in: JbDBP 1986, S. 165.

Heußner, Herrmann.:   Zur informationellen Gewaltenteilung, in: Reinermann, H. / Fiedler, H. / Grimmer K. / Traunmüller R.: Neue Informationstechniken, Neue Verwaltungsstrukturen, Heidelberg 1988, S. 294.

Höller, Heinzpeter: Normung und Telekommunikation: Wie lassen sich gesellschaftliche Fragestellungen einbringen ? in: Gewerkschaftliche Beteiligungsmöglichkeiten an Normungsprozessen - diskutiert am Beispiel der Telekommunikation, Ergebnisse des Arbeitskreises Normung der Hans-Böckler-Stiftung am 24.4.1990;

	Gestaltungsspielräume trotz Normfestlegungen, DuD 91, S. 9; Kommunikationssysteme - Normung und soziale Akzeptanz, Braunschweig / Wiesbaden 1993.
Hörig, Ernst-August:	Die EDIFACT-Welt - ein Gebiet voller Unruhe, in: Kubicek u.a.: Jahrbuch der Telekommunikation und Gesellschaft, Band 2, Heidelberg 1994, S. 63 .

Hörig, Ernst-August / Barthel, Michael: UN/EDIFACT, CR 90, S. 484.

van Hoogstraaten, P.: ISDN en Privacy, Den Haag 1992.

Holvast, J. u.a.: Privacy Gids. Handboek voor geregstreerden, Gravenhagen 1990.

Hüber, Roland: Europas Breitband-Zukunft, XIII Magazin 91, S. 6 .

Jaburek, Walter: Anm. zu der Entscheidung des VfGH v. 6.12.1988, B 1550-1554/88, EuR 1/89, S. 34.

Jakob, Joachim: Der Stand der EG-Datenschutzrichtlinie zu Beginn der deutschen Präsidentschaft, DuD 94, S. 480 .

Jenny, J.J: Data Privacy and Security, Maidenhead 1985.

Joerges, Bernward: Soziologie und Maschinerie, in: Weingart, Peter (Hrsg.): Technik als sozialer Prozeß, Frankfurt 1989, S.44 .

Kern, Horst / Schuhmann, Michael: Das Ende der Arbeitsteilung, München 1984.

Kilian, Wolfgang: Datensicherheit in Computernetzen, CR 91, S. 73 ; Elektronische Transaktionen von Dokumenten zwischen Organisationen, in: Kubicek u.a.: Jahrbuch der Telekommunikation und Gesellschaft, Band 2, Heidelberg 1994, S. 80.

Klumpp, Dieter: Die "Legendenbildung" um ISDN als Prozess wechselseitiger Mißverständnisse, Kritische Anmerkungen zur ISDN-Diskussion - herzliche Bitte für einen alternativen Diskursansatz, in: Kubicek (Hrsg.): Telekommunikation und Gesellschaft - Kritisches Jahrbuch zur Telekommunikation, Karlsruhe 1991, S. 173.

Kneisel, Karl Ernst: Integriertes Breitband-Fernmeldenetz (IBFN), in Arnold: Handbuch der Telekommunikation, Loseblatt, Köln 1991, 6.2.0.0, S. 1;

Kommission für den Ausbau des technischen Kommunikationssystems: Telekommunikationsbericht, Bonn 1976.

Konferenz der Datenschutzbeauftragten des Bundes und der Länder und des Berliner Datenschutzbeauftragten: Stellungnahme zu den Entwürfen des Bundesministers für Post- und Telekommunikation für Verordnungen über den Datenschutz bei Dienstleistungen der Deutschen Bundespost TELEKOM (TDSV) und für Unternehmen, die Telekommunikationsdienstleistungen erbringen (UDSV) - Stand 14. bzw. 19.12. 1990.

Korinek, K. / Stampfl-Blaha, Elisabeth (Hrsg.): Beiträge zum Telekommunikationsrecht. Grundlagen und aktuelle Probleme des österreichischen und internationalen Telekommunikationsrechts, Wien 1989.

Krol, Ed: The Whole Internet, Sebastopol 1992.

Kramer, Bernhard: Heimliche Tonbandaufnahmen im Strafprozeß, NJW 90, S. 1760.

Kratzer, Hanns / Stratil, Alfred: Fernmeldegesetz 1993, Wien 1995.

Krebsbach-Gnath / Camilla (Hrsg.): Die gesellschaftliche Herausforderung der Informationstechnik, München 1986.

Kropp, Helmut: DFÜ - Sämtliche Einsatzmöglichkeiten der Fernsprech- und Datex-Dienste, Loseblatt-Sammlung - Augsburg, Dezember 1992.

Krusch, Wilhelm: Deutsche Bundespost Telekom, in: Arnold: Handbuch der Telekommunikation, Loseblatt Köln Stand 1995, 6500, S. 1 .

Kubicek, Herbert: Probleme des Datenschutzes bei der Kommunikationsdatenverarbeitung im ISDN, CR 90, S. 659 ;
(Hrsg.) Telekommunikation und Gesellschaft - Kritisches Jahrbuch zur Telekommunikation, Karlsruhe 1991, darin:
Von der Technikfolgenabschätzung zur Regulierungsforschung - Stand und

Perspektiven sozialorientierter
Telekommunikationsforschung, S. 13;
Neuer Vorschlag für eine Richtlinie zum
Datenschutz im ISDN und Mobilfunk, CR
94, S. 695;
(Hrsg.) Daten- und Verbraucherschutz bei
Telekommunikationsdienstleistungen in der
EG, Baden-Baden 1993.

Kubicek, Herbert / Bach Knud: Neue TK-Datenschutzverordnungen -
Fortschritt für den Datenschutz, CR 91,
S. 490.

Kubicek, Herbert / Seeger, Peter: The negotiations of data standards - a
comparative analysis of EAN- and
EFT/POS-Systems, presented on the
international conference "Technology at the
Outset", Wissenschaftszentrum Berlin für
Sozialforschung, 28.5.1991;
(Hrsg.): Perspektive Techniksteuerung.
Interdisziplinäre Sichtweisen eines
Schlüsselproblems entwickelter
Industriegesellschaften, Berlin 1993.

Kubicek, Herbert u.a.:   Jahrbuch der Telekommunikation und
Gesellschaft, Band 2, Heidelberg 1994.

Lackner, Karl: StGB, 20. Aufl. München 1993.

Ladeur, Karl Heinz: Mehrwertdienste und Telekommunikationsordnung, CR 89, S. 514;
Die Neuordnung der Telekommunikation -
Zur Funktion eines öffentlichen Unternehmens in hochkomplexer Umwelt,
Kritische Vierteljahresschrift für Gesetzgebung und Rechtswissenschaft 91, S. 177 .

Lange, Klaus: Universal Personal Telecommunications
(UTP) als Leitbild für die Entwicklung
zukünftiger Telekommunikationsnetze, in:
Kubicek u.a.: Jahrbuch der Tele-
kommunikation und Gesellschaft, Band 2,
Heidelberg 1994, S. 126 .

Latendorf, Michael: Möglichkeiten und Grenzen der
Telefondatenerfassung, CR 87, S. 242.

Lerche, Peter / Graf von Pestalozza, Christian: Die Deutsche Bundespost
als Wettbewerber, Köln 1985.

Locksley, Gareth Ed.: The single european market and the information and communication technologies, London/New York 1990.

Long, Colin D.: Telecommunications - Law and Practice, London 1988.

Maunz / Dürig / Herzog: Komm. z. GG., München 1994, Loseblatt.

Mayer, Barbara: Die Bundespost: Wirtschaftsunternehmen oder Leistungsbehörde, Berlin 1990.

Mayer-Tasch, P.C.: Die Verfassungen Europas, München 1975, 2. Aufl.

Mc Knight, Lee: The international Standardization of Telecommunications Services and Equipment, in: Mestmäcker, Ernst-Joachim Ed.: The Law and Economics of Transborder Telecommunications, Baden Baden 1987, S. 415 .

Mestmäcker, Ernst-Joachim Ed.: The Law and Economics of Transborder Telecommunications, Baden Baden 1987, S. 415 .

Mettler-Meibom, Barbara: Breitbandtechnologie, Opladen 1986. Soziale Kosten in der Informationsgesellschaft - Überlegungen zu einer Kommunikationsökölogie, Frankfurt a.M. 1987.

Mohr, Jörn-Rasmus: Die Telekommunikations-Regulierung in den USA, in: Kubicek u.a.: Jahrbuch der Telekommunikation und Gesellschaft, Band 2, Heidelberg 1994, S. 112 .

Moritz, Peter: Wandel im Wettbewerb - Datex-P, DATACOM 6/93, S. 76 .

Mückenberger, Ulrich: Datenschutz als Verfassungsgebot, KJ 84, S. 1.

Müller. Jörg Paul / Gnesa, Edi: Zum heutigen Stand des Telekommunikationsrechts in der Schweiz, in: Korinek / Stampfl-Blaha (Hrsg.): Beiträge zum Telekommunikationsrecht. Grundlagen und aktuelle Probleme des österreichischen und internationalen Telekommunikationsrechts, Wien 1989, S. 287.

Münch, Ingo von: GG.-Komm., Art. 10 Rdnr. 21, 3. Aufl. München 1985.

Murswiek, Diedrich: Die staatliche Verantwortung für die Risiken der Technik, Berlin 1985.

Nefiodow, Leo A.: Der fünfte Kondratieff, Frankfurt 1991

Neumeyer, Winfried: Die verfassungsmäßig notwendige Begrenzung der gesetzlichen Ermächtigung zum Erlaß von Rechtsverordnungen, Diss. Köln 1967.

Noam, Eli M.: Privacy bei Telekommunikationsdiensten, in: Kubicek (Hrsg.): Telekommunikation und Gesellschaft - Kritisches Jahrbuch zur Telekommunikation, Karlsruhe 1991, S.112.

Nugter, Adriana C.M.: Transborder Flow of Personal Data wthin the EC. A comparative analysis of the privacy statutes of the Federal Republic of Germany, the United Kingdom and the Netherlands and their impact of the private sector, Deventer-Boston 1990; Einzelgebührennachweis in den Niederlanden, in: Kubicek u.a.: Jahrbuch der Telekommunikation und Gesellschaft, Band 2, Heidelberg 1994, S. 254 .

Ordemann / Schomerus / Gola: BDSG mit Erläuterungen, 5. Auflage, München 1992.

Ossenbühl, Fritz: Der Vorbehalt des Gesetzes und seine Grenzen, in: Götz / Klein / Starck (Hrsg.): Die öffentliche Verwaltung zwischen Gesetzgebung u. richterlicher Kontrolle? Göttingen 1985, S. 9. Daseinsvorsorge und Verwaltungsprivatrecht, DÖV 71, S.513.

Papapavlou, George: Überlegungen der EG-Kommission zum Datenschutz im Informationsdienstleistungssektor, RDV 90, S.113.

Papier, Hans Jürgen: Der Vorbehalt des Gesetzes und seine Grenzen, in: Götz / Klein / Starck (Hrsg.): Die öffentliche Verwaltung zwischen Gesetzgebung und richterlicher Kontrolle, Göttingen 1985, S. 36 .

Pascal, Olivier: Telekommunikation für Europas Regionen, XIII Magazin, 2/91 S. 20.

Pattay, Walter v.: Ist die Entwicklung moderner Dienste noch berechenbar ? in: Kubicek u.a.: Jahrbuch der Telekommunikation und Gesellschaft, Band 2, Heidelberg 1994, S. 176.

Peters, Wolfgang P.:   Der Stellenwert der ISDN-Pilotversuche, ntz
                           40/87, 1, S. 12;
                           Die Suche nach dem ganzheitlichen
                           Konzept, Net 44/90, S. 261.

Plank, Karl Ludwig: Grundgedanken zur Gestaltung zukünftiger
                           Fernmeldenetze, Heidelberg 1988.

Podlech, Adalbert: Individualdatenschutz - Systemdatenschutz,
                           in: Beiträge zum Sozialrecht, Festgabe für
                           Hans Grüner, Pescha am Starnberger See
                           1982, S. 541.

Poetzsch-Heffter: Handkommentar der Reichverfassung v.
                           11.8.1919, 3. Aufl. 1928.

Preuß, Ulrich K: Die Internalisierung des Subjekts, Frankfurt
                           1979.

Rauch, Werner H.:   Hintergründe und Entwicklung in der EG
                           und deren mögliche Auswirkungen auf
                           Österreich und sein Fernmelderecht, in:
                           Korinek / Stampfl-Blaha: Beiträge zum
                           Telekommunikationsrecht. Grundlagen und
                           aktuelle Probleme des österreichischen und
                           internationalen Telekommunikationsrechts,
                           Wien 1989, S. 343 .

Raulet, G: Die neue Utopie. Die soziologische und
                           phliosophische Bedeutung der neuen
                           Kommunikationstechnologien, in: Frank,
                           M.: Die Frage nach dem Subjekt, Frankfurt
                           a.M. 1988, S. 283.

Regierungskommission Fernmeldewesen: Bericht der Regierungs-
                           kommission Fernmeldewesen. Neuordnung
                           der Telekommunikation, unter Vorsitz von
                           E. Witte, Heidelberg 1987.

Reihlen, Helmut: Technische Normung und Zertifizierung für
                           den EG-Binnenmarkt, EuZW 90, S.444.

Reinermann, Heinrich u. a.: Neue Informationstechniken, Neue
                           Verwaltungsstrukturen, Heidelberg 1988.

Ress, Georg / Ukrow, Jörg: Neue Aspekte des Grundrechtschutzes in
                           der Europäischen Gemeinschaft - An-
                           merkungen zum Höchsturteil, EuZW 90,
                           S. 499.

Reuter, Alexander: Binnenmarkt Europa - Das Beispiel der
                           Maschinenrichtlinie, CR 90, S.540.

Reuter, Lothar: Die ungesetzlichen Eingriffe in das Post-
                          und Fernmeldegeheimnisin der DDR, Neue
                          Justiz 91, S. 383.

Riegel, Reinhard: Auf dem Weg zur europäischen Infor-
                          mations- und Technologiegemeinschaft:
                          Fakten und Defizite, Teil 1, DWSR Nr.1/2
                          89, S.36 u. Nr. 3, S.65;
                          Europäische Gemeinschaften und
                          Datenschutz, ZRP 90, S.134.
                          Gemeinschaftsrechtlicher Datenschutz, CR
                          91, S. 179.

Rieß, Joachim: Daten- und Verbraucherschutz im
                          europäischen Telekommunikationsrecht,
                          CR 91, S. 747.

Rigaux, F.:   The protection of private life, in: Schaff,
                          Sylvie Ed.: Legal and economic Aspects of
                          telecommunications, North Holland 1990,
                          S. 663 .

Rihaczek, Karl: ISDN-Datenschutzrichtlinie, DuD 94, S. 489.

Rösch, Erich: Local Area Networks (LAN), in Arnold:
                          Handbuch der Telekommunikation,
                          Loseblatt, Köln 1995, 8.3.0.0, S. 1;
                          Metropolitan Area Networks (MAN), in:
                          Arnold: Handbuch der Telekommunikation,
                          Loseblatt Köln 1995, 8.4.0.0, S. 1.

Rosenbrock, Karl Heinz: ISDN - eine folgerichtige Weiterentwick-
                          lung des digitalen Fernmeldenetzes, in:
                          JbDBP 85, S. 509.

Roßnagel, Alexander: Informationstechnik und Ohnmacht des
                          Rechts, in Universitas 89, S. 106;
                          Freiheit im Griff, Stuttgart 1989;
                          Das Recht auf (tele)kommunikative
                          Selbstbestimmung, KJ 90, S. 267;
                          Rechtswissenschaftliche Technikfolgen-
                          forschung, Baden-Baden 1993.

Roßnagel, Alexander / Bizer, Johannes: Multimediadienste und
                          Datenschutz, Stuttgart 1995.

Roßnagel, Alexander / Wedde, Peter / Hammer, Volker / Pordesch
                          Ulrich: Verletzlichkeit der "Informations-
                          gesellschaft", Opladen 1989.

Roßnagel, Alexander / Wedde, Peter / Hammer, Volker / Pordesch
                          Ulrich: Digitalisierung der Grundrechte ?
                          Opladen 1990.

Roßnagel, Alexander / Wedde, Peter: Die Reform der Deutschen
Bundespost im Licht des Demokratie-
prinzips, DVBL. 88, S. 562.

Rule, James B.: Data Wars: Privacy Protection in Federal
Policy, in: Newberg, Paula (Ed.): Direc-
tions in Telecummications Policy, Volume
2, Information policy and economic policy,
Durham / London 1989, S. 7.

Schaff, Sylvie Ed.: Legal and economic Aspects of
telecommunications, North Holland 1990.

Schaffland, Hans-Jürgen / Wiltfang, Noeme: Komm. z. BDSG, Loseblatt.
Stand Februar 1995.

Schapper, Claus Henning / Schaar, Peter: Poststrukturreform und
Datenschutz, CR, 89, S. 309.

Schatzschneider, Wolfgang: Registrierung des äußeren Ablaufes von
Telefongesprächen - Eingriff oder
immanente Schranke d. Fernmelde-
geheimnisses ? ZRP 81, S. 130;
Fernmeldemonopol und Verfassungsrecht,
MDR 88, S. 529.

Scherer, Joachim: Telekommunikationsrecht und Politik,
Baden Baden 1985;
(Hrsg) Nationale und europäische
Perspektiven der Telekommunikation,
Baden Baden 1987;
(Hrsg.) Telekommunikation u.
Wirtschaftsrecht, Köln 1988;
Neustrukturierung des Fernmeldewesens:
Europäische und nationale Perspektiven,
in: Valk R. (Hrsg.): GI 18. Jahrestagung -
Vernetzte und komplexe Informatik-
Systeme, Hamburg 17. - 19.10. 1988, Berlin,
Heidelberg 1988, S.609;
Landesregierung NRW (Hrsg.):
Rechtsprobleme des Datenschutzes bei den
neuen Medien, Düsseldorf 1988;
Stellungnahme zur öffentlichen Anhörung
des Ausschusses für Post und Telekom-
munikation zum Datenschutz im ISDN,
Frankfurt a.M., den 26.2.91;
Postreform II: Privatisierung ohne
Liberalisierung, CR 94, S. 418.

Schmidt, Joachim: Datenschutz und neue Fernmeldedienste
                                     der Deutschen Bundespost, in: JdDBP 85,
                                     S. 609.
Schmidt-Bleibtreu, Bruno / Klien, Franz: Komm. z. GG, 7. Aufl.,
                                     Neuwied / Frankfurt 1990.
Schmitt, Carl: Verfassungslehre, Berlin 1970.
Schnöring, Thomas: Entwicklungstrends auf den europäischen
                                     Telekommunikationsmärkten, Bad Honnef
                                     1992
Schön, Helmut / Neumann, Karl Heinz: Mehrwertdienste (Value Added
                                     Services) in der Ordnungspolitischen
                                     Diskussion, in: JbDBP 1985, S. 478.
Schrempf, Martin: Datenschutz bei TEMEX - Risken von
                                     Fernwirkdiensten und Möglichkeiten einer
                                     datenschutzgerechten Technikgestaltung,
                                     DuD Fachbeiträge 11, Braunschweig 1990.
Schuchardt, Wilgart: Humanisierung der Technik ? Zum Stellen-
                                     wert gesellschaftlicher Zielsetzungen in
                                     DIN-Normen, Die Neue Gesellschaft 10/80,
                                     S. 847.
Schulte-Braucks, Reinhard: Das British-Telecom Urteil: Eckstein für ein
                                     europäisches Fernmelderecht ?, WuW 1986,
                                     S. 202;
                                     Ordnungspolitische und gemeinschafts-
                                     rechtliche Aspekte der europäischen
                                     Telekommunikationsordnung, in: Joachim
                                     Scherer: Nationale und europäische
                                     Perspektiven der Telekommunikation,
                                     Baden Baden 1987, S.82;
                                     Europäischer Telekommunikationsmarkt als
                                     Element des Binnenmarktes, in: Medien-
                                     forum Berlin 1989, Kongreßteil I, S. 37;
                                     Telekommunikation auf dem Weg zum
                                     Europa 1992, in: Online 90 Congress-
                                     Reader 1, Hrsg. F. Arnold, Velbert 1990,
                                     S. I.01.01;
                                     Der europäische Telekommunikations-
                                     markt, CR 90, S. 672.
Schweizer, Rainer: Europäisches Datenschutzrecht - Was zu
                                     tun ist, DuD 89, S. 542.
Schwemmle, Michael: Zu schwach besetztes Ensemble - Ein
                                     Kommentar zum Beitrag von Ulrich
                                     Dolatain, in: Herbert Kubicek (Hrsg.):

Telekommunikation und Gesellschaft - Kritisches Jahrbuch zur Telekommunikation, Karlsruhe 1991, S. 155.

Sebestyen, Istvan / Sint, Peter: Grenzüberschreitender Datenfluß und Österreich, Oldenbourg / Wien / München 1986.

Seeger, Peter: Die ISDN-Strategie - Probleme einer Technologiefolgenabschätzung, Berlin 1990.

SEL AG: Einführung in AMAN - Alcatel Metropolitan Area Network, Vers. 1.1, Stuttgart 1991.

Shultz, Paul: Caller ID, ANI & Privacy. A review of the Major Issues Affecting Number Identification Technologies. Report Series No.4, Telecommunication Reports, New York 1990.

Sindelka, Josef: Notwendigkeiten und Möglichkeiten der Entwicklung des Telekommunikationsrechts in Österreich, in: Korinek / Stampfl-Blaha: Beiträge zum Telekommunikationsrecht. Grundlagen und aktuelle Probleme des österreichischen und internationalen Telekommunikationsrechts, 1989, S.377 .

Simitis, Spiros: Datenschutz und Europäische Gemeinschaft, RDV 90, S.3.

Spohr, Bernhard: Chancengleichheit für VANS-Anbieter in Europa, in VANS 90 - Report, Starnberg 1990, S. 57.

Stampfl-Blaha, Elisabeth: Der verfassungsrechtliche Rahmen des Telekommunikationsrechts, in: Korinek / Stampfl-Blaha: Beiträge zum Telekommunikationsrecht. Grundlagen und aktuelle Probleme des österreichischen und internationalen Telekommunikationsrechts, Wien 1989, S. 53.

Stanbrook u. Hooper: Data Protection Legislation and their Impact on EDI, TEDIS Legal Workshop, Brüssel, 19./20. Juni 1989.

Steinbach, Christine: IBC: Integrierte Breitbandkommunikation ist noch eine Vision, CW 52 v. 27.12.91, SD. 25;
IBC: Telekommunikation in Deutschland, Cap debis BeCom (Hrsg.), Mülheim 1992.

	Die Dienste der privaten Anbieter, in: Arnold: Handbuch der Telekommunikation, Loseblatt Köln 1994, 5.2.0.0.
Steinmüller, Wilhelm:	Computernetze und Informationsrecht. Ein methodischer Überblick über Rechtsprobleme grenzüberschreitender Informationssysteme, DVR 79, S. 213 ; Das Volkszählungsurteil des Bundesverfassungsgerichts, DuD 84, S. 91. Betroffenenschutz bei offenen Netzen, in: Harald Hohmann (Hrsg.): Freiheitssicherung durch Datenschutz, Frankfurt a.M. 1987, S. 62; Riskante Netze, Wien / München 1990. Informationstechnologie und Gesellschaft: Einführung in die Angewandte Informatik, Darmstadt 1993.
Steven, Günther:	Gemeinsamer europäischer Informationsmarkt - Initiativen der europäischen Gemeinschaft, CR 91, S. 48.
Stransfeld, Reinhard u.a.:	Anwendungen der Informationstechnik - Entwicklungen und Erwartungen - Berlin 1993.
Suckfüll, Herbert:	ISDN - das Universalnetz für alle Individualkommunikationsdienste, in: Siemens (Hrsg.): Telcom Report 8, S. 4 .
Swann, Peter:	Standards in IST: Consensus, Institutions and Markets, in: Locksley, Gareth Ed.: The single european market and the information and communication technologies, London / New York 1990, S. 101 .
Tetzner, Karl:	WARC - Ergebnisse einer Mammutkonferenz, Funkschau 11/92, S.58 .
Trettenbrein, Harald E.:	Europäisches Telekommunikationsrecht - Abriß der aktuellen Entwicklung, EuR 91, S. 80.
Ulbricht, Volker:	Der grenzüberschreitende Datenschutz im Europa- und Völkerrecht, CR 90, S. 602.
Umbach, Dieter C.:	Das Wesentliche an der Wesentlichkeitstheorie, in: Festschrift für Faller, München 1984, S. 111.
Voelzkow, Helmut / Hilbert, Josef / Bolenz, Eckard: Wettbewerb durch Kooperation - Kooperation durch Wett-

	bewerb - Zur Funktion und Funktionsweise von Normungsverbänden, in: Glagow, Manfred / Willke, Helmut (Hrsg.): Dezentrale Gesellschaftssteuerung, Pfaffenweiler 1987, S. 93.
Walz, Stefan:	Datenschutz bei Telematikdiensten, in: Scherer, Joachim (Hrsg.): Telekommunikation und Wirtschaftsrecht, Köln 1988, S. 205.
Weichert, Thilo:	Die Vorschläge der EG-Kommission zum Datenschutz, DuD 3/91, S.140.
Weigand, Stefan:	Diffussionsprognosen im Telekommunikationsbereich: Der gescheiterte Versuch, die Zukunft vorherzusagen, in: Kubicek u.a.: Jahrbuch der Telekommunikation und Gesellschaft, Band 2, Heidelberg 1994, S. 191.
Weizenbaum, Joseph:	Die Macht der Computer und die Ohnmacht der Vernunft, Frankfurt 1978.
Welsch, Johann:	Soziale Technikgestaltung durch Demokratisierung technischer Normen, WSI-Mitt 10/90, S. 650.
Werle, Raymund:	„Diese Angaben sind ohne Gewähr": Prognosen in der Telekommunikation, in: Kubicek u.a.: Jahrbuch der Telekommunikation und Gesellschaft, Band 2, Heidelberg 1994, S. 201 .
Wiechert, Eckart / Schmidt, Joachim:	Fernmelderecht Entscheidungen, Loseblatt, Heidelberg 1987.
Widmar, Ralph:	Doping für die Telecom-Netze, Funkschau 6/91, S. 42.
Wildhaber, Bruno:	Sicherheitsverpflichtungen von Netzbetreibern und Anbietern von Mehrwertdiensten, DuD 92, S. 404.
Wilhelm, Rudolf:	Informationstechnische Risiken und ihre Bedeutung für das Recht, DuD 91, S. 502. Information - Technik - Recht - Rechtsgüterschutz in der Informationsgesellschaft - Beiträge zur juristischen Informatik, Band 18, Darmstadt 1993.
Wurst, Mathias:	Europa 1992: Auf dem Weg zu einem einheitlichen Datenschutzrecht in: der europäischen Gemeinschaft, JuS 91, S. 448.

Zeidler: Schranken nichthoheitlicher Verwaltung,
                             VVDStRL 19 (1961), S. 217.

Zimmermann, Jürgen: Neue Wege nach der Postreform,
                             Funkschau 10/91, S. 34.

Valk, Rüdiger (Hrsg.):   GI - 18. Jahrestagung, Vernetzte und
                             komplexe Informatik-Systeme, Hamburg
                             17. - 19.10. 1988, Berlin u. a. 1988.

Sachwortverzeichnis

R

S